世界航天装备发展历史
—系列丛书—

陈小前　主编

将人类送上太空的

100 多个

标志性火箭

航天飞机和卫星

航天器
SPACECRAFT

【美】朱塞佩·德·希拉（Giuseppe De Chiara）
【美】迈克尔·H. 戈恩（Michael H. Gorn）　著

李　璜　朱　斌　译

国防工业出版社
National Defense Industry Press
·北京·

内容提要

本书介绍了人类航天史上具有代表意义的100个民用航天器,这些航天器包括火箭、卫星、航天飞机、空间站。本书分三个阶段介绍人类探索太空的历史,第一阶段是1957—1977年,这一时期人类刚开启探索太空的旅程,美苏两个超级大国的太空竞赛也让航天技术飞速发展,人类创造了进入太空、驻留太空、登陆月球、探索火星的历史;第二阶段是1977—1997年,这一时期载人航天事业蓬勃发展,载人飞船、空间站、航天飞机、太空望远镜粉墨登场,多国为科学研究进行航天合作;第三阶段是1997—2017年,这一时期国际空间站建成,人类开始探索更远的星空,中国航天也成就斐然,跻身世界航天大国之列。本书详细介绍了航天器的研制背景、设计方案、试验飞行历史和事件。通过对这些知识的学习,使读者不仅掌握世界民用航天器发展历程,而且了解世界载人航天和空间行星际探索的发展历史。

著作权合同登记　图字:军-2020-016

图书在版编目(CIP)数据

　　航天器 / (美)朱塞佩·德·希拉
(Giuseppe De Chiara),(美)迈克尔·H.戈恩
(Michael H. Gorn)著;李璜、朱斌译. — 北京:国
防工业出版社,2023.2
　　书名原文:Spacecraft
　　ISBN 978-7-118-12652-5

　　Ⅰ.①航…　Ⅱ.①朱…　②迈…　③李…　④朱…　Ⅲ.①航天器—介绍—世界
Ⅳ.①V47

　　中国版本图书馆CIP数据核字(2022)第223556号

Spacecraft by Giuseppe De Chiara and Michael H. Gorn.

© 2018 Quarto Publishing Group USA Inc.

Text © 2018 Michael Gorn

Illustrations © 2018 Giuseppe de Chiara

ISBN 978-0-7603-5418-6

All rights reserved.

航天器

责任编辑　尤　力

出版　国防工业出版社(北京市海淀区紫竹院南路23号　邮政编码100048)
印刷　北京利丰雅高长城印刷有限公司
经销　新华书店
开本　889mm×1194mm　1/16
印张　14
字数　520千字
版次　2023年2月第1版第1次印刷
印数　1—3000册
定价　238.00元

(本书如有印装错误,我社负责调换)
国防书店:(010)88540777　书店传真:(010)88540776
发行业务:(010)88540717　发行传真:(010)88540762

《世界航天装备发展历史系列丛书》编委会

— 主 任 —

陈小前

— 副主任 —

耿国桐　朱　斌

— 编 委 —

吴建刚　庹洲慧　姜志杰　张　翔
李　璜　丁哲锋　吴　海

引言

《航天器》一书讲述的是世界历史上一个重要时期发生的故事，那时我们终于摆脱大气层，从太空俯视海洋和大陆，第一次看到的地球复杂、脆弱和美轮美奂。与此同时，我们仰望星空，看到了如创世纪一般古老的各种天体现象，果然如人们所猜想的那样超然。在过去60年间，从"伴侣"1号人造卫星到詹姆斯·韦伯太空望远镜，那些敢于冒险的飞行器圆满完成了赋予它们的任务，体现了人类在21世纪初之前太空探索领域的所有努力，反映了人类寻求理解宇宙及其各组成部分运行规律的尝试。

20世纪50年代尚处于太空时代的初期，德怀特·艾森豪威尔总统通过立法提案建议建设一个遍布全美的统一高速公路网。从表面上看是为了国防，然而它的实际用途要广泛得多。1956年颁布的《全国州际和国防公路法案》拨是美国历史上最庞大的一笔公共建设支出（到艾森豪威尔执政结束时就已经高达约410亿美元），并将美国的高速公路网扩大了约4.1万英里（约6.6万千米）。更重要的是，它还创造了大量就业机会，促进了20世纪50年代美国的经济繁荣，加快了现代商业的发展步伐，缩小了各领域和地区之间的差距，实现了前所未有的地缘政治统一，以自己的方式在为全人类服务的航天器做出了许多这样的贡献。

在这部法案通过的三年前，在地球的另一端，一位新西兰人和一位尼泊尔夏尔巴人发起了一个与此完全无关的挑战。1953年5月29日，埃德蒙·希拉里和丹增·诺盖成为第一批登上珠穆朗玛峰的人。珠穆朗玛峰是世界之巅，海拔达到29028英尺（8848米）。"我们当时并不知道人类是否有可能登上珠穆朗玛峰，"希拉里后来说道。这次挑战没有任何军事、经济或政治方面的目的，登上世界顶峰满足了人类内心深处的渴望：对宇宙起源的追寻、对好奇心的满足、对冒险的渴望、对未知的探究以及对耐力的考验，这些也是人类进行太空探索的动机。

由于本书只讲述那些为了精神启发而非具体目的而设计的航天器，因此，支持人类与机器人太空旅行者的两种观点之间发生了不可避免的争论。我们是通过苏联宇航员、美国宇航员和中国航天员这些有知觉能力的探险者来

与宇宙接触的，还是通过自动化的轨道器和着陆器来代替我们与宇宙接触的呢？书中提到的这些航天器表明这两者具有独特且互补的作用，机器人将被继续送到对人类来说不宜居或过于遥远的地方，而人类则会前往那些风险可控和人类智慧无法被替代的地方。

火星科学实验室的"好奇"号（Curiosity）探测器与人类太空旅行者一样需要承担许多杂务，但是它们不会受到时间、燃料、补给的限制，也不必害怕（这里暂且只提及一项安全问题）辐射暴露的风险。根据"好奇"号探测器的研究发现，辐射暴露会引起严重的健康问题。另外，从1969年到1972年在月球上行走过的12名"阿波罗"宇航员完成了机器无法完成的任务。他们目睹并描述了月球表面明显的纹理，评估了月球地质学的一般特征，并在他们踏出的每一步和每一个动作中感受到了月球引力的独特性。他们采集了数量不等的岩石和土壤样本（总共842磅（约382千克）），报告了各自的生理和心理变化，甚至还打了高尔夫球！然后他们返回地球，提出了关于未来任务的建议，并在艺术作品中、回忆录里和媒体上解释了这次经历对他们的影响。

本书说明了过去60年间太空旅行所处的国际背景。它始于美国和苏联两个超级大国在冷战高峰期的一次对抗，这次对抗不仅是一次科学技术上的竞争，还是一次对全球话语权的争夺。苏联人和美国人都向世界大肆吹嘘他

们的太空成就，以此来证明本国在文化、经济制度和政治意识形态方面的优越性。但是，随着冷战的结束，我们得以用截然不同的视角，太空探索不再是全球对抗和冷战时代的陪衬品了。

这种历史演变构成了本书内容结构的基础。本书共分为三部分，每部分跨越20年，分别追溯了三个完全不同的时期。第一个时期是从1957年到1977年，也就是第一个太空时代，在此期间，两个超级大国陷入了对世界霸权的激烈争夺。随着登月竞赛的开始，这场争夺更是达到了高潮。最终美国赢得了这场竞争，部分原因是约翰·肯尼迪总统设定了登陆月球这一大胆的目标。成功登月让苏联人早期取得的领先优势荡然无存，并使得美国国家航空航天局（NASA）能够抢先到达终点线。但是，尽管"阿波罗"计划大获全胜，两国间的冲突远没有就此结束。为了挽回颓势，苏联人转向新的领域寻求突破。"礼炮"号和"和平"号等七个空间站的成功开发，标志着苏联完全掌握了长期在轨居住技术，苏联借此恢复了曾经的名望，也圆满完成了第一阶段的太空探索任务。与此同时，美国集中全力完成了一系列令人惊叹的无人探测器任务：在美国建国200周年时"海盗"1号和2号探测器历史性地飞向了火星，以及从1977年开始向外行星发射了"旅行者"1号和2号探测器，从而拿下了最后一局的胜利。

本书时间轴上的第二个重要时期是1977年到1997年。这也是一个过渡时期。在此期间苏美两极格局被抛开，开启了一个尝试性的多国合作新时代。这一调整始于美国国家航空航天局和俄罗斯航天局达成的共识，双方都认识到，冷战的结束和预算的收紧使得任何一方都无法获得足够的资源在太空开展大规模新项目。因此，出乎许多人意料的是，这两个老对手一致决定忘掉（甚至可以说是原谅）两国之间的宿怨，转而开始协商建立合作伙伴关系以完成一项极富挑战的共同事业：建造国际空间站。除了国际空间站，航天飞机也是太空竞赛出现缓和迹象的重要成就。国际空间站的运行需要多达七名宇航员，这样一来也使得来自不同国家、不同种族和不同信仰的太空旅行者能够共同工作和生活。国际空间站巨大的货舱使其成为运输和组装国际空间站大型太空舱的唯一平台。这个时代还出现了另一支跨国联合力量：欧洲航天局。该局的10个创始国也因此成为了跨越国界通力合作的代表。

最后，在本书时间轴的第三个时期，1997年至2017年，也就是"处于十字路口的太空探索"阶段。此时，对于宇宙及其组成部分开展研究已经成为一项全球倡议。1998年，在美国、俄罗斯、加拿大、日本以及欧洲航天局组成的五方联合体的监督下，国际空间站完成了前两个太空舱的对接，标志着这个大型多国项目正式实现，使得国际空间站的预计使用寿命至少延长到2024年。与此同时，欧洲航天局自己的计划也开始声名鹊起，生产出了世界上最先进的一批无人航天器和运载火箭。该局的成员国名单扩大到22个，包括了欧洲大陆的大部分国家（欧洲航天局的管理委员会由奥地利、比利时、捷克、丹麦、爱沙尼亚、芬兰、法国、德国、希腊、匈牙利、爱尔兰、意大利、卢森堡、荷兰、挪威、波兰、葡萄牙、罗马尼亚、西班牙、瑞典、瑞士和英国组成）。

俄罗斯航天局仍在积极研发先进可靠的火箭技术（计划在2011年美国航天飞机退役后，在未来长达10年的时间内将由俄罗斯将负责运送美国宇航员在地球和国际空间站之间往返穿梭），并生产出了历史悠久的"联盟"号飞船的改进型。与此同时，为了制造能够将宇航员送上太空的太空舱和火箭，美国国家航空航天局与美国太空探索技术公司、美国蓝色起源公司（Blue Origins）和美国轨道

ATK 公司（Orbital ATK）等几家小型私营公司签订了相关的重要合同。这样的做法对于太空时代的主流正统观念无疑是一种前所未有的挑战：之前，只有中央政府才有权开展太空探索任务。与其他的一些近期太空探索项目相比，中国国家航天局取得的成果可能更具有决定性，让中国成为世界上第三个将本国公民送入太空轨道的国家。中国国家航天局颇高的成功率令人赞叹，未来的探索计划也同样雄心勃勃。

尽管这种发展趋势必然会出现更广泛的合作伙伴关系并引入更多的参与者，但是，21 世纪的太空探索活动也存在一个令人不安的问题：当政治上敌对的国家将他们在地球上的恩怨带到了宇宙中时，究竟是现有的模式会占据上风，还是民粹主义和民族主义的抬头让我们又重新回到太空时代的早期？

目 录

1

第一个太空时代
1957—1977年

2

第二个太空时代

1977—1997年

3

处于十字路口的空间探测活动

1997—2017年

第一个太空时代

1957—1977 年

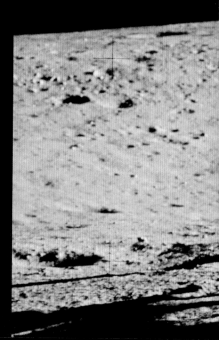

太空舱

"水星"号载人飞船

美国国家航空航天局成立于 1958 年 10 月 1 日。在随后的一个月里，"水星"号（Mercury）载人飞船（水星同时也是罗马神话中长着翅膀的诸神使者墨丘利（Mercury））作为 NASA 最优先的项目开始启动。在 1959 年与麦克唐纳·道格拉斯公司签订主合同之前，太空任务组就已经明确了太空舱的技术规范：长 6 英尺 10 英寸（2 米），底部直径 6 英尺 2 英寸（1.9 米），发射时的最大有效载荷为 3000 磅（1400 千克）。太空舱内部尽可能多地塞满了各种设备，唯一的一名宇航员只有一个紧凑的海绵填充座椅和仅 36 立方英尺（1 立方米）的可居住空间，大约只有一个双人座椅的大小。这个太空舱体积小，重量轻，反映了当时运载火箭的推力相对较小。

"水星"号载人飞船由 6 个主要结构部件组成：一个用于宇航员进出的逃逸塔；一个位于太空舱顶部的天线壳体；位于航天器窄颈处的若干再入降落伞；航天器较宽下舱段内的乘员舱；下部的一个隔热罩；最底部的制动火箭。正如最初所设想的那样，"水星"号载人飞船的飞行航线只能从地面实施引导。但宇航员最终及时说服设计师设计了驾驶舱控制装置。已发生的一些事故证明，这个设计是能救命的。

在载人执行飞行任务之前，"水星"号载人飞船在飞行试验期间经历了各种无法预测的失败和成功。1959 年 9 月的首次发射是一项研发任务，"水星"号载人飞船利用一枚"宇宙神"D 型导弹升空并按计划完成了飞行。但是，1960 年 7 月，"宇宙神"导弹 / 太空舱的一次组合弹道测试却以失败告终。当年 11 月，"水星"号载人飞船在第一次编号试飞时（又称"水星 - 红石"1 号载人飞船）又失败了，火箭发动机在飞船升空后不久就熄火了。好在 1960 年 12 月"水星 - 红石"1 号载人飞船在第二次试飞时成功了。1961 年 1 月，NASA 试图用"水星 - 红石"2 号载人飞船将一只活生生的动物送上太空——一只名叫"汉姆"的黑猩猩。汉姆在升空时承受了 17 倍的重力加速度，飞船返回地球上时偏离了目标，当时还出现了泄漏问题。经历过一系列严重恐慌事件后，汉姆最终幸存了下来。

"水星 - 红石"3 号和 4 号载人飞船最终帮助美国人摆脱地球引力进入太空，但是 1961 年 4 月 12 日，苏联人

尤里·加加林乘坐"东方"3K 号载人飞船捷足先登，成为进入太空的第一人。在苏联发射"伴侣"号人造卫星三年半之后，美国发现自己仍然远远落后于苏联。苏联人加加林乘坐载人飞船绕地球飞行了 108 分钟；1961 年 5 月 5 日，美国人艾伦·谢泼德乘坐"水星 - 红石"3 号载人飞船（更广为人知的名称是"自由"（Freedom）7 号载人飞船）完成了一次前往太空的亚轨道飞行，持续时间略高于 15 分钟。这次任务完成得非常顺利，但是，1961 年 7 月 21 日维吉尔·格里森乘坐"水星 - 红石"4 号载人飞船（"自由钟"（Liberty Bell）7 号载人飞船）执行任务时就没有这么好运了。在经历了相似的 15 分钟旅程之后，他随着航天器返回在海上，但是航天器的新型爆炸舱盖意外打开，海水灌入太空舱使其下沉，格里森不得不游到水面，所幸最后有一架直升机将他救了起来。

尽管早期的"宇宙神"运载火箭几经波折，但是在 1962 年 2 月 20 日，NASA 在尤里·加加林进入太空后的 10 个月来承受着巨大的压力，于是在精心策划后放手一搏，开始了美国轨道太空飞行的倒计时。罗伯特·吉尔鲁斯和位于 NASA 兰利研究中心的太空任务组从 1958 年提交的申请人名单中挑选了 14 名宇航员作为第一组宇航员，并从这 14 人中为"水星"号载人飞船挑选了 7 名核心宇航员。其中就有海军陆战队飞行员（后来晋升为上校）约翰·格伦，由他完成了第一次轨道飞行任务。从马斯金格

麦克唐纳"水星"号载人飞船的设计方案演变

0 1 2
米

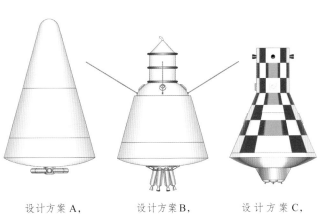

设计方案 A，　设计方案 B，　设计方案 C，　设计方案 D（早　设计方案 D，　设计方案 DA，
1958 年 1 月　1958 年 6 月　1958 年 11 月　期），1959 年 3 月　1959 年 5 月　1960 年 8 月

麦克唐纳"水星"号载人飞船设计 D-1 的
"MR-3 飞行构型"

0 1 2
米

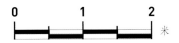

顶视图

正视图

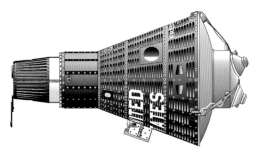

侧视图

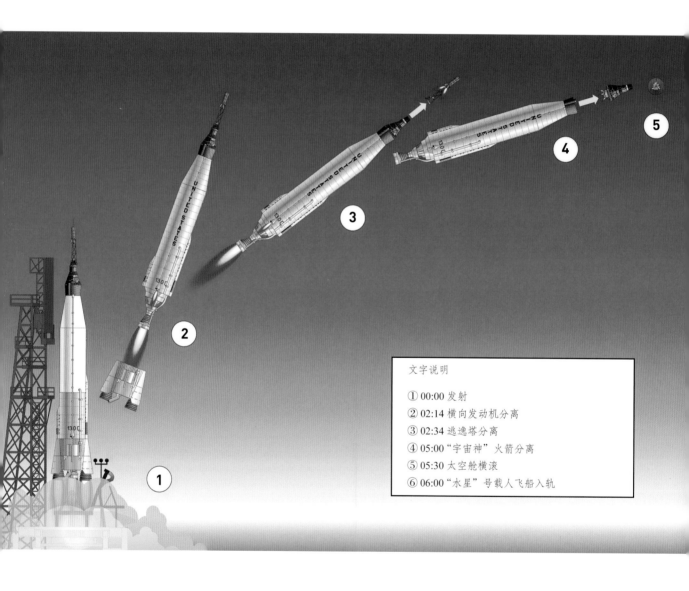

文字说明

① 00:00 发射
② 02:14 横向发动机分离
③ 02:34 逃逸塔分离
④ 05:00 "宇宙神"火箭分离
⑤ 05:30 太空舱横滚
⑥ 06:00 "水星"号载人飞船入轨

姆学院毕业后，格伦曾作为战斗机飞行员参加过第二次世界大战和朝鲜战争，后来他又进入了美国海军试飞员学校。

1962年2月20日，格伦乘坐"友谊"7号/"水星－宇宙神"6号运载火箭进入轨道，其间遇到过数次危险情况，但是最终还是圆满完成了飞行任务。当他在环绕近地轨道第2圈飞越墨西哥上空时，突然发现太空舱失去了姿态控制；自动稳定系统未能让太空舱保持在正确的航线上飞行，导致太空舱以大约每秒1.5°的速度向右漂移。为了修正方向，在余下的飞行时间里，格伦选择了手动操纵航天器（这也体现了训练有素的飞行员在驾驶舱内的价值）。然而，当他越过卡纳维拉尔角（Cape Canaveral）时，一个同样危险的问题威胁着任务：根据传感器显示，隔热板已经解锁。格伦并不确定这意味着危机来临还是虚惊一场，格伦得到的指示是，不要启动任何程序，在太空舱再次入轨期间发射制动火箭后不要让制动包分离，这样制动包上的捆绑装置也许能将隔热板固定到位。当他下降到大气层时，所有地面控制人员都屏住了呼吸。在环绕近地轨道3圈，飞了近5小时后，格伦安全地完成飞行任务。在整个危机期间，隔热板未发生移动。

在"水星"号载人飞船项目结束之前，还发生了很多让人神经紧张的故事。1962年5月，斯科特·卡彭特乘坐"水星－宇宙神"7号/"极光"7号飞船执行了一次与格伦相似的飞行任务，但在返回地球时偏离预定着陆点261英里（420千米）。卡彭特从太空舱逃出后坐在救生筏上等待救援，救援人员在降落1小时后才找到了卡彭特。1962年10月，瓦尔特·施艾拉乘坐"水星－宇宙神"8号/"西格玛"（Sigma）7号飞船升空，飞行时间比格伦和卡彭特的飞行时间增加了一倍，这次太空飞行持续了9个多小时，绕地球6圈，期间没有发生任何事故。最后，戈登·库珀于1963年5月乘坐"水星－宇宙神"9号/"信仰"（Faith）7号飞船顺利进入太空。这项任务极大地扩大了美国航天计划的范围，并提高了美国在世界航天领域的声望。库珀环绕近地轨道22圈，飞行了34小时20分钟。但是期间遇到了数次重大问题。在第19圈时，一个仪表灯发出告警，提示发生了减速和过早再入；在第21圈时，飞船中的自动稳定系统发生短路，二氧化碳含量上升。就像格伦一样，库珀接管了控制装置，驾驶飞船实施了一次安全再入和溅落。

"双子星座"号载人飞船

回过头来看，虽然美国早期的航天计划似乎是直接从"水星"号载人飞船计划发展到了"双子星座"号载人飞船计划，而且没有中断，但是，事实上两项计划具有完全不同的起源和目的。"水星"号载人飞船计划由国家航空咨询委员会（NASA的前身）提出；"双子星座"号载人飞船计划于1961年5月25日由约翰·肯尼迪总统在国会演讲时提出。肯尼迪的讲话是为了回应1961年4月苏联宇航员尤里·加加林首次进入太空飞行活动，当时他环绕近地轨道1圈，飞行了108分钟。与此形成鲜明对比的是，宇航员艾伦·谢泼德于5月5日仅在地球亚轨道上飞行了15分钟多一点儿，时间非常短暂。仅相隔22天的两次太空飞行清楚地表明美国在太空探测方面远远落后于苏联，这是两个超级大国冷战期间美国的一项严重技术落后。

总统要求众议院和参议院在20世纪60年代末期提供大量资金（他被告知这一计划最终将耗费约330亿美元）用于资助宇航员登上月球。虽然得到了国会批准，但是"水星"号载人飞船计划的工程师和管理人员却意识到，即使他们达成了计划目标，肯尼迪设定的超高新目标也需要他们战胜一项巨大的技术挑战。虽然"水星"号载人飞船计划消除了许多关于太空旅行对人类影响的担忧，但它并没有为长时间的探月过程提供足够的生理学信息。此外，宇航员在月球上行走之前，在任何一次"水星"号载人飞船的飞行任务期没有尝试过舱外活动。更重要的是，尚未尝试或测试飞船的交会和对接，这是实施探月计划的基础。但最根本的是，1961年，NASA领导人对探月任务的整体架构没有达成共识，也就是如何将宇航员送往月球、如何进行着陆以及如何确保他们安全返回地球等问题。

罗伯特·吉尔鲁斯和他在NASA兰利研究中心的太空任务小组通过构思"双子星座"号（Gemini）载人飞船计划来回应肯尼迪的承诺，"双子星座"计划以希腊神话中的双子兄弟卡斯托和波吕克斯命名，两者均为水手守护神。这种双重性意味着"双子星座"号载人飞船任务将使用两名宇航员。为了加快开发"双子星座"号载人飞船，NASA再次求助于美国空军，不仅选择了"大力神"2号导弹作为"双子星座"号载人飞船的运载火箭，还选择了"阿金纳"号多功能运载火箭的第二级作为"双子星座"号载人飞船太空舱交会和对接的伙伴。

从最后一次"水星"号载人飞船到第一次"双子星座"号载人飞船飞行已经过去了两年，这期间 NASA 似乎是在永无休止地努力缩小与苏联之间的差距。然而，美国还需要更多时间来追赶苏联，因为"双子星座"号载人飞船不仅仅代表通往月球的中间步骤，而且还体现了相较于"水星"号载人飞船的技术飞跃。在取得的众多技术进展中，"双子星座"号载人飞船携带了一台 50 磅（22.7 千克）重的计算机，这是太空中的第一台计算机，每秒能够进行 7000 次运算。太空舱配备了燃料电池，通过氧气和氢气的化学反应产生电能，作为副产品这一过程还产生了饮用水。

"双子星座"号载人飞船的太空舱在各个方面均优于"水星"号载人飞船的太空舱。"双子星座"号载人飞船太空舱在发射时重量为 8360 磅（3792 千克），是"水星"号载人飞船太空舱重量的两倍多；长度为 18.3 英尺（5.60 米），超过"水星"号载人飞船太空舱的 2.5 倍；底座直径为 10 英尺（3.05 米），比"水星"号载人飞船太空舱大约宽 4 英尺。两种载人飞船最明显和最有意义的对比在于，"水星"号载人飞船太空舱只有 36 立方英尺（1 立方米）的居住空间，而"双子星座"号载人飞船太空舱的居住空

间为 90 立方英尺（2.55 立方米）。即使将宇航员人数增加一倍，"双子星座"号载人飞船的宇航员仍然能够拥有比"水星"号载人飞船更舒适、更有效的座舱。

"双子星座"号载人飞船究竟是大获成功还是存在令人毛骨悚然的悬念，这一点并不确定。1965 年 3 月，一艘三轨"双子星座"3 号载人飞船成功发射升空，同年 6 月，一艘"双子星座"4 号载人飞船配备的备受期待的计算机发生了故障，詹姆斯·麦克迪维特只能手动实施再入飞行。更糟糕的是，在爱德华·怀特完成美国航天史上第一次舱外活动之后，他和麦克迪维特面临着一场灾难，因为他们在最终关闭并锁定飞船故障出舱口之前就已经筋疲力尽了。1965 年 8 月，"双子星座"5 号载人飞船发射升空，飞行持续了 8 天，希望宇航员能够成功完成一次全程往返月球航行。1966 年 3 月，差一点发生另一场灾难："阿波罗"8 号载人飞船指挥官尼尔·阿姆斯特朗和宇航员大卫·斯科特利用"阿金纳"号运载火箭在太空中首次实现了与另一艘飞船的对接，但是其中一台"双子星座"号载人飞船的推进器发生卡滞，导致相连的飞船发生翻滚并旋转，宇航员只能通过发射飞船制动火箭，提前两天返回地

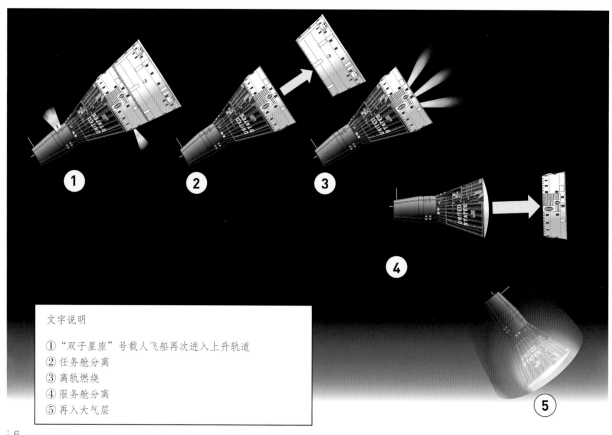

文字说明

① "双子星座"号载人飞船再次进入上升轨道
② 任务舱分离
③ 离轨燃烧
④ 服务舱分离
⑤ 再入大气层

球，最终才幸免于难。3个月后，"阿金纳"号运载火箭仍未进入轨道，"双子星座"9号载人飞船的对接任务失败了。1966年7月，当迈克尔·柯林斯和约翰·杨与"阿金纳"号运载火箭对接，启动发动机，并将联体飞船提升到了更高的轨道，后来又与仍在轨道中飞行的"双子星座"8号载人飞船进行了交会，"双子星座"10号飞船恢复了一些信心。1966年9月升空的"双子星座"11号载人飞船与"阿金纳"号运载火箭进行了直接上升交会，在44分钟的太空行走中，理查德·戈登用一根98.4英尺（30米）长的绳索将太空舱和目标飞船连接起来。这次任务还验证了第一次完全由计算机控制的再入。最后，1966年11月，詹姆斯·洛弗尔和巴兹·奥尔德林乘坐"双子星座"12号载人飞船升空，在此期间，奥尔德林成功完成了三次太空行走，总共持续了5个半小时。尽管"双子星座"号载人飞船的成功实施为后来的月球探测做出了巨大贡献，但是离肯尼迪总统规定的最后登月期限仅剩下3年多的时间了。

随着"双子星座"号载人飞船的历史使命走向终结，NASA中没有人真正知道，宇航员能否在截止期限之前实现登月目标。

麦克唐纳载人航天器的设计演变

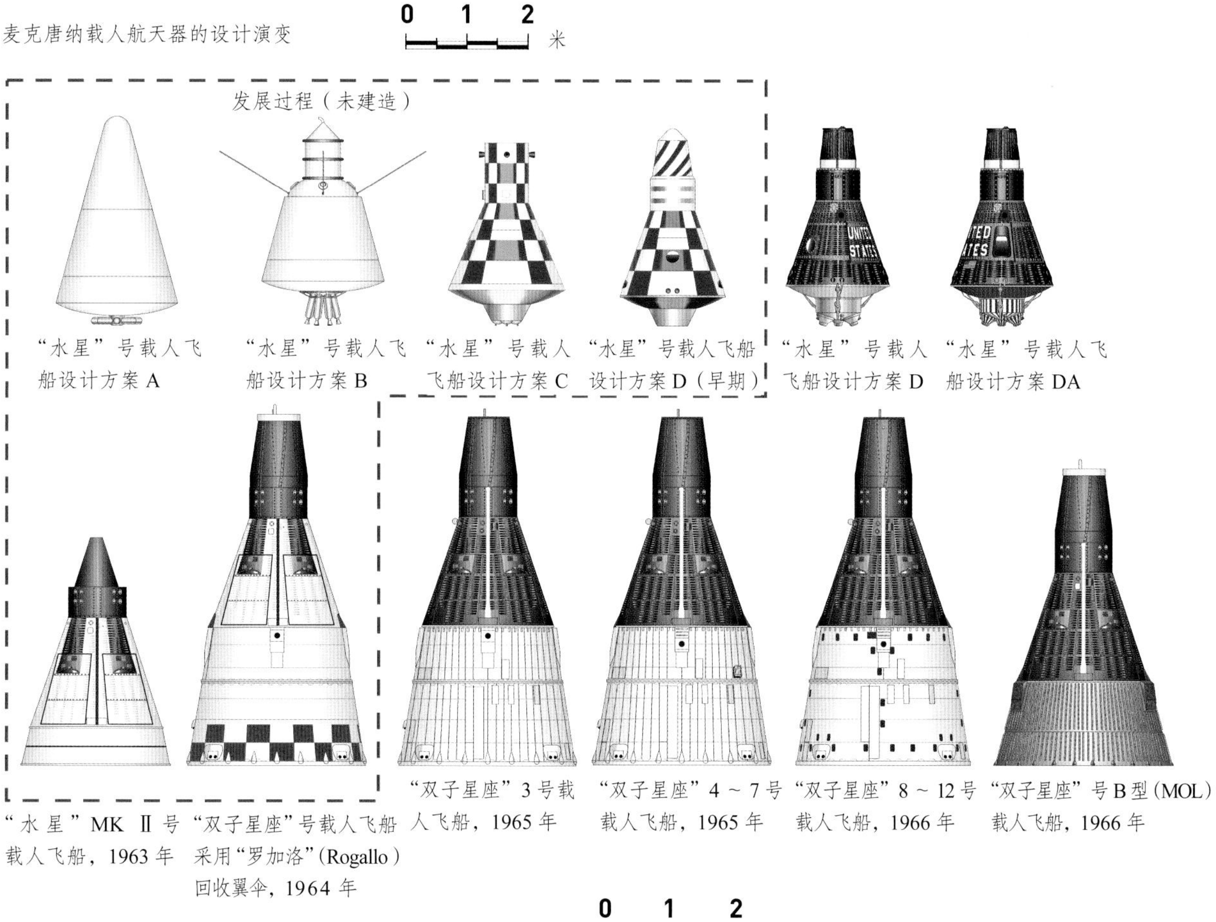

0　1　2 米

发展过程（未建造）

"水星"号载人飞船设计方案 A

"水星"号载人飞船设计方案 B

"水星"号载人飞船设计方案 C

"水星"号载人飞船设计方案 D（早期）

"水星"号载人飞船设计方案 D

"水星"号载人飞船设计方案 DA

"水星"MK Ⅱ号载人飞船，1963年

"双子星座"号载人飞船采用"罗加洛"（Rogallo）回收翼伞，1964年

"双子星座"3号载人飞船，1965年

"双子星座"4～7号载人飞船，1965年

"双子星座"8～12号载人飞船，1966年

"双子星座"号B型（MOL）载人飞船，1966年

麦克唐纳"双子星座"号SC 3型载人飞船发射构型

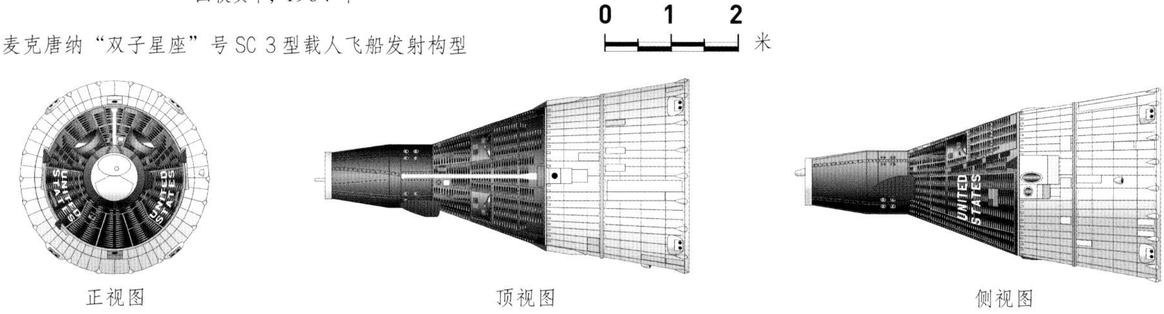

0　1　2 米

正视图

顶视图

侧视图

北美"阿波罗"计划
模块2计划

米

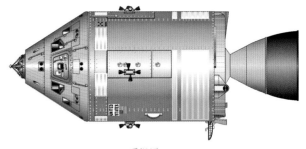

顶视图

正视图

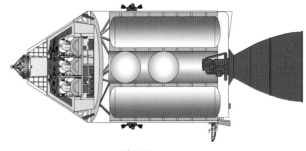

侧视图

北美"阿波罗"号载人飞船
模块2

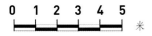

米

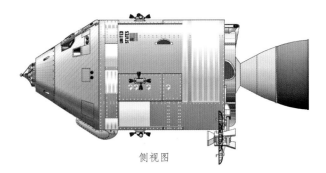

顶视图

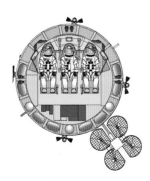

正视图

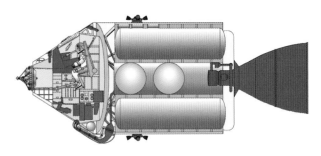

侧视图

"阿波罗"号载人飞船

美国的"阿波罗"（Apollo）计划源于美国在政治上的一种绝望。约翰·肯尼迪总统宣布就职3个月后，就发现美国领导层及其自尊心连续两次受到严重打击。第一次发生在1961年4月12日，当时苏联宇航员尤里·加加林乘坐载人飞船绕地球飞行，成为进入太空的第一人。第二次距上一次不到一周时间，当时美国中央情报局训练的古巴叛军于1961年4月17日在猪湾登陆，但是被菲德尔·卡斯特罗的部队击溃。

肯尼迪需要采取一项让苏联人大吃一惊的大胆行动。1961年5月25日，他在一次演讲中向国会发表讲话，要求在1970年之前为登月活动提供大量资金。

国会投了赞成票，NASA很快就开始实施"双子星座"计划，将其作为实现肯尼迪奢侈目标的第一步。肯尼迪的讲话甚至对一些最高级别的NASA官员来说也是一个晴天霹雳，几乎没有人事先得到这个决定的任何暗示信息。在震惊之余，这些工程师和科学家们意识到，没有任何火箭也没有任何航天器能够兑现总统的承诺。但他们的确同意

这个计划的名称。他们遵循"水星"号和"双子星座"号载人飞船用神话人物进行命名的趋势，因此，他们针对探月计划，用希腊最伟大的神灵宙斯的儿子阿波罗命名。

在"阿波罗"号载人飞船开始任何实质性工作之前，NASA需要策划探月活动的基本架构。在1961年和1962年期间，有三个主要概念性方案正在开展激烈的竞争。第一个方案由NASA位于亚拉巴马州亨茨维尔的马歇尔太空飞行中心的维尔纳·冯·布劳恩博士团队提出，被称为"直接上升"（direct ascent）方案。它需要一枚并不存在的名为"新星"（Nova）的巨型运载火箭，这种火箭能够将宇航员直接送到月球、着陆并将他们送回地球。

直接上升方案得到强有力的支持，但由于存在技术障碍、高昂的费用和漫长的开发时间，它的批评者对它嗤之以鼻。相比之下，地球—轨道交会技术则设想利用火箭将登月舱发射入轨，在前往月球着陆之前，它们在预定轨道上完成组装。这个方案也赢得了许多支持者（最终冯·布劳恩本人也支持这个方案），因为它面临的技术挑战更少，成本也比"直接上升"方案更低。

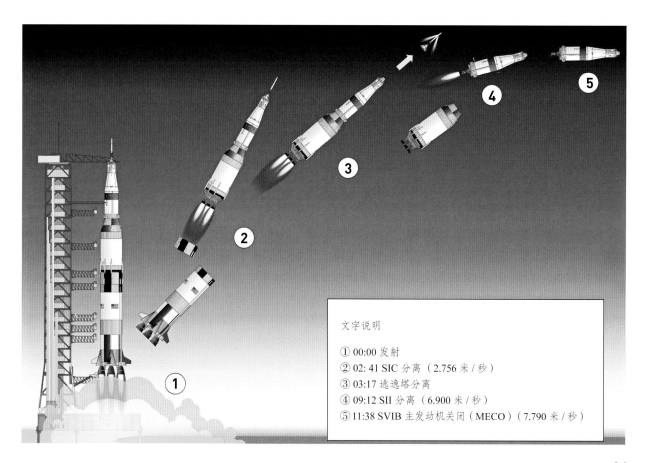

文字说明

① 00:00 发射

② 02:41 SIC 分离（2.756 米/秒）

③ 03:17 逃逸塔分离

④ 09:12 SII 分离（6.900 米/秒）

⑤ 11:38 SVIB 主发动机关闭（MECO）（7.790 米/秒）

最终候选方案，也就是月球轨道交会（Lunar Orbit Rendezvous, LOR）方案，遇到了极大的阻力。这个方案是 NASA 兰利研究中心的一个相对不知名的结构科学家约翰·霍博尔特提出来的。霍博尔特的计划涉及一个不需要在太空建造的航天器，因为它用三个已经连接在一起的舱段（指挥舱、服务舱和月球着陆器）飞入太空轨道。它只需要一枚火箭，也就是"土星"5 号运载火箭，这种火箭比直接上升的"新星"号运载火箭的助推器动力更小，但是，它的动力足以在前往月球之前将这个多舱段航天器送出大气层之外。一旦它到达目的地，指挥舱在登月舱自行分离的同时连续绕月球飞行，飞抵月球表面，着陆并执行它的任务。完成任务之后，它从月球表面发射升空并返回到对接位置，与环绕飞行的指挥舱对接后再返回地球。

霍博尔特的月球轨道交会方案比其他两个选项具有明显的优势，因为它能够以更低的成本、更少的燃料和更轻的重量来实现目标。但它也带来了严重的麻烦，因为航行中最容易出错的部分就是登月舱从月球着陆和起飞，以及随后与指挥舱的对接发生在离地球 24 万英里（38.6 万千米）远的地方，如果出现问题，就无法开展任何切实可行的救援。

在 1961 年的大部分时间霍博尔特都试图说服 NASA 的领导人认可其系统的有效性，因为他们中的大多数人都持怀疑态度。最终在 1962 年 6 月，他精确的计算说服了冯·布劳恩和马歇尔太空飞行中心支持月球轨道交会方案，之后其他人也开始达成一致意见。NASA 局长詹姆斯·韦伯在接下来的一个月决定支持月球轨道交会方案。

随着这些争论逐渐平息下来，NASA 就集中精力来解决"阿波罗"的技术挑战问题。北美航空公司赢得了指挥舱和服务舱的主要合同，这需要 7 年才能完成。其设计团队很快就意识到约翰·霍博尔特提出的月球轨道交会概念极为复杂。指挥舱需要围绕地球运行，飞向月球，绕月球运行，然后返回地球在海面上降落；需要让三名乘员维持两周时间；还要和连接的服务舱无缝协作。服务舱需要存储物资、生命保障设备、燃料、机动火箭和氧气，还要容纳极其重要的再入发动机。

登月舱增加了任务的难度。它由格鲁曼公司制造，起步较晚，进度落后于计划，成本也高于预期。但它也代表了"阿波罗"系统最不可或缺的组成部分，同时也是最容易出现灾难性失败的部分。它不仅需要完美地从指挥舱和服务舱中分离出来，因为两者在月球上空盘旋，而且，它

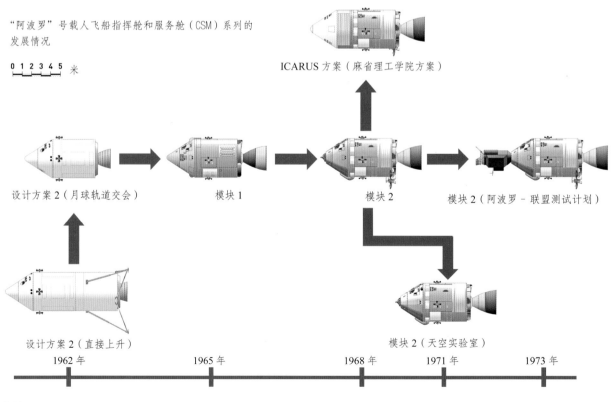

"阿波罗"号载人飞船指挥舱和服务舱（CSM）系列的发展情况

0 1 2 3 4 5 米

ICARUS 方案（麻省理工学院方案）

设计方案 2（月球轨道交会）　　模块 1　　模块 2　　模块 2（阿波罗 - 联盟测试计划）

设计方案 2（直接上升）　　模块 2（天空实验室）

1962 年　　1965 年　　1968 年　　1971 年　　1973 年

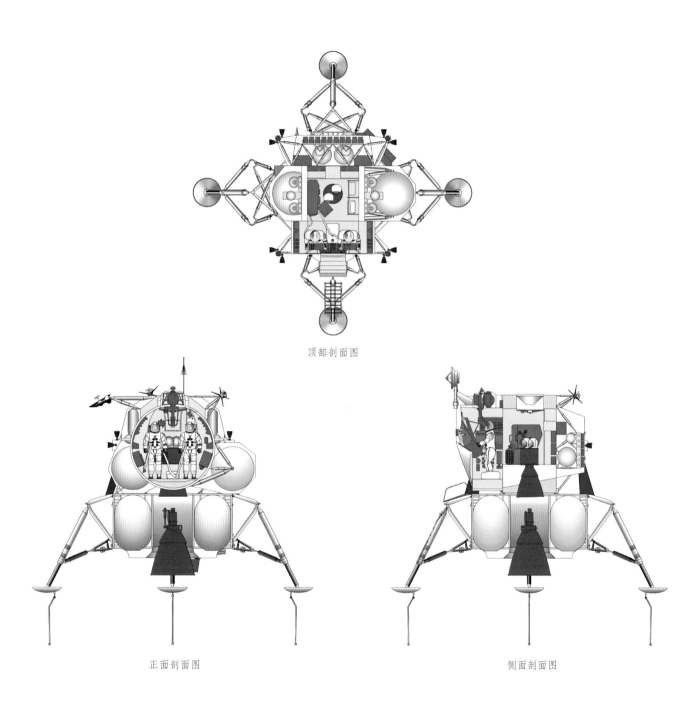

顶部剖面图

正面剖面图

侧面剖面图

米

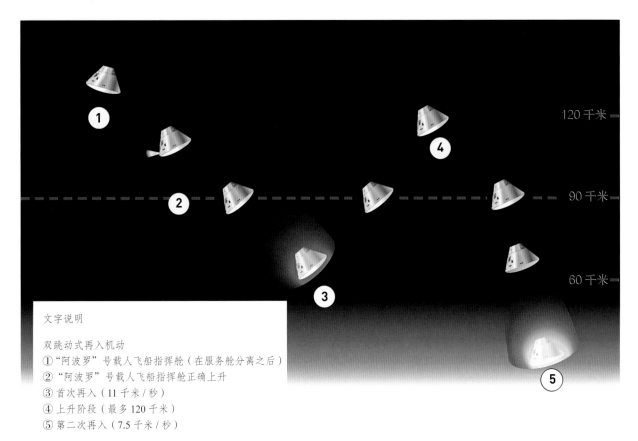

文字说明

双跳动式再入机动

① "阿波罗" 号载人飞船指挥舱（在服务舱分离之后）
② "阿波罗" 号载人飞船指挥舱正确上升
③ 首次再入（11 千米／秒）
④ 上升阶段（最多 120 千米）
⑤ 第二次再入（7.5 千米／秒）

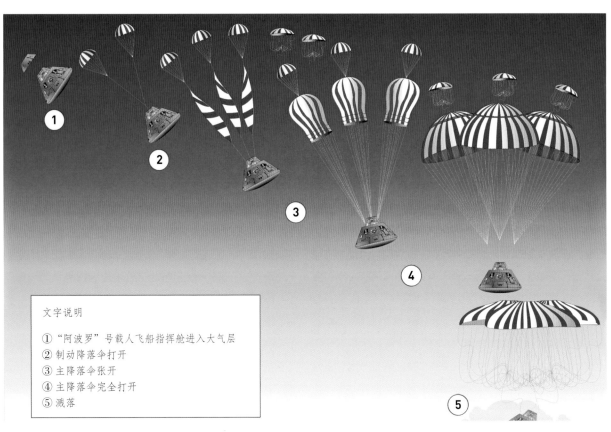

文字说明

① "阿波罗" 号载人飞船指挥舱进入大气层
② 制动降落伞打开
③ 主降落伞张开
④ 主降落伞完全打开
⑤ 溅落

完全依赖于它的单台下降发动机来实现精确而安全的着陆。在月球上，着陆器作为宇航员的工作基地。当需要离开时，登月舱就会将自身分成两部分，将下面级留在月球表面，依靠上升级（仅由一个非冗余发动机提供动力）飞回到在轨飞行的指挥舱位置并与之对接。为了实现这些极具挑战性的目标，格鲁曼团队发现自己受到控制、导航和机动性问题的困扰。

多个航天器作为一个整体升空，会带来尺寸和重量方面的长期问题。指挥舱和服务舱的形状像一个圆柱体，一端带有锥体，另一端带有发动机支架。它们长36.2英尺（11米），直径12.8英尺（3.9米），内部空间为218立方英尺（6.2立方米）。指挥舱长度为10英尺7英寸（3.2米），重32390磅（14692千克）。相比之下，登月舱看起来像一个高大的蜘蛛形四足生物，高约23英尺（7米），宽度和深度为31英尺（9.4米），重36200磅（16420千克）。

一旦进入地球轨道，航天器就需要针对月球之旅重新调整自己的位置。在上升期间，保护"阿波罗"号载人飞船的"土星"5号运载火箭上方的整流罩开启，之后指挥舱和服务舱自行分离，转向仍然嵌入整流罩中的登月舱，与其对接，然后将其拉出。当它飞向月球时，整个航天器的外形让人印象极为深刻，全长约59英尺（近18米），重达68600磅（超过31116千克）。

NASA为"阿波罗"计划准备了12次载人任务。"阿波罗"1号载人飞船的首次任务在开始之前就完成了。1967年1月27日，在一次发射演练时，维吉尔·格里森、爱德华·怀特和罗杰·查菲在一次火灾事故中身亡，原因是电气短路点燃了肯尼迪航天中心34号发射台上的纯氧环境。在媒体和国会的强烈批评下，NASA花了21个月才再次尝试载人飞行，也就是1968年10月开展的一次"阿波罗"7号载人飞船飞行任务。该任务成功测试了指挥舱和服务舱，宇航员演练了从"土星"5号运载火箭整流罩上分离登月舱的程序。1968年12月，"阿波罗"8号载人飞船升空，代表该项目取得了巨大进展，此次发射试图弥补"阿波罗"1号载人飞船失事后造成的时间损失。"土星"5号运载火箭首次将人类送上太空，帮助弗兰克·博尔曼、詹姆斯·洛弗尔和威廉·安德斯成功绕月球飞行。1969年3月发射升空的"阿波罗"9号载

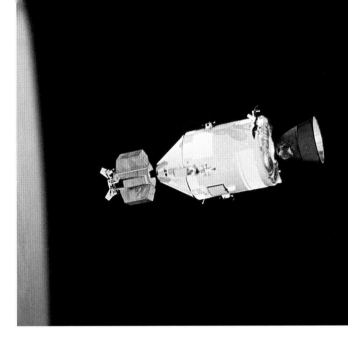

人飞船仅在地球轨道上飞行，但演练了指挥舱和登月舱的分离、交会和对接活动。接下来在1969年5月，"阿波罗"10号载人飞船将宇航员托马斯·斯塔福德、尤金·塞尔南和约翰·杨送向月球，旨在模拟第一次登月飞行。

1969年7月，肯尼迪总统的登月野心终于得以实现，这个过程仅用了5个月。"阿波罗"11号载人飞船没有发生事故。7月20日，当尼尔·阿姆斯特朗和巴兹·奥尔德林的登月舱在飞向月球表面时（迈克尔·柯林斯乘坐指挥舱绕月球飞行），阿姆斯特朗发现指定的着陆点看起来岩石过多，因此难以安全降落。他观察了一下月球表面的地貌，发现下降发动机只剩下2%的推进剂，他找到了一个适合降落的地点并成功在月球表面着陆。两个人从登月舱中走了出去，在月球表面花了两个半小时收集了近48磅（21.75千克）的地质样本，然后返回登月舱与柯林斯会合，之后开始返回地球之旅。

接下来的一次登月任务（1969年11月的"阿波罗"12号载人飞船）平安无事，但在1970年4月，"阿波罗"13号载人飞船几乎以灾难结束，当时宇航员在服务舱中对2号氧气罐进行常规机械搅拌，之后突然发生爆炸，几乎使航天器丧失全部功能。宇航员不得不撤退到登月舱，在绕月球飞行期间，他们在寒冷、饥饿和失眠中等待着，最后开始返回地球。但是，他们面临着一个很困难的再入问题，只有近乎完美的轨迹才能让太空舱穿透地球

的大气层。1970年4月17日，宇航员终于在南太平洋安全返回。

"阿波罗"号载人飞船的其余飞行任务（分别在1971年2月和7月以及1972年4月和12月执行14号、15号、16号和17号载人飞船任务）没有发生重大事故（当约翰·杨和查尔斯·杜克下降到月球表面时，"阿波罗"16号载人飞船在着陆期间出现过一次"禁止着陆"信号除外）。在最后三次探月期间，由波音公司和通用汽车公司制造的10英尺长（3.1米）的月球车大大提高了宇航员的活动能力，它能够帮助宇航员在更远的距离上找到并运输岩石和土壤样本。

最后，正如肯尼迪总统所希望的那样，"阿波罗"号载人飞船大获成功。它仍然代表着太空时代最伟大的成就。但是，有三位"阿波罗"1号载人飞船宇航员失去了生命，所以其代价也是非常高昂的。它也为NASA的未来任务设定了一个不可思议的成功标准。

"东方"号3K型载人飞船

早在太空时代开始之前，一小批理想主义者就梦想着让人类进入地球大气层之外的太空。20世纪早期，俄罗斯科学家康斯坦丁·齐奥尔科夫斯基（1857—1935年）、德国/罗马尼亚物理学家赫尔曼·奥伯特（1894—1989年）和美国物理学家罗伯特·戈达德（1882—1945年）就已经传播了火箭技术和人类太空飞行的理念，因此这一概念得到了很好的发展。

谢尔盖·科罗廖夫（1906—1966年）比任何一个人都更迫切实现这一愿望。科罗廖夫曾担任苏联第一特别设计局（OKB-1）的首席设计师，并成为世界领先的现代航天器的支持者和实践者。早在20世纪40年代末和50年代初，科罗廖夫的研究团队就制定了一项计划，准备在最远124英里（200千米）的亚轨道上发射载人火箭。

季霍诺拉沃夫设计局（Tikhonravov）设计的航天器被称为"东方"号载人飞船（俄语"Vostok"），它由两部分

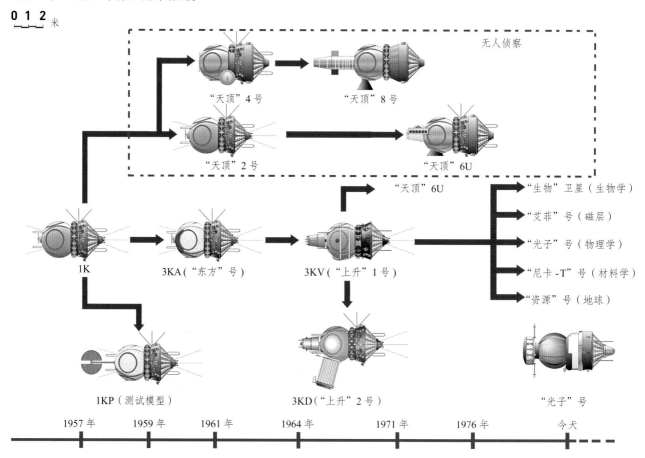

"东方"号/"上升"号载人飞船家族研发

0 1 2 米

无人侦察

"天顶"4号   "天顶"8号

"天顶"2号   "天顶"6U

"天顶"6U

"生物"卫星（生物学）
"艾菲"号（磁层）
"光子"号（物理学）
"尼卡-T"号（材料学）
"资源"号（地球）

1K   3KA（"东方"号）   3KV（"上升"1号）

1KP（测试模型）   3KD（"上升"2号）   "光子"号

1957年   1959年   1961年   1964年   1971年   1976年   今天

14
第一个太空时代
1957—1977年

组成：返回舱／飞行舱和带制动系统的仪表舱。科罗廖夫设计局是"东方"号载人飞船的主要承包商，尽管其他15家机构为该项目做出了重大贡献。他还监督了 R-7 弹道导弹的改进工作，并将其作为"东方"号载人飞船任务的运载火箭，提高了它的运载能力，足以将重型航天器送入近地轨道。这种火箭被称为两级"东方"号 K 型载人飞船。

在"东方"号系列载人飞船中，"东方"号 3KA 型载人飞船在世界太空舱中占有特别突出的地位，尽管它看起来很简单，就好像球体和锥体不协调地粘在一起一样，球形部分构成了"东方"号载人飞船的再入舱。它的直径约为 7.5 英尺（2.3 米），重量为 5423 磅（2460 千克）。锥体或设备舱的长度约为 7.4 英尺（2.26 米），直径接近 8 英尺（2.44 米），重量为 5004 磅（2270 千克）。

"东方"号 3KA 型载人飞船是第一个将人类送上太空的航天器，因此名声大振。在达到这个里程碑之前，"东方"号载人飞船完成了几次不载人任务：1960 年 5 月，一

"东方"号 3KA 型载人飞船

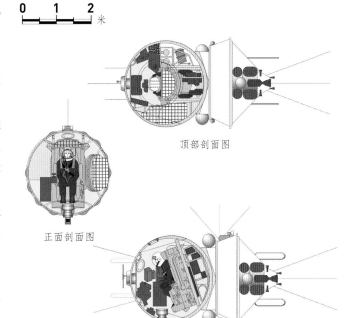

顶部剖面图

正面剖面图

侧面剖面图

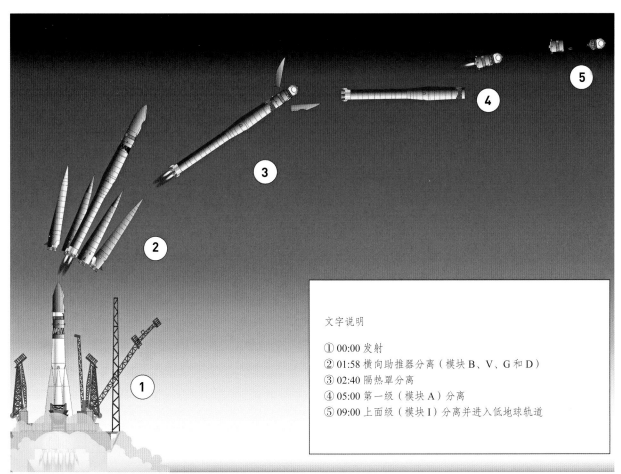

文字说明

① 00:00 发射
② 01:58 横向助推器分离（模块 B、V、G 和 D）
③ 02:40 隔热罩分离
④ 05:00 第一级（模块 A）分离
⑤ 09:00 上面级（模块 I）分离并进入低地球轨道

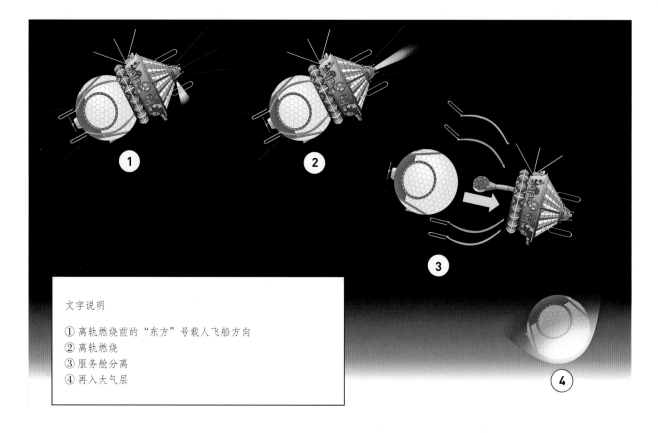

文字说明

① 离轨燃烧前的"东方"号载人飞船方向
② 离轨燃烧
③ 服务舱分离
④ 再入大气层

艘飞船在返回期间失败；同年8月，在一次任务中携带了两条狗（分别叫贝尔卡和斯特热尔卡），并在围绕地球飞行18圈后成功返回地球；1960年12月，由于又一次出现返回系统故障而导致飞行失败；而在1961年3月，两次发射任务中携带的犬类在严峻的太空环境中都生存了下来。

经过一系列试验之后，苏联航天局计划实施一次太空飞行，如果成功的话，苏联就有望在太空竞赛中取得进一步的领先优势（到当时为止，NASA还没有开展过任何类型的载人航天飞行，直到1961年5月5日，艾伦·谢泼德执行了一次简短的亚轨道飞行任务才打破了这种僵局）。苏联人选择了尤里·加加林来执行这次任务，他是一位外向且和蔼可亲的空军上尉，他将给世界媒体留下良好的印象。1961年4月12日，"东方"1号载人飞船从拜科努尔发射场升空。绕地球一圈并在太空飞行89分钟后，在罗斯托夫地区的斯莫洛夫卡村附近降落。苏联政府和人民以迎接英雄的方式来祝贺他，之后加加林开始前往许多国家的首都进行访问。

如果加加林取得的丰功伟绩还没有让NASA和美国政府感到绝望，那么接下来的"东方"号载人飞船一定会引起各方极大的关注。1961年6月，苏联"东方"2号载人飞船进入轨道，在飞行期间，盖尔曼·季托夫绕地球飞行了17圈。在1962年8月，"东方"3号和4号载人飞船升空，搭载苏联宇航员安德里安·尼古拉耶夫和帕维尔·波波维奇分别绕地球飞行了64圈和48圈。最后，"东方"5号和6号载人飞船于1963年6月进入太空，瓦列里·别克维斯基绕地球创纪录地飞行了81圈（在太空停留了接近5天），而第一位女性宇航员瓦莲京娜·捷列什科娃则绕地球完成了48圈飞行。而在前一个月，即1963年5月15日和16日，美国宇航员戈登·库珀完成了"水星"号载人飞船的最后一次飞行任务（"水星-宇宙神"9号，或"信仰"7号太空舱），绕地球飞行了22圈，在太空中飞行了不到一天半的时间。

"上升"号3KV型载人飞船

通过对比苏联"东方"号载人飞船和美国"水星"号载人飞船，苏联在太空中的优势极为明显，但是，这种优势在后续的苏联"上升"号载人飞船和美国"双子星座"号载人飞船之间的较量中开始出现衰退迹象。1966年是一个明显的转折点：美国"双子星座"号载人飞船和苏联"上升"号载人飞船都在这一年完成建造，更具决定性意义的是，苏联航天计划中不可或缺的人物谢尔盖·科罗廖夫在59岁时因一次手术意外去世。苏联"上升"号载人飞船至少有两个主要推动要素。从技术方面看，科罗廖夫早在1963年1月就撰文论述了用载人飞船搭载接受过宇航员训练的科学家开展长期太空飞行的技术价值。为了推动实施此类任务，他迫切要求开展搭载多名宇航员进行太空飞行的研究。增加宇航员人数的第二个主要原因是政治因素。到1963年底，美国关于搭载两名宇航员的"双子星座"号载人飞船和搭载3名宇航员的"阿波罗"号载人飞船的计划已众所周知，这就迫使科罗廖夫和苏联航天计划不得不跟上美国的步伐。

由于无法快速完成尚处于开发阶段的全新"联盟"号载人飞船应对来自美国的挑战，因此，1964年2月，科罗廖夫选取了4艘正在筹备中的"东方"号载人飞船，指示他的团队将其内部改装为能够容纳3名宇航员，并将其命名为"上升"号载人飞船（Voskhod）。1964年4月，科

"上升"号3KV型载人飞船（"上升"1号载人飞船）

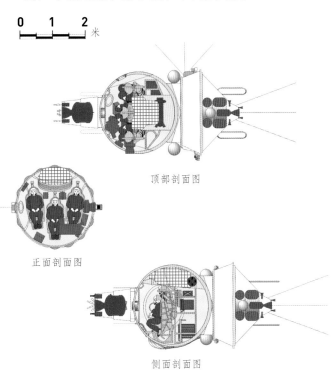

顶部剖面图

正面剖面图

侧面剖面图

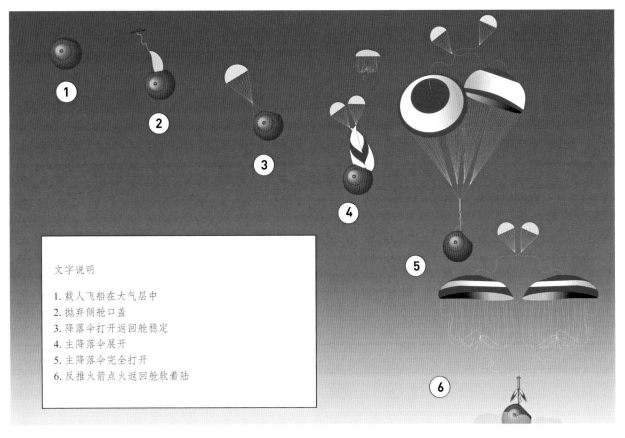

文字说明

1. 载人飞船在大气层中
2. 抛弃侧舱口盖
3. 降落伞打开返回舱稳定
4. 主降落伞展开
5. 主降落伞完全打开
6. 反推火箭点火返回舱软着陆

罗廖夫设计局完成初步技术规范，同月该项目获得正式批准。随着时间的推移，"上升"号载人飞船设计团队发现自己过于临时起意，并且做出了轻率的决定。为了容纳3名男性宇航员并节省空间，工程师们取消了弹射座椅，而弹射座椅能够在发射或着陆时帮助任何遇到紧急情况的宇航员逃离险境。相反，他们计划让仍留在太空舱内的宇航员实施硬着陆，而固定在第二个主降落伞上的一组固体火箭可能会对太空舱造成冲击。通过拆除弹射座椅并采取其他措施，可以容纳3名宇航员；但仪表板保留在原来的位置，这就要求"上升"号载人飞船的宇航员抬起脖子来看仪表板。而科罗廖夫和他的设计师通过取消太空服进一步减少了宇航员所需的空间，仅依靠座舱空气来维持宇航员的生命。

经过一系列设计对技术的折中，"上升"号3KV型载人飞船从中脱颖而出。就像"东方"号载人飞船一样，3KV型载人飞船看起来像是与一个圆锥体连接起来的球体，外形并不讨人喜欢。它长16.4英尺（5米），最大直径近8英尺（2.4米），重达12527磅（5682千克）。"上升"号11A57型运载火箭（R-7火箭的另一种衍生型号）由一枚"东方"号K型助推器组成，由于借用了闪电科学生产联合体制造的助推器，它具有一个动力更强大的上面级，能够将额外的2000磅重量送上太空，而这2000磅重量是从"东方"号载人飞船转变为"上升"号载人飞船的过程中产生的。

"上升"号载人飞船于1964年10月首次飞行。首先是10月6日开始的一次试运行，名为"宇宙"47号任务，这次试运行持续不到一天，主要测试了航天器的各个系统。之后，在10月12日，宇航员弗拉基米尔·科马罗夫、科学家康斯坦丁·福克蒂斯托夫和医生鲍里斯·叶戈罗夫登上"上升"1号载人飞船，这是世界上首次搭载一名以上乘客开展太空飞行。他们在略微超过24小时完成了16次绕地球飞行。这次飞行的主要任务是开展生物医学研究以及验证多专业乘员活动的实用性。

1966年3月，"上升"号3KV型载人飞船的最后一次飞行任务以"宇宙"110号的名义飞行。两条狗——"老兵"和"小煤球"在一次生物实验中绕地球飞行了22天，在此期间它们还穿越了范艾伦（Van Allen）辐射带。两条狗最终都安全返回地球。

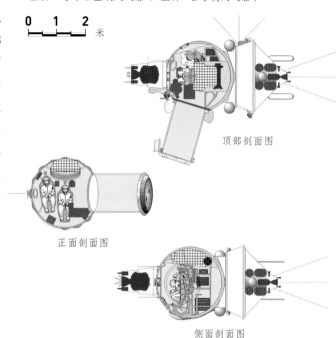

"上升"号3KD型载人飞船（"上升"2号载人飞船）

0　1　2　米

顶部剖面图

正面剖面图

侧面剖面图

"上升"号3KD型载人飞船

由于并不满足于利用"上升"1号载人飞船首次将3名宇航员送上太空，第一特别设计局首席设计师谢尔盖·科罗廖夫领导的"上升"号3KV型载人飞船研发团队试图利用"上升"2号载人飞船开展更加大胆的冒险。很少有人能够将3KV型载人飞船与新研制的太空舱区分开来，这种新型太空舱又被称为3KD型载人飞船。它们具有相似的尺寸并且重量大致相同。它们使用相同的"上升"11A57型助推器。为了节省空间和增加乘员，两者都没有配备宇航员逃生系统或弹射座椅。只有两名宇航员乘坐"上升"2号载人飞船飞行，因此可以移除第三个座椅。而且，与"上升"1号载人飞船不同，宇航员穿着太空服。3KD型载人飞船还带有伏尔加气闸舱，一个551磅（250千克）的充气附加装置，而3KV型载人飞船上则没有这种装置。

1965年2月，"上升"2号载人飞船开始试飞，当时不载人的"上升"号3KD型载人飞船成功测试了伏尔加气闸舱。在1965年3月18日，"上升"2号载人飞船从拜科努尔航天发射场起飞执行任务，此次任务是搭载两名宇航员完成一项高风险目标：进行第一次太空行走。一旦宇航员阿列克谢·列奥诺夫和指挥官帕维尔·贝利亚耶夫

"上升"号 3KD 型载人飞船("上升"2 号载人飞船)

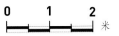
0　1　2　米

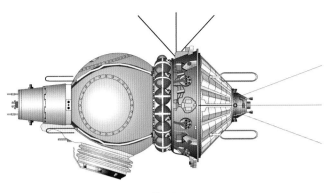
顶视图

正视图

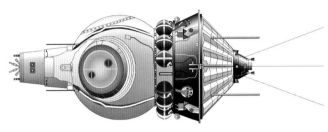
侧视图

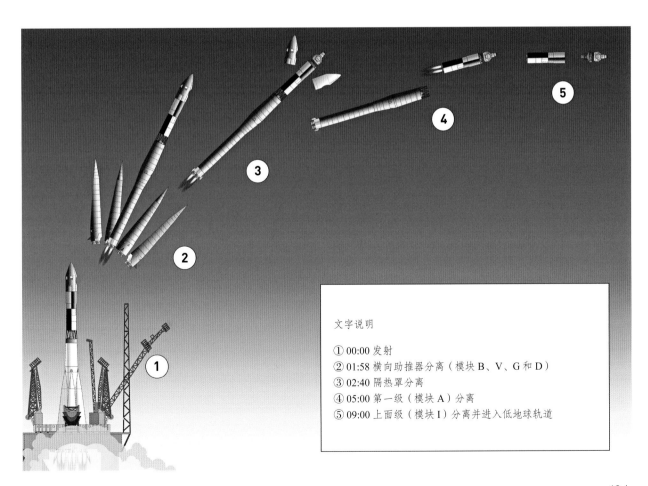

文字说明

① 00:00 发射
② 01:58 横向助推器分离(模块 B、V、G 和 D)
③ 02:40 隔热罩分离
④ 05:00 第一级(模块 A)分离
⑤ 09:00 上面级(模块 I)分离并进入低地球轨道

"联盟"号 7K-A 型载人飞船（早期"联盟"号载人飞船）

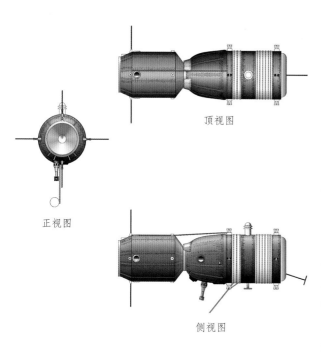

顶视图

正视图

侧视图

顶部剖面图

正面剖面图

侧面剖面图

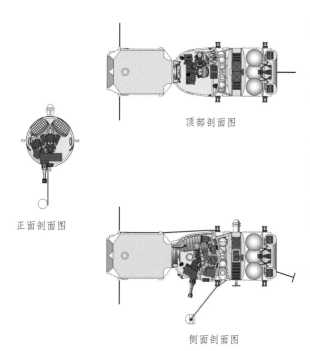

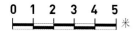

0 1 2 3 4 5
米

到达预定轨道，他们将一个装有氧气的背包连接到列奥诺夫的太空服上，贝利亚耶夫给充气气闸舱加压。然后列奥诺夫走进气闸舱，贝利亚耶夫把气闸舱密封起来并给它减压。绕地球飞行的第二圈，位于黑海上空时，列奥诺夫打开伏尔加气闸舱口并与太空舱保持 17.6 英尺（5.36 米）的位置：这是系绳的最大长度。列奥诺夫完成了两项预定任务：他将一台摄像机连接到气闸舱上，记录他的动作并拍摄了航天器的照片。他在舱外待了 12 分钟以上。有一次，列奥诺夫把绳索拉得太快，做好准备以避免与"上升"号载人飞船发生碰撞，随后就出现了严重问题。当列奥诺夫试图通过气闸舱返回"上升"号载人飞船时，他发现他的衣服已经严重膨胀，以至于其僵硬的关节使他无法充分弯曲身体后重新进入载人飞船。意识到了这种形势的严重性后，他竭尽全力挣扎了 8 分钟，甚至采取了危险的步骤，从太空服内排出空气来缩小其体积，并最终将压力降至安全限度以下。列奥诺夫最终勉强返回太空舱，但是，最后发现他和贝利亚耶夫无法正确地封住舱门，这是列奥诺夫对气闸舱施加蛮力造成热变形的结果。但是，他们最终还是成功地关闭了舱门。

这些令人难过的事件并没有就此结束。在第 16 次也就是最后一次绕地球飞行时，航天器的自动再入系统失效了。苏联宇航员额外多绕地球飞行了一圈，这样方便贝利亚耶夫熟悉手动着陆的程序。于是，列奥诺夫和贝利亚耶夫重新定位航天器准备再次启动再入程序，之后他们蹒跚回到各自的座椅穿上笨重的宇航服，但是，在这短短的 46 秒内，"上升"号载人飞船的质心发生了漂移，导致着陆点偏离目标。当列奥诺夫和贝利亚耶夫降落后，"上升"号载人飞船陷入偏离预期着陆点约 1243 英里（2000 千米）的大雪之中，这里位于彼尔姆附近的一片森林里。在等待了两个多小时之后，救援直升机才找到他们。

这次惊险的旅程标志着苏联在太空领域占据了绝对的领先地位。

"联盟"号 7K-OK 型载人飞船

当谢尔盖·科罗廖夫带领他的工程师开发"上升"号载人飞船时，他和他的团队还设计了第一艘"联盟"号（Union）载人飞船。"联盟"号系列载人飞船恰逢苏联人试图回应美国的"阿波罗"计划，可谓天赐良机。具体

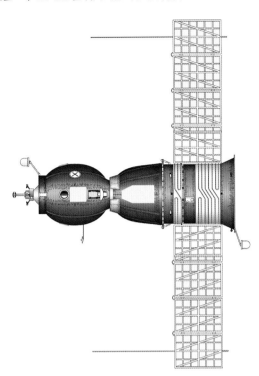

顶视图

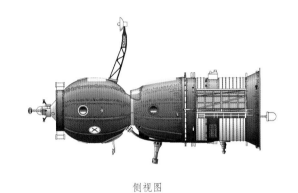

正视图

侧视图

而言，科罗廖夫的工程师将"东方"号载人飞船与"伊尔"（IL）载人月球舱组合，专为绕月球飞行而设计。"东方"7/IL 号载人飞船概念未能获得实际支持，但它在第一特别设计局中保留了下来，与"北方"号（Sever）轨道航天器组合在一起。在 1963 年 3 月完成相关工作后，组合后的飞行器被称为"联盟"号 7-KA 型载人飞船，这是连续飞行 50 年的航天器家族中的第一艘载人飞船。

科罗廖夫的团队在 1963 年春季开始研究 7-KA 型载人飞船的继任者，也就是 7K-OK 型载人飞船，并于当年 12 月获得批准。这个团队设计了一种能够提供诸如在轨道上进行机动和自动交会、进近和对接等操作的新型飞行器。科罗廖夫最初打算让 7K-OK 型载人飞船完成月球任务的首个飞行航段，然后与他的另一个设计 7K-L1 型载人飞船一起使用。按照这个计划，7K-L1 型载人飞船将被发射到低地球轨道，与搭载宇航员的 7K-OK 型载人飞船会合，此时，宇航员将转移到 7K-L1 型载人飞船进行绕月飞行。但在 NASA 探月计划的压力下，苏联放弃了科罗廖夫的设想，转而采用类似于"阿波罗"号载人飞船的月球轨道交会架构，它包括 7K-LOK 太空舱、月球着陆器（LK）

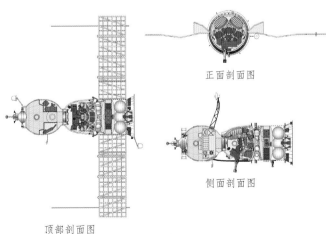

正面剖面图

侧面剖面图

顶部剖面图

"联盟"号 7K-OK 型载人飞船（主动对接）

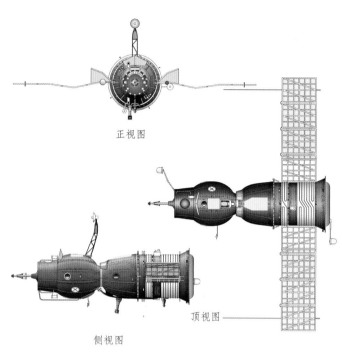

0 1 2 3 4 5
米

正视图

顶视图

侧视图

"联盟"号 7K-LOK 型载人飞船

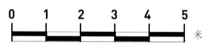

0 1 2 3 4 5
米

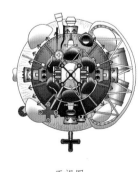

正视图

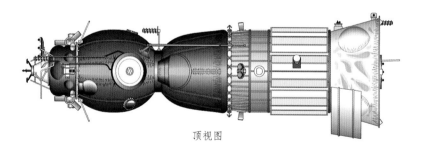

顶视图

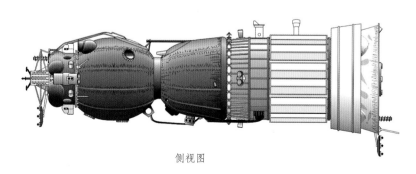

侧视图

和 N1 火箭。

　　苏联虽然最终在月球竞赛中输给了美国，但 7K-OK 型载人飞船却拥有了一个更实际的用途，即运送宇航员入轨，与第一代空间站对接。然而，事实证明，7K-OK 型载人飞船项目本身问题重重。1966 年 11 月，第一次无人载人飞船发射升空，在这次任务中发现很多结构缺陷，结果在飞行过程中，航天器不受控制，只能摧毁。第二个月，失败的命运再次降临：7K-OK 型载人飞船及其运载火箭还在发射台上时，发射逃逸系统被意外激活，拉出太空舱后火箭爆炸，附近的人非死即伤。第三次飞行期间，7K-OK 型载人飞船坠入咸海。最惨的情况发生在 1967 年 4 月，宇航员、试飞员弗拉基米尔·科马罗夫在执行第四次任务时，死于降落阶段。重新设计后，7K-OK 型载人飞船又完成了 13 次载人和不载人飞行任务，取得一定的成功。该计划最终于 1971 年结束。

　　尽管 7K-OK 型载人飞船表现很糟糕，但它开启了将著名的三方设计用于"联盟"号载人飞船家族的时代。在前端，球形生活舱为宇航员提供包括厕所一类的必需生活保障，这些功能使他们能够比在"上升"号载人飞船中在高空逗留更长时间，同时，它也是个气闸舱。中段是个钟形返回舱，用于再入大气层。最后，返回舱后部为圆柱形，也称服务舱，除了容纳进近和姿态控制推进器、天线和太阳能电池阵列之外，还装有航天器的通信系统、电子系统、制导系统和遥测系统。7K-OK 型载人飞船的长度不到 25 英尺（7.6 米），最大直径约为 7.5 英尺（2.29 米），太阳能面板跨度约为 27.5 英尺（8.38 米）。一旦发射升空，7K-OK 型载人飞船的重量在 14220 ~ 14462 磅（6450 ~ 6560 千克），具体取决于任务要求。

在其艰难的职业生涯中，7K-OK 型载人飞船经历了多次修改，最终才成为 7K-T 型载人飞船，这是一种更安全、更可靠的太空运输舱，其职责是将宇航员带到了"金刚石"号和"礼炮"号空间站。

"联盟"号 7K-OKS 型载人飞船

苏联航天局在几次试图缩小与美国在月球竞赛中的差距之后，于 20 世纪 70 年代初放弃了这项努力，并重新锁定了一个新的目标，那就是长期太空飞行。这种战略调整在 1971 年 4 月变得更加明显，当时苏联人将"礼炮"1 号空间站送入轨道，这也是人类历史上第一个空间站。为了向"礼炮"号空间站运送人员和物资补给，第一特别设计局为此专门改装了"联盟"号 7K-OK 型载人飞船。

7K-OKS 型载人飞船虽然仅发射过两次，都取得了较圆满的成功，但离完全意义上的成功还有一段距离。"礼炮"1 号空间站入轨 3 天后，7K-OKS 型载人飞船于 1971 年 4 月 23 日首次执行"联盟"10 号飞行任务。接近空间站时，指挥官弗拉基米尔·沙塔洛夫进行了手动对接尝试。虽然他无法获得硬锁正确的接近角度，但这两个航天器仍然完成了对接。OKS 型载人飞船停留了 5 个半小时，但是由于舱门出现故障，宇航员未能进入空间站。几经波折后，"联盟"号载人飞船自行与空间站分离，尽管有毒气体污染了气源，但是这艘飞船还是返回地球并安全着陆。

在执行"联盟"号载人飞船的第 11 次任务时，OKS 型载人飞船似乎自始至终很好地证明了自己的价值。指挥官格奥尔基·多布罗夫斯基、飞行工程师弗拉季斯拉夫·沃尔科夫和测试工程师维克托·帕察耶夫于 1971 年 6 月 6 日进入轨道。这次手动对接按计划进行。他们在"礼炮"1 号空间站上花了 23 天为宇航员长期居住做好准备，最终，他们转移了全部研究材料和记录，期间没有发生任何事故，最后离开空间站返回地球。尽管当制动发动机点火启动时，宇航员就会失去与任务控制中心的所有通信联络，但是自动再入程序进行顺利，并且准确地降落在目标

"联盟"号 7K-L1 型载人飞船（Zond 4-8 号）

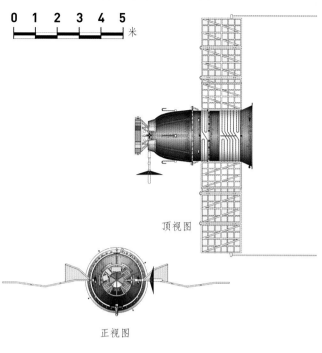

顶视图

正视图

侧视图

"联盟"号 7K-L1 型载人飞船

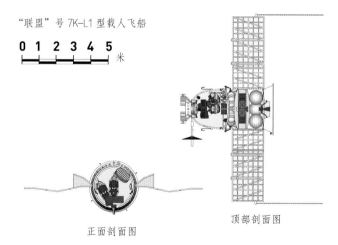

正面剖面图

顶部剖面图

侧面剖面图

地点上。然而，当地面技术人员打开舱门时，他们发现3人全部死亡。调查发现，一个阀门出现故障，导致座舱内出现致命的减压。这次事故导致"联盟"号7K-OKS型载人飞船结束了其短暂的职业生涯。

"联盟"号7K-L1型载人飞船

谢尔盖·科罗廖夫虽然在苏联航空航天设计师中首屈一指，但也会遇到劲敌。虽然为时已晚，但他和他的团队为了赶上美国探月计划，提出设计一艘与"联盟"号载人飞船兼容的航天器并可搭载两位宇航员绕月飞行的构想，这时，第一特别设计局的负责人便是其对手。

科罗廖夫选择"联盟"号7K-OK型载人飞船搭载宇航员进入地球轨道。入轨后，宇航员会与他的新作品7K-L1型载人飞船会合进行换乘，然后飞向月球。

绕月飞行期间，7K-L1型载人飞船与其他"联盟"号载人飞船主要在一个方面有所不同：科罗廖夫没有遵循传统的"联盟"号载人飞船的三部分结构设计，而是取消了居住舱来减轻重量。之所以这样做，是因为火箭动力不足，无法将完整的"联盟"号载人飞船送到月球再返回地球。但是改造后的太空舱既不轻也不小，重约12500磅（5670千克），长15.7英尺（4.785米），直径约9英尺（2.74米）。

但是，科罗廖夫的主要竞争对手之一，也就是切洛梅设计局——第52联合实验设计局（代号OKB-52）的首席设计师弗拉基米尔·切洛梅也有自己的野心。切洛梅迫使尼基塔·赫鲁晓夫拒绝科罗廖夫的7K-L1型载人飞船方案，转而支持他的LK-1太空舱方案，他建议用大型UR500"质子"号运载火箭直接将航天器送上月球。切洛梅的计划得到赫鲁晓夫的批准，但是，1964年10月，赫鲁晓夫下台后，科罗廖夫重启1965年10月正式通过审批的7K-L1型载人飞船计划。毫无疑问，切洛梅对此怒火中烧，因为苏联航天局曾经选择了自己的UR500"质子"号运载火箭作为7K-L1型载人飞船的运载工具，当时，UR500"质子"号运载火箭就已经具备足够大的推力，能够将这种精简后的航天器直接送到月球。苏联领导人早在1960年就开始审核这个项目，但直到1964年8月才做出明确的决定，打算启动一项月球着陆计划，而这个月球着陆计划比肯尼迪总统向国会提出的探月计划晚了3年多时间。

科罗廖夫和他在第一特别设计局的继任者瓦西里·米

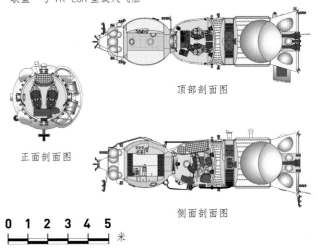

"联盟"号7K-LOK型载人飞船

顶部剖面图

正面剖面图

侧面剖面图

0 1 2 3 4 5
米

申为7K-L1型载人飞船的成功做了两个必要的补充。由于取消了居住舱来减轻航天器的重量，7K-L1型载人飞船没有出口模式，因此工程师移除再入舱上的备用降落伞，改为出口舱。其次，科罗廖夫的团队将N1火箭的模块D月球转移轨道射入级转到"质子"号运载火箭上。

或许由于追赶"阿波罗"计划所带来的压力过大，以及1966年扮演关键角色的科罗廖夫逝世，导致苏联航天计划中的探月计划开局有多光明，结局似乎就有多悲惨。1967年3月到1970年10月，在7K-L1型载人飞船的12次任务中，其中8次惨遭失败。在第一次对模块D完成飞行测试后，后面6次测试都有问题，具体情况如下：任务2中的模块D、任务3中的"质子"号运载火箭第一级、任务4中的第二级发生故障、任务5返回时毁坏、任务6中发射时逃生系统意外启动以及任务7中上面级在发射台发生爆炸。任务9和任务10分别因为再入大气层时坠毁和第二级故障而流产。仅在任务8、任务11和任务12（分别于1968年9月、1969年8月和1970年10月进行）中，不载人的7K-L1型载人飞船成功完成绕月飞行。面对苏联这边失误连连，而美国"阿波罗"计划却大获成功，这种窘境迫使苏联航天局不得不于1970年终止了7K-L1型载人飞船的研制工作以及所有载人飞行。

"联盟"号7K-LOK型载人飞船

苏联"联盟"号载人飞船虽然与美国同期的航天器（例如"土星"5号运载火箭、登月舱以及指挥舱和服务

"联盟"号 7K-T 型载人飞船("联盟"号运输飞船)

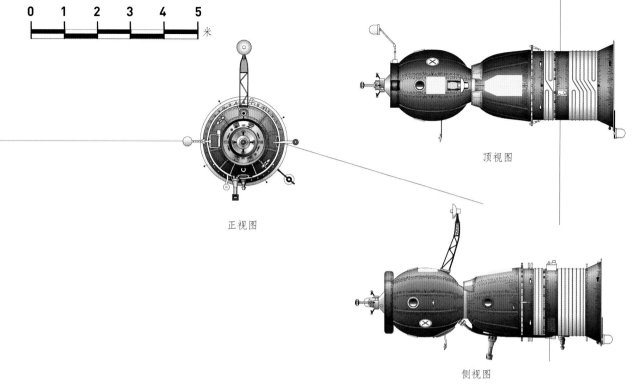

正视图

顶视图

侧视图

正面剖面图

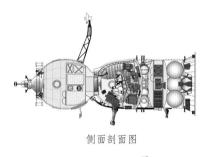

侧面剖面图

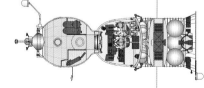

顶部剖面图

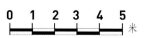

舱)在技术构成方面截然不同,但为了节约时间,尽快缩小与之在太空竞赛中的差距,苏联"联盟"号载人飞船借鉴了"阿波罗"号载人飞船的整体任务架构——月球轨道交会。因此,苏联放弃了早期的地球—轨道交会计划,转而改为将宇航员舱和月球着陆器组合在一个航天器内的方案。

谢尔盖·科罗廖夫于 1966 年突然去世,苏联人也不得不在没有带头人的情况下做到这一点。在他去世前,科罗廖夫带领第一特别设计局的团队正在设计"联盟"号 7K-LOK 型载人飞船(LOK 是俄文"lunniy orbitalny korabl"的缩写,也就是月球轨道飞行器的意思)。早在 1960 年,科罗廖夫向苏联共产党中央委员会提交了月球着陆器方案。但是直到 1964 年 8 月,当局长最终做出了开启登月项目的决定——这已经距离时任美国总统肯尼迪向国会提出登月项目晚了 3 年多了。

科罗廖夫设计局制造了 6 艘 7K-LOK 型载人飞船。第一艘搭载了一个假人,于 1970 年 12 月乘坐"质子"号运载火箭进入低地球轨道。在 1971 年 6 月和 1972 年 11 月开展的后续两次任务期间(另一次假人测试,随后是一次

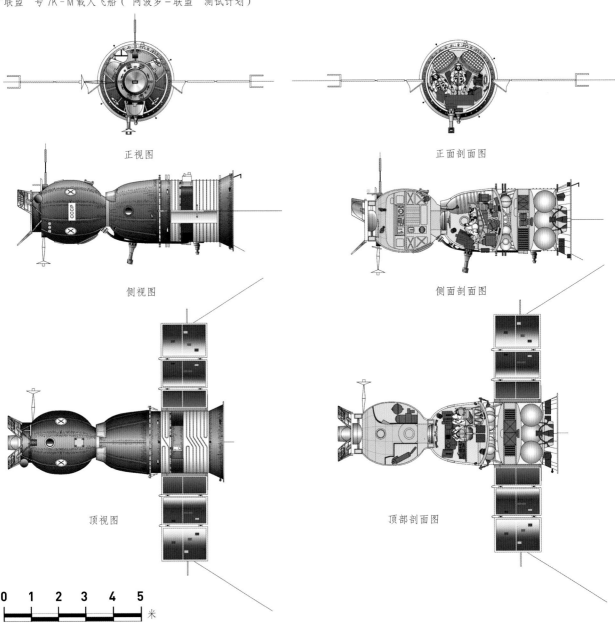

正视图

正面剖面图

侧视图

侧面剖面图

顶视图

顶部剖面图

0 1 2 3 4 5 米

模拟操作飞行，两者都打算飞越月球），N1 助推器失败。虽然雄心勃勃的任务规划者计划在 1974 年 8 月开展全面的环月球探测，之后再进行载人飞行，但是苏联航天局于 1974 年 5 月取消了 N1 助推器和 7K-LOK 型载人飞船计划。

苏联人最终做出了一个明智决定，就是他们承认输给了美国的"阿波罗"计划。他们改变了方向，而不是继续顽固地坚持下去，随着 1971 年 4 月"礼炮"1 号空间站的发射，他们启动了世界上第一个空间站的建造工作，这就

是他们所追求的专长，几十年来苏联人在这方面取得了巨大的成功。为了支持这项倡议，"联盟"号载人飞船承担了一个不可或缺的角色，那就是为宇航员往返"礼炮"号空间站及其继任空间站充当运载工具。

科罗廖夫和他的团队按照经典的"联盟"号载人飞船系列设计了 7K-LOK 型载人飞船。在前端的球形轨道舱作为苏联宇航员的生活舱；中间是一个钟形再入舱，用于返回地球；在后端，一个加压气缸容纳制导、通信、遥

测和电子系统。它的不同之处在于它比"联盟"号载人飞船的前辈们更长，并提供内部改装，例如燃料电池，而不是太阳能电池阵列和圆形穹顶。此外，7K-LOK 型载人飞船采用的"联盟"号的基本构型与先前的"东方"号载人飞船和"上升"号载人飞船不同，因为它能够让宇航员实施主动机动，以及轨道交会和对接。尽管如此，虽然7K-LOK 型载人飞船可以与其他航天器对接，但它缺少一个转移通道，这意味着宇航员只能通过太空行走的方式走出 7K-LOK 型载人飞船或进入其他飞行器。

完成建造的 7K-LOK 型载人飞船尺寸很大：长 33 英尺（10 米），直径 9.6 英尺（2.9 米）。它在月球轨道上重达 21720 磅（9850 千克）。

"联盟"号 7K-T 型载人飞船

1971 年 4 月，在"联盟"号 7K-OKS 型载人飞船的 3 名宇航员因事故身亡之后，苏联航天局在执行前往"礼炮"1 号空间站的第 11 次任务期间，苏联意识到需要改进，但受到 7K-OKS 型载人飞船基本设计理念的限制，苏联航天局迟迟无法取得突破。即使面对沉重的打击，苏联将改革进行到底的决心依然没有动摇，修改后的"联盟"号 7K-T 型载人飞船因此应运而生。由于 7K-OKS 型载人飞船的宇航员因座舱减压而死亡，第一特别设计局的工程师决定将"联盟"号 7K-T 型载人飞船的宇航员从 3 人减少到 2 人，这样做可以让宇航员在关键危险点穿着压力服。可穿着压力服的危险点包括发射、对接、分离和再入阶段。这项措施节省的空间也可用于存放备用的生命保障系统。另一项改进措施是把 OKS 型载人飞船上的电池更换为太阳能电池板，虽然电池只可以使用两天，但只要 7K-T 型载人飞船与"礼炮"号空间站对接，就可以尽兴充电。此外，为了前往 3 个"金刚石"军事空间站（用"礼炮"2 号、3 号和 5 号命名来伪装其真实身份）执行任务，"联盟"号 7K-T 型载人飞船接受了进一步改装，需要远程控制这个空间站并安装新的降落伞系统。为了与标准的 7K-T 型载人飞船区分开，为"金刚石"空间站提供服务的"联盟"号载人飞船被称为 7K-T/A9 型载人飞船。

7K-T 型载人飞船的两次不载人飞行试验在其整个服役期间最为著名。第一次于 1972 年 6 月进入太空，停留

一周。随后，用于发射 7K-T 型载人飞船的"联盟"号运载火箭未能将"泽尼特"侦察卫星送入轨道，因此需要改进助推器，进而将 7K-T 型载人飞船的升空计划延迟了一年。最终，7K-T 型载人飞船于 1973 年 6 月开始第二次飞行试验，并在轨道上停留了两天。

1973 年 9 月 27 日，在执行"联盟"2 号任务期间，由于 7K-OKS 型载人飞船发生事故，苏联试图启动飞船首次载人太空飞行。这次飞行基本上是一次试航，宇航员瓦西里·拉扎列夫和奥列格·马卡罗夫对航天器系统进行了测试，飞行两天后降落，他们的评估报告表明飞行器性能良好。此后，7K-T 型载人飞船开始了漫长的旅程，执行的任务大部分都取得了成功，并为后来的"礼炮"号空间站提供宇航员运送服务。

"联盟"号 7K-M 型载人飞船（"阿波罗 - 联盟"测试计划）

"联盟"号 7K-M 型载人飞船是自 1971 年以来苏联一系列航天器最新版本的缩影。"联盟"号 7K-M 型载人飞船是"联盟"号 7K-T 型载人飞船的修改版，作为苏联空间站和太空飞行长期计划的一部分，在"阿波罗 - 联盟"测试计划（ASTP）期间，7K-M 型载人飞船的改版是为了与美国"阿波罗"载人飞船太空舱对接。"阿波罗 - 联盟"测试计划是美苏两国的第一次联合太空飞行。

就其本身而言，"联盟"号 7K-M 型载人飞船的重量为 14720 磅（6680 千克），长 24.5 英尺（7.5 米），直径 8 英尺 11 英寸（2.72 米），翼展 27.5 英尺（8.38 米）。

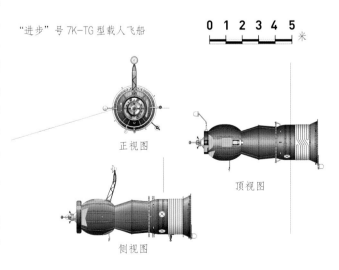

"进步"号 7K-TG 型载人飞船

0 1 2 3 4 5 米

正视图

顶视图

侧视图

将"联盟"号7K-T型载人飞船重新打造成7K-M型载人飞船，这个过程所需的改装都涉及与美国航天器的兼容性问题。"联盟"号获得了更新、更轻的太阳能电池板，因此具有更长的任务寿命，无线电天线可用于正常通信，光学靶点用于与"阿波罗"手动对接，以及改变环境控制系统来降低座舱压力。但是，主要改装涉及一个新的对接机构，用一套异体同构通用系统替换了"联盟"号载人飞船原有的雄性构型，该系统在主动对接模式和被动对接模式下均可以使用。这个项目全部由美国人设计和制造，由NASA和苏联工程师共同测试，成为早期国际太空竞赛中这对老冤家合作的典范。

这种独特的设备证明是"阿波罗－联盟"测试计划期间最值得关注的技术进步之一，当"阿波罗－联盟"测试计划将异体同构对接系统引入航天飞机的设计时，NASA就率先借鉴了这种技术供自己使用。

"进步"号7K-TG型载人飞船

苏联航天局对长期太空飞行的关注依赖于能否开发出一种可靠的飞行器，从而为空间站运送补给物资。如果无法定期补充物资，任何空间站都无法取得成功。第一特别设计局考虑将"联盟"号7K-OK基本型载人飞船改装成"礼炮"号空间站的自动化"太空卡车"。苏联航天局并没有继续研究这一方案，而是在20世纪60年代后期制造了一个被称为7K-G的"联盟"号载人飞船的军用型号。到1973年中期，科罗廖夫设计局开始研究一种名为7K-TG的真正补给飞船（TG在俄语中是指"货运"的意思）。设计工程师在"联盟"号7K-T型载人飞船上进行了标准化设计，这是一款成功的宇航员往返航天器。

在制造7K-TG型载人飞船时，项目工程师将改造工作集中在"联盟"号7K-T型载人飞船的钟形返回舱上。他们取消了乘员所需的设备，安装了对接后能够自动向空间站补给燃料的燃料储箱和油泵，并为补给、食品和燃料设计了存储空间；取消了太阳能电池阵列，转而使用化学电池；除了燃料和补给外，还让7K-TG型载人飞船携带各种面向任务的设备，例如，用于"礼炮"6号空间站的KRT-10射电望远镜和用于"礼炮"7号空间站的"火花"（Iskra）3号卫星（这颗卫星后来通过"礼炮"7号空间站进行部署）。

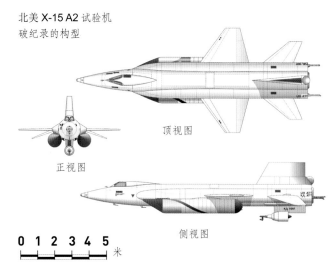

北美 X-15 A2 试验机
破纪录的构型

顶视图

正视图

侧视图

0 1 2 3 4 5 米

一旦卸载完补给物资之后，7K-TG型载人飞船就起到一个垃圾桶的作用，通过自行分离和再入大气层燃烧来处理空间站的垃圾。

尽管根据设计要求，"进步"号载人飞船需要最多自由飞行3天并且在与空间站对接后飞行33天，但是，实际上后来的"进步"号载人飞船型号与空间站对接后一起绕地球飞行长达75天。对于实现在太空永久存在这一目标而言，或许苏联人意识到7K-TG型载人飞船是一种实用、可靠和不可或缺的重要象征性要素，因此，苏联当局最终决定将其更名为"进步"号7K-TG型载人飞船，这是一系列载人飞船（包括"进步"号M型载人飞船和后来的"进步"号M1型载人飞船）中的首艘旗舰。

"进步"号7K-TG型载人飞船长24.5英尺（7.47米），直径近12英尺（3.66米），装载燃料时重15480磅（7022千克）。它根据要求提供了大约5100磅（2313千克）的有效载荷。"进步"号7K-TG型载人飞船服役时间超过12年（1978年1月至1990年5月），其任务被分配给3个空间站：12次到"礼炮"6号空间站，13次到"礼炮"7号空间站，18次到"和平"号空间站。

空天飞机
X-15 试验机

尽管人们普遍认为美国的航天计划仅仅是美国和苏联之间冷战的副产品，但它实际上是在冷战的几年前就已经开始了，这不是政治博弈的结果，而是技术突飞猛进所带

北美 X-15 A2 试验机
破纪录的构型

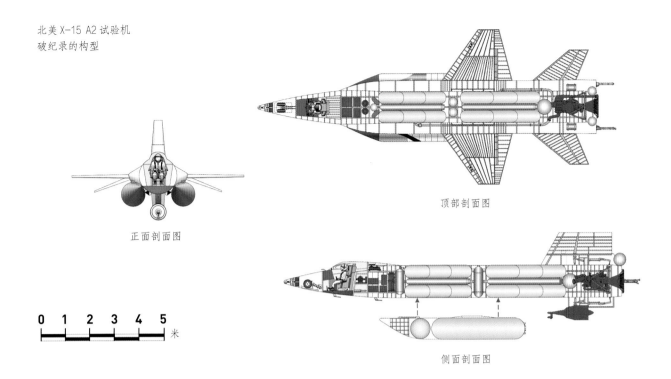

正面剖面图

顶部剖面图

0 1 2 3 4 5 米

侧面剖面图

文字说明

① 母船分离和 XLR-99 发动机点火（$T=0$，$V=900$ 千米/小时，$H=13700$ 米）
② 上升角度为 47°（最大 5g 重力加速度）
③ 辅助储箱分离（$T=60$ 秒，$V=4.500$ 千米/小时，$H=30000$ 米）
④ XLR-99 发动机关闭（$T=145$ 秒，$V=7.274$ 千米/小时，$H=58400$ 米）
⑤ 再入和退出（$T=265$ 秒，$V=4500$ 千米/小时，$H=30000$ 米）
⑥ 进近阶段（$T=450$ 秒，$V=1200$ 千米/小时，$H=2600$ 米）
⑦ 着陆阶段（$T=638$ 秒，$V=151$ 千米/小时，$H=2600$ 米）
⑧ 着陆（$T=684$ 秒，$V=103$ 千米/小时）

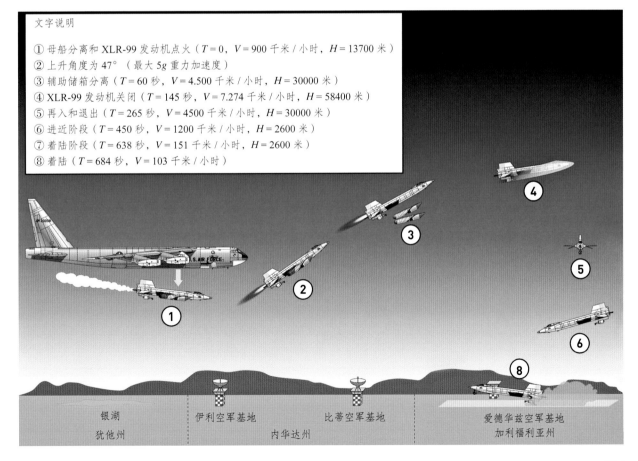

银湖
犹他州

伊利空军基地

比蒂空军基地

内华达州

爱德华兹空军基地
加利福利亚州

来的成果。

美国于 1947 年 10 月 14 日开辟了一条太空旅行的全新道路，当时查克·叶格上尉驾驶贝尔 X-1 飞机实现了超声速飞行。这一壮举代表了美国空军与国家航空咨询委员会（National Advisory Committee for Aeronautics, NACA）之间的合作成果，该委员会成立于 1915 年，旨在推进航空研究。在达到马赫数为 1 这个里程碑之后，高速飞行方面的步伐加快了。仅仅 6 年之后，即 1953 年 12 月 3 日（自莱特兄弟第一次实现有动力装置飞行这一壮举以来，时间已经过去了 50 多年），NACA 的斯科特·克罗斯菲尔德驾驶道格拉斯公司的 D-558 "冲天"（Skyrocket）超声速试验飞机实现了马赫数大于 2 的飞行速度。

这两个项目的成功使得 NACA 的工程师们相信，超声速飞行（马赫数大于 5）并不存在不可逾越的技术障碍。NACA 局长休·拉蒂默·德莱登博士请求海军和空军研究与发展机构帮助实现这一目标。1954 年，他说服他们为 NACA 设计的 3 架超声速原型机提供制造资金，并在 NACA 的监督下对其进行测试。这 3 家机构于 1954 年 12 月签署了一份谅解备忘录，启动了 1226 号空军项目，这个项目更为人所知的名称是 X-15 试验机。

X-15 试验机概念源自位于弗吉尼亚州汉普顿的 NACA 兰利研究中心兰利纪念航空实验室的高超声速飞机委员会。兰利研究中心打算设计一种身形修长而低矮的流线型航天器，带有十字形尾翼和楔形垂直安定面；多台火箭发动机；使用高度耐热的 Inconel-X 铬镍合金制成的蒙皮；飞行速度马赫数大于 7，飞行高度大于数十万英尺，并可以从轰炸机 / 母机上发射。

当北美航空公司在 1958 年 10 月发射 X-15 试验机时，媒体记者涌向英格尔伍德，这是这款造型优美的黑色火箭飞机在世界上首次露面。它看起来颇具未来感：长 49 英尺（15 米）、垂尾高 14 英尺（4.3 米）、发射重量 31275 磅（14186 千克），并且动力强大，XLR-99 发动机提供 57000 磅（25855 千克）的推力。

X-15 试验机证明美国的技术诀窍大受欢迎，因为它努力在太空竞赛中站稳脚跟。它还有助于向公众介绍 NACA 的继任者美国国家航空航天局，后者在 1958 年 10 月 1 日正式成立，其成立时间与 X-15 试验机的下线时间在同一个月。

斯科特·克罗斯菲尔德 5 年前在 NACA 的 D-558 "冲天"超声速试验飞机上突破了马赫数 2 的障碍，在 NASA 的高速试飞站完成了 X-15 试验机的所有初始飞行。他的第一次飞行几乎以灾难告终：1959 年 6 月 8 日，当克罗斯菲尔德准备从 B-52 母机上脱离时，发现俯仰阻尼器失灵了，但是考虑到在紧急情况下可以依靠爱德华兹的巨大干涸湖床确保安全，因此他决定继续飞行。当他下降（无动力）到跑道进行滑翔着陆时，强烈的纵向振荡开始了。他依靠丰富的驾驶 X 系列飞机的经验，在一次疯狂的左右摇晃结束后，最终成功着陆。他毫发无损，但 1 号 X-15 试验机需要 6 个月才能完成维修。克罗斯菲尔德后来又驾驶这种"黑色公牛"（Black Bull，X-15 试验机的昵称）完成了 13 次飞行任务。

后续的 X-15 试验机飞行试验远比打破高速和高空纪录更有意义。在"伴侣"1 号人造卫星到美国人首次进入太空长达三年半的时间里，美国 X-15 试验机在这种新型探索之初极具代表性意义。当艾伦·谢泼德于 1961 年 5 月首次进行亚轨道飞行时，备受瞩目的 X-15 试验机飞行了 36 次，引起了世界各地媒体的关注。最终，12 名飞行员中有 8 人进入了宇航员队伍，共完成了 13 次太空任务，达到至少 50 英里（264000 英尺（80467 米））的高空。尽管尼尔·阿姆斯特朗没有得到进入这个团队的资格，但是作为未来"阿波罗"11 号载人飞船的指挥官，他确实从 X-15 试验机的驾驶经验中受益匪浅。从 1960 年 11 月到 1962 年 7 月，他驾驶 X-15 试验机完成了 7 次飞行，飞行速度为马赫数 5.74，飞行高度达到 207000 英尺（63094 米）。

X-15 试验机不仅代表着成功，NASA 从中还获得了太空飞行在风险管理方面的经验教训。1959 年 11 月，在 X-15 试验机的第 5 次飞行中，发动机的一次小规模火灾迫使斯科特·克罗斯菲尔德紧急降落在罗莎蒙德干湖床上，飞机脊线附近的位置受损，但避免了自己受到伤害。1962 年，发动机故障迫使 NASA 飞行员杰克·麦凯在内华达州泥湖着陆，这次着陆导致起落架折断，且 X-15 试验机翻转到背部着地，麦凯严重受伤而致其职业生涯就此终结。最终，在 1967 年 11 月，空军少校迈克尔·亚当斯驾驶 X-15 试验机时进入尾旋失速状态，试验机俯冲之后坠毁，迈克尔·亚当斯也难逃一劫。

最终，X-15试验机飞行研究计划给人类太空飞行留下了深刻的印象。它从1959年6月到1968年10月共飞行了199次，实现了一些非凡的性能里程碑，速度达到马赫数6.7，高度达到354200英尺（107960米）。它还是航空航天历史上最重要的测试平台之一，为载人航天计划提供了大量关于航空医学的数据（调查飞行员经历眩晕和经历严峻太空飞行的生理反应）、超高声速空气动力学特性和热力学加热特性（发现尾部出现的意外阻力以及突出驾驶舱、飞机的前部段和下部段的过热点）和数百个科学平台实验（覆盖许多其他科目，从7万～10万英尺（21000～30500米）的微陨石影响率和辐射范围）。

或许最有价值的是，下一代人在设计载人飞船时，能够在X-15试验机数据库中找到真实的太空飞行经验，进而从中获得经验教训。

米格105-11轨道乘员试验飞机

1966年，苏联人发起了"螺旋计划"（Spiral Project），它是一种与美国HL-10非常相似的升力体概念。当时有三种小尺寸模型（分别为BOR-1至BOR-3）于1968年至1969年在普列谢茨克航天发射场发射升空。当苏联当局决定再次启动"暴风雪"号航天飞机时，"螺旋计划"随之结束，"暴风雪"号航天飞机是与美国航天飞机并行发展的一个项目，其起源可追溯至20世纪60年代。但在"螺旋计划"结束之前，1976年10月至1978年9月，苏联人对米格105-11轨道乘员试验飞机进行了8次亚声速飞行试验。它的研发工作始于1965年，于1969年暂时结束，并于1974年重新恢复。

对于轨道乘员试验飞机（EPOS）计划，构思它的工程师们采取了一种富有想象力的方法，决定不将其设

米高扬－格列维奇（米格）轨道乘员试验飞机：原型机105-11（全尺寸）
轨道乘员试验飞机

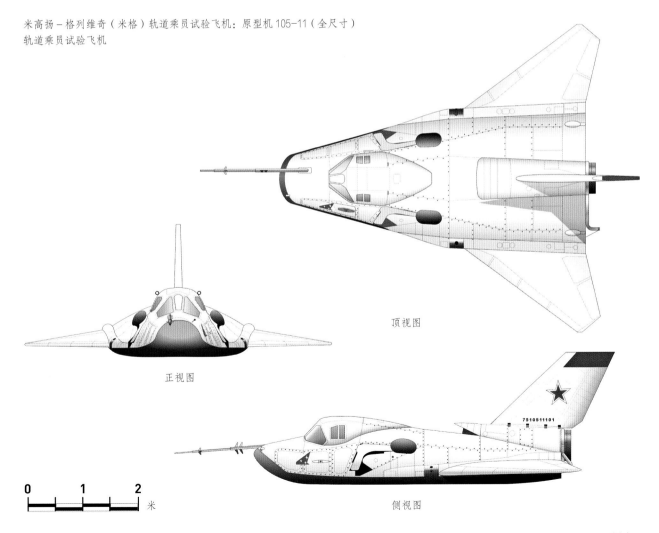

顶视图

正视图

侧视图

0 1 2 米

计为像 HL-10 或"动能高飞"（Dynamic Soaring，缩写为 Dyna-Soar）那样的经典升力体，而是将其构建为具有可变二面体的传统三角翼结构。在发射和再入时，它的机翼折叠 60°；在亚声速飞行，飞行员将机翼降低到水平位置，从而实现更好的飞行特性。尽管如此，它仍然与 HL-10 等升力体特性相似，就是它们都有着平底且硕大而向上的机头（因此获得了"鞋子"的昵称）。米格飞机装载燃油时重 9300 磅（4220 千克），长 34.9 英尺（10.6 米）（包括仪表伸缩杆），直径超过 9 英尺（2.8 米），翼展 22 英尺（6.7 米）。它的推进系统由一台科列索夫 RD-36-35K 涡轮喷气发动机和一台火箭发动机组成。

至少有 3 名飞行员对米格 105-11 轨道乘员试验飞机进行了飞行试验：第二个搭乘"东方"2 号载人飞船绕地球轨道飞行的盖尔曼·季托夫；后来首次执行了"联盟"号 7K-T 型载人飞船任务的瓦西里·拉扎列夫；以及曾经驾驶飞机完成了大部分大气测试的阿维亚德·法斯托韦茨。第一次飞行发生在 1976 年 10 月 11 日，当时米格 105-11 轨道乘员试验飞机从莫斯科附近的一个泥泞的简易机场起飞，飞行了大约 12 英里（19 千米），海拔高度为 1837 英尺（560 米）。一年后，即 1977 年 11 月 27 日，米格 105-11 轨道乘员试验飞机首次进行了空投测试，从一架在 16400 英尺（5000 米）以上高空飞行的图 - 95K 轰炸机上发射升空，最后在一个充满泥土的机场着陆。在一个特别炎热的夏日开展的一次任务中，飞机陷入一处满是黑色泥浆的跑道。项目工程师巧妙地解决了这个问题，把西瓜摔在飞机的简易跑道上，在其滑橇下塞进半个西瓜，才最终帮它摆脱困境。

总体而言，米格 105-11 轨道乘员试验飞机在许多条件下都飞行过：利用吸气式发动机作为动力，利用火箭提供动力，使用滑橇起降，没有使用滑橇起降，地面起飞和空中投放。1978 年 9 月的最后一次飞行以硬着陆结束，但该计划的相关人员认为，8 次任务足以代表对其空气动力学特性和推进系统的准确评估。

事实上，米高扬 - 格列维奇设计局的设计团队希望看到米格 105-11 轨道乘员试验飞机直接适应载人轨道飞行。相反，其构型需要设计一个更大、更雄心勃勃的空天飞机，其目的是与 NASA 的航天飞机直接开展正面竞争。

着陆器
月球着陆器

苏联同步开发的类似于登月舱的着陆器称为月球着陆器（俄文是 lunniy korabl）。

正如设想的那样，月球着陆器的重量太大了；项目工程师在整个项目中都在为减重做出努力；任何从称重计上减少 1 千克的工程师都会得到 50 ～ 60 卢布的奖金。最终，月球着陆器只携带了一名苏联宇航员（不像"阿波罗"号载人飞船登月舱那样搭载 2 名乘客）来减轻载荷。另一个区别是，7K-LOK 型载人飞船和月球着陆器之间没有对接通道，因此一旦进入月球轨道，宇航员需要进行太空行走才能进入月球着陆器。美国和苏联的着陆器在他们的推进系统方面也迥然不同。登月舱有一个用于着陆的发动机和一个用于从月球上升空的单独发动机；月球着陆器将两者结合在一个动力装置上，但具有上升余度，其重量只有登月舱的 1/3。

月球着陆器看起来像是登月舱的小兄弟。它最突出的特点（一个加压的半球形月球舱）是带着宇航员前往月球表面和背部。座舱安放在圆形火箭级段上，整个结构固定在四脚起落架上。Kontakt 对接系统的六边形网格位于航天器的顶部。虽然比 23 英尺（7 米）高的登月舱矮小一些，但月球着陆器的高度仍为 17 英尺（5.2 米），直径为 7.4 英尺（2.25 米），总重量为 12250 磅（5560 千克）。

1970 年 11 月和 12 月以及 1971 年 2 月和 11 月，苏联航天局在"联盟"号 L 型火箭上对地球轨道上的月球着陆器进行了 4 次测试。最后，工程师宣布它适合载人飞行。但是由于 N1 火箭反复失败，苏联的月球着陆器从未服役，而美国"阿波罗"号载人飞船的胜利使得苏联整个月球计划于 1974 年 5 月走向终结。

1 号和 2 号月球着陆器

尽管苏联航天局未能在月球竞赛中超越美国，但他们也确实取得了许多令人印象深刻的胜利。从 1959 年到 1976 年，苏联共有 24 部月球航天器在前往月球的途中返回到地球轨道，包括拍摄到世界上第一张远端图像的"月球"3 号探测器，初步实现软着陆的"月球"9 号探测器和取回月球表面样本的"月球"16 号探测器。

苏联月球无人航天器的某一次任务让人印象极为深

刻。为了支持即将到来的载人月球探测，苏联航天局授权开发自动月球车，旨在评估为月球着陆器选择的着陆点的可行性。月球车执行了两项任务：为后期任务研究月球表面特征并为引导月球着陆器实施着陆而留下无线电信标。

在亚历山大·克默日安的亲自指导下，这些航天器的设计和制造由拉沃契金设计局负责，他自始至终致力于该项目（1963 年至 1973 年）。经过 5 年的研究，这些月球车在克里米亚半岛辛菲罗波尔附近的一个秘密村镇外进行了测试，工作人员在那里打造了一个大约 400 英尺（122 米）长、330 英尺（101 米）宽的模拟月球地貌，内设 54 个陨石坑和 106000 立方英尺（3002 立方米）的类月球土壤。在这里，技术人员驾驶月球车穿越模拟的月球地表环境，

月球着陆器（11F94）

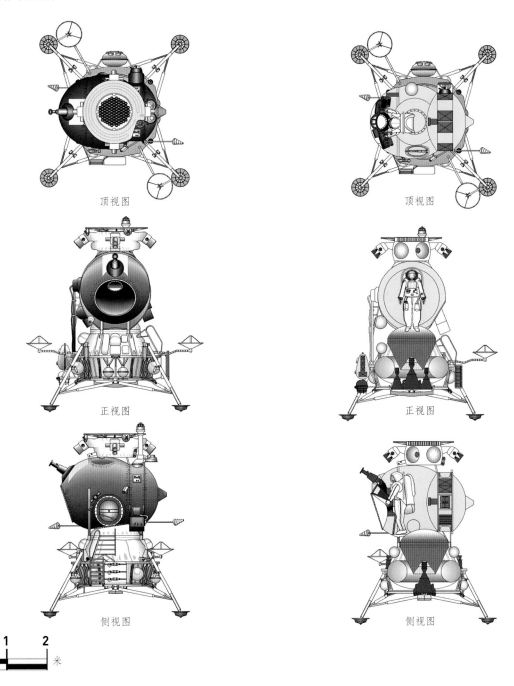

顶视图　　　　　　　　　　顶视图

正视图　　　　　　　　　　正视图

侧视图　　　　　　　　　　侧视图

0　1　2
米

旨在了解它们的能力和特性。

这些被称为月球着陆器（"月球行者"）的无人航天器由"质子"号运载火箭提供发射支持，并利用"月球"号航天器前往月球。月球着陆器的外观体现了它的功能性和耐用性：一个由铰接的凸形盖子盖住深桶，每侧有四个独立动力的大轮子。但它的简洁外观掩盖了其巧妙的设计——它有用于测试月球土壤的密度和结构的可扩展的探测器，两个低分辨率电视摄像机，四个高分辨率光度计，以及一个 X 射线光谱仪，一个 X 射线望远镜和多个辐射探测器。月球车使用电池供电，在阳光照射时通过盖子内侧的太阳能电池阵列进行充电。这种月球车设计相对紧凑和轻便，但尺寸肯定不小也不够精致，没有装载燃料时重量为 1667 磅（约 756 千克），高约 4.4 英尺（1.34 米），长度超过 7 英尺（2.13 米），轴距约为 5.2 英尺（1.6 米）。

在首次发射时，这个项目就遇到了令人尴尬的挫折。201 号月球着陆器于 1969 年 2 月 19 日升空，但在几秒之内，"质子"号运载火箭发生解体，同时炸毁了携带的有效载荷。在这个过程中，用于在夜间为月球车仪器加热的放射物质钋 210 扩散到了一片广阔的区域。

"月球" 17 号探测任务完成了接下来的一次测试，当时 1 号月球着陆器于 1969 年 11 月 15 日进入月球轨道。在海拔 9.9 英里（16 千米）处，"月球"号探测器的制动火箭点火，然后是主推进器点火，最后是辅助推进器点火。在月球表面上方 5 英尺（1.5 米）处，发动机关闭，航天器在月球"雨海"中实现软着陆。"月球"号探测器母船上的双坡道使月球着陆器能够在月球表面上滚动。登月之后，从 1970 年 11 月 17 日到 1971 年 9 月 14 日（298个地球日），任务控制中心的驾驶员指挥着月球车行驶了 6.55 英里（10.54 千米），白天活动并在夜间休眠。它拍摄了两万幅电视图像和 206 张高分辨率全景图，使用机载 X 射线荧光光谱仪测试了 25 个土壤样本，并将其透度计部署到 500 个位置点。

2 号月球着陆器的生存时间明显少于 1 号月球着陆器，但在月球表面的活动距离上远远超过了 1 号。在"月球" 21 号任务期间，它于 1973 年 1 月 18 日降落在月球的勒莫尼耶环形山（Le Monnier Crater），并一直持续到 6 月 3 日，共计 136 天。灰尘落入打开的盖子上，当盖子关闭时灰尘掉落到航天器的散热器上，2 号月球着陆器出现故障，导致它过热并变得无法操作。在此之前，它在月球表面穿越了 24 英里（39 千米），拍摄了 8 万幅电视图像和 86 张高分辨率全景图片，并对月球表面开展了机械测试、激光测距和其他实验。

多年来，月球着陆器是唯一一个在另一个天体上着陆的月球车。直到 1997 年，NASA 的"火星探路者"计划（及其索杰纳（Sojourner）火星探测车）让另一个航天器实现了这一壮举。直到 2014 年 7 月，"机遇"号火星探测车才打破了苏联 2 号月球着陆器保持的长达 41 年的月球表面探测距离纪录。

空间站
天空实验室

早在 1969 年 7 月"阿波罗" 11 号载人飞船首次登月之前，NASA 官员就已经开始着眼于后"阿波罗"时代所需要开展的工作。从 1968 年开始，他们考虑了许多在完成月球任务之后的潜在项目，并将这些设想称为"阿波罗"应用项目。他们设想通过这个计划来重新利用"阿波罗"计划剩余的硬件物资，并用它将宇航员送上太空执行科学任务。在这些项目中，空间站概念获得了关注，部分原因是随着"阿波罗"应用项目的成形，苏联准备了一系列空间站，其中首个空间站就是"礼炮" 1 号空间站，它于 1971 年发射入轨。

将"阿波罗"计划的部件重新塑造成一个可行的空间站需要大量的奇思妙想。令人失望的是，工程师将其设想为一系列连接舱，与艺术家切尔西·博恩斯泰尔在 20 世纪 50 年代宣扬的雄伟车轮状太空舱大相径庭。最终的设计看起来像一个长长的且逐渐加宽的管子，外部装饰着巨大的太阳能电池阵列。

当宇航员到达空间站时，离开送他们抵达空间站的"阿波罗"号载人飞船指挥舱和服务舱，然后进入多个对接适配器。与适配器呈 90° 角的地方，一个称为"阿波罗"望远镜支架的八角形科学实验室向外凸显出来。这个天文台可以让宇航员能够在 9 种不同的天文仪器上观测太阳和其他太空现象。宇航员直接穿过对接适配器，到达气闸舱，在那里他们可以进行太空行走。在穿过称为仪器单元的狭窄环形部件后，他们会到达一个长而宽的圆柱体，即轨道工作室。这是他们的主要生活和工作区，实验室设

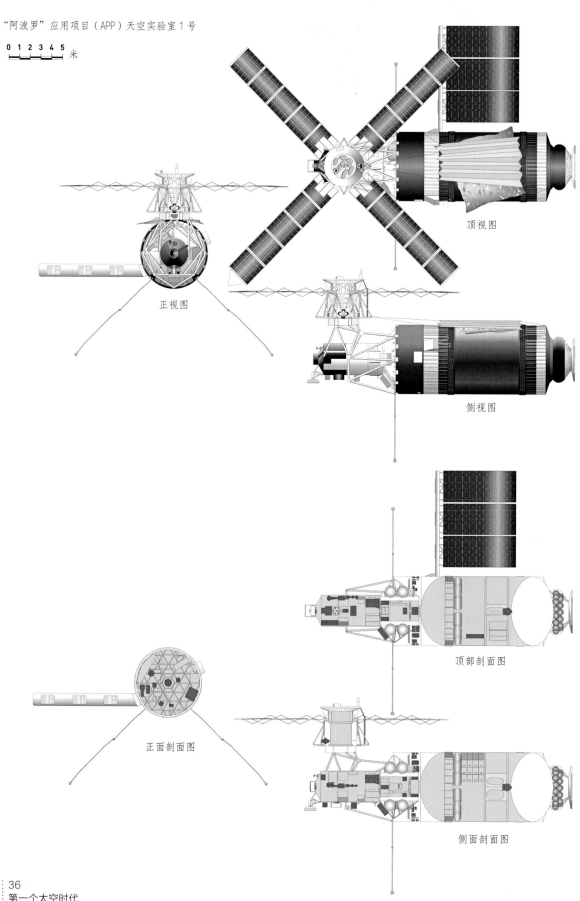

0 1 2 3 4 5 米

顶视图

正视图

侧视图

顶部剖面图

正面剖面图

侧面剖面图

置在这里。这个空间站有两个电源：望远镜支架从外部的四个太阳能电池板中取电，空间站从两个太阳能电池阵列上获取电力，面板则与轨道工作室连接。

在这个航天器的 6 个主要部件中，指挥舱和服务舱、仪器单元和轨道工作室都分别源于"阿波罗"计划，分别作为宇航员太空舱、"土星"5 号运载火箭用于引导设备和计算机的存储单元，以及巨型火箭的氢燃料储箱。这个名为天空实验室（Skylab）的空间站总长度超过 120 英尺（近 37 米），重量接近 17 万磅（超过 7.7 万千克）。

天空实验室借助 4 台独立的助推器进入太空。"土星"5 号运载火箭（在这个场合分两级构型，旨在保护航天器的大型有效载荷护罩）于 1973 年 5 月 14 日将空间站发射入轨，名为天空实验室 1 号。随后，"土星"IB 号运载火箭搭载天空实验室 2 号、天空实验室 3 号和天空实验室 4 号分别于 1973 年 5 月 25 日、1973 年 7 月 28 日和 1973 年 11 月 16 日将三组（每组三名）宇航员送上太空。

天空实验室从实施的一开始就极有可能遭到彻底失败。当天空实验室 1 号从发射台升起时，一个用于保护航天器的微流星防护板从其安装架上脱落，撞击并震开了一个主太阳能面板（共两个）。当天空实验室到达预定轨道时，这个太阳能面板的两个部分都被刮掉了。与此同时，另一个主太阳能面板被随后的碎片缠住而无法张开。由于没有防护板，天空实验室的内部温度升至 126 华氏度（52 摄氏度）。

NASA 试图挽救天空实验室。在天空实验室 1 号发射升空之后的第二天，NASA 没有按照计划发射天空实验室 2 号，而是推迟了两周，因为工程师考虑了各种维修选项，并让宇航员在休斯顿演练太空行走可能会遇到的各种情况。最后，经过大量实验，天空实验室 2 号的宇航员（查尔斯·康拉德、保罗·韦兹和约瑟夫·科文）给天空实验室 1 号带来了解决方案。他们张开了一个 22 英尺（6.7 米）× 24 英尺（7.3 米）的遮阳伞用于遮挡阳光并降低舱内温度。他们还设法松开卡滞的太阳能电池板。在为期 28 天的任务结束时，他们完成了大约 80% 的预定太阳观测任务。

天空实验室 3 号同样经历了很多困难。其中威胁性最小的问题就是 3 名宇航员（艾伦·比恩、杰克·卢斯马和欧文·加里奥特）被恶心呕吐所折磨，这种状况持续了大约一周。尽管生病了，他们还是用一个双柱遮阳伞来加固

在天空实验室 2 号上，这项工作需要两名宇航员开展一次持续 6 个半小时创纪录的舱外活动。更紧急的是，他们还报告发现了指挥舱的 2 台推进器出现泄漏，此外，NASA 工程师制定了紧急返回地球或进行救援任务的计划。另一次舱外活动也未能找到泄漏源。最终，尽管问题多多，地面工作人员还是制定了安全返回地球的特殊飞行程序。天空实验室 3 号在太空逗留 59 天之后结束了这次任务。

天空实验室 4 号进展得更顺利，但宇航员此时出现病情。当杰拉德·卡尔、威廉·博格和爱德华·吉布森康复后，他们进行了一次 6 小时 34 分钟的舱外活动来修复卡住的天线。天空实验室 4 号对著名的科胡特克彗星（Kohoutek）进行了专门观测。

宇航员在 1973 年圣诞节和 12 月 29 日开展了舱外活动，拍摄了彗星的照片。天空实验室的宇航员在空间站停留了 84 天，几乎是前两个任务天数的总和。

天空实验室为 NASA 提供了空间站生活的预先体验。在总共 171 天的太空飞行期间，9 名宇航员承担了修复空间站中最重要、频繁且通常是危险的舱外活动，并开展了复杂的天文观测，同时作为测试对象来研究长期暴露于太空飞行的生理学影响。宇航员还体验了长期居住期间的个人感受，包括睡眠、运动（他们使用便携式跑步机）、食物和废物管理等。

当 25 年后开始组建国际空间站时，以及在规划和制造过程中，天空实验室的经验成为不可或缺的指导手册，利用它们，宇航员就可以预测各种不可预见的意外情况。

"阿波罗-联盟"测试计划

如果约翰·肯尼迪总统在冷战时期使用美国航天计划作为"软"武器，那么在 20 世纪 70 年代，他的政治对手理查德·尼克松就将其用作一种减少双方敌意与缓和美苏关系的工具。这个过程始于 1972 年初，当时尼克松总统对中国进行了历史性的访问。尼克松准确估计到苏联人看到中美关系缓和后的反应，因此在接下来的 5 月他成为第一位访问苏联的美国总统。尼克松不仅签署了有关军备控制、合作开展科学研究和扩大贸易的协议，而且在 5 月 24 日他还签署了和平利用外层空间的承诺。这项协议后来就演变成了一项美苏联合任务——"阿波罗-联盟"测试计划。

除了对国际外交的贡献之外，"阿波罗-联盟"测试

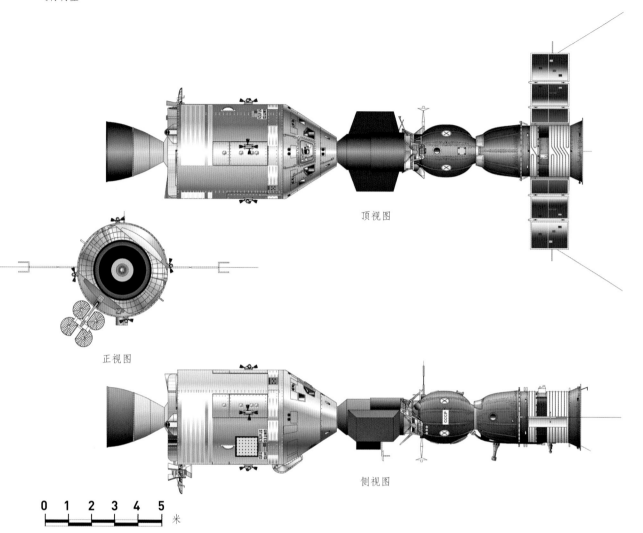

顶视图

正视图

侧视图

0 1 2 3 4 5
米

"礼炮"1号空间站（DOS-7K#1）

正视图

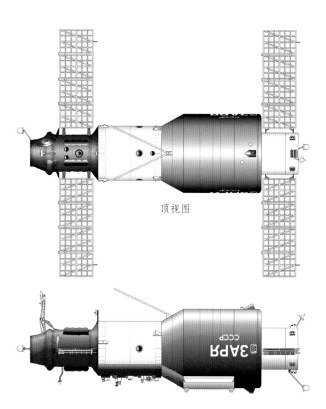

顶视图

侧视图

正面剖面图

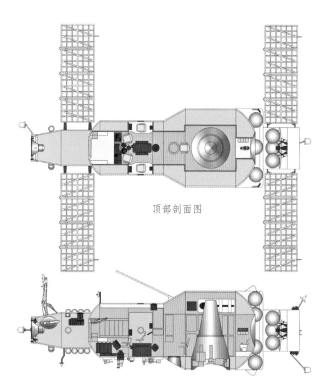

顶部剖面图

侧面剖面图

0 1 2 3 4 5 米

"礼炮" 4 号空间站（DOS-7K#4）

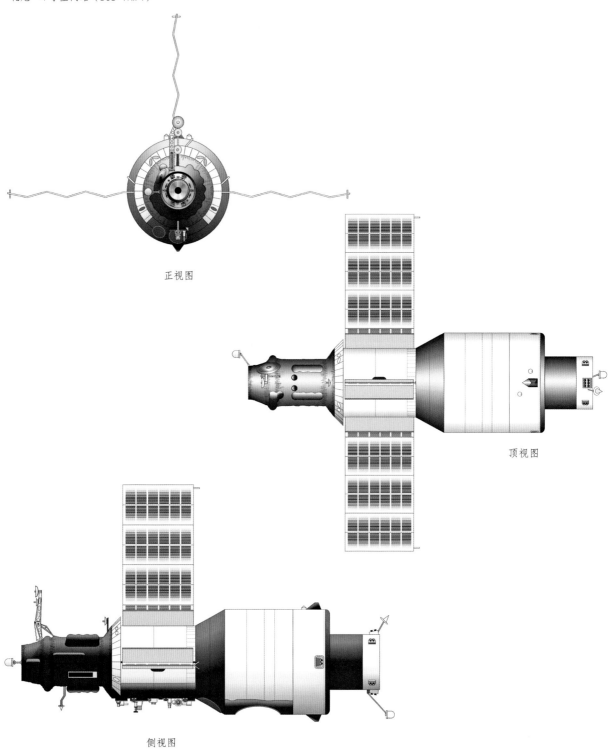

正视图

顶视图

侧视图

0 1 2 3 4 5 米

"礼炮"6号空间站（DOS-7K#5）

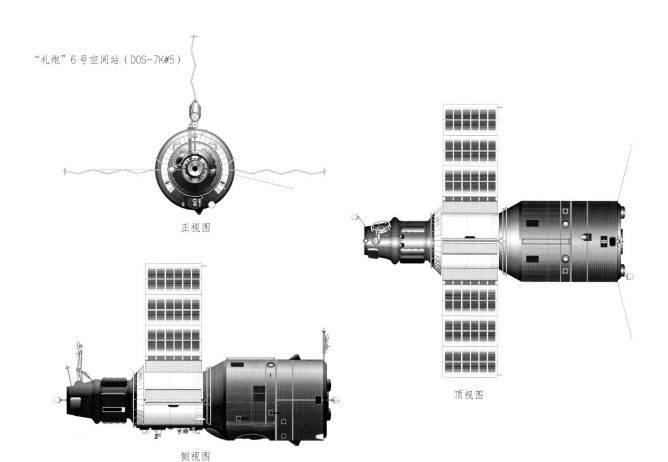

正视图

顶视图

侧视图

正面剖面图

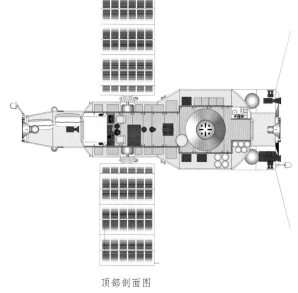

顶部剖面图

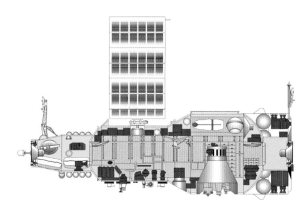

侧面剖面图

0 1 2 3 4 5 米

"金刚石" OPS 空间站（"礼炮" 2 号、3 号和 5 号空间站）

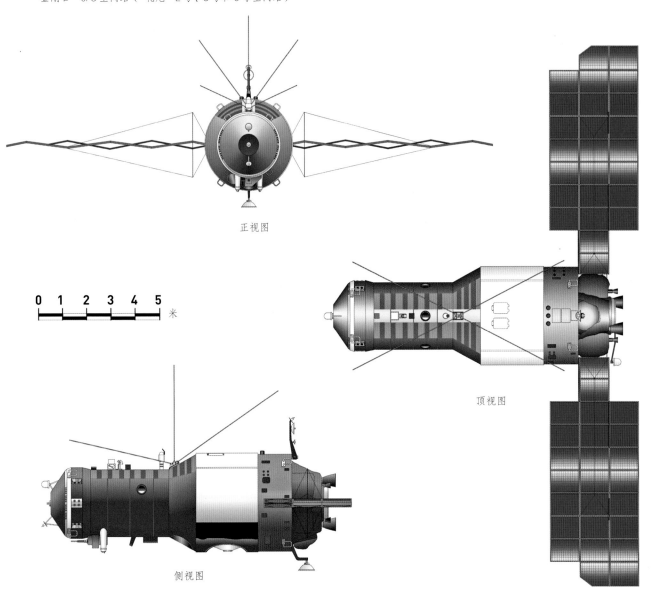

正视图

0 1 2 3 4 5 米

顶视图

侧视图

计划还有一个国内目的：到当时为止，"阿波罗"计划几乎已经完成了。因此"阿波罗–联盟"测试计划对这个已经因重复乏味而失去大部分吸引力的项目注入了一些期待和兴奋。大量剩余的"土星"运载火箭和"阿波罗"号载人飞船的硬件仍然保持存储状态，准备重复使用。对于饱受内部问题困扰以及因"阿波罗"号载人飞船的胜利而大受打击的苏联航天计划而言，非常需要这次善意飞行来提升士气。

最初，双方在"礼炮"4 号空间站讨论了"阿波罗"号和"联盟"号载人飞船的交会对接问题。但也许担心美

苏两国之间的贡献度出现不平衡，他们反而同意在"联盟"号载人飞船和"阿波罗"号载人飞船的太空舱之间进行对接。这项计划要求美苏两国各自设计自己的太空舱，并在共用的气闸舱内开展协作。由此形成的"阿波罗–联盟"航天器和对接舱长约 71 英尺（21.64 米），重约 51964 磅（23570 千克），当然这不是当时标准的小型或轻型飞行器。

在 1975 年 7 月 15 日的指定发射日，苏联和美国双方在复杂的升空和对接程序中取得了成功。"阿波罗"号载人飞船搭乘"土星"IB 号运载火箭从肯尼迪航天中心起飞（32 次飞行中的最后一次）；7 个半小时前，"联盟"号

7K-M 型载人飞船太空舱搭乘"联盟"号 U 型火箭飞离哈萨克斯坦的拜科努尔航天发射场。在"联盟"号载人飞船的第 36 次和"阿波罗"号载人飞船的第 29 次在轨飞行期间，双方的航天器相互靠近，"阿波罗"号载人飞船发起了主动对接机动。他们提前 6 分钟顺利完成对接。3 小时后，"联盟"号载人飞船的舱口打开，苏联宇航员和美国宇航员各自向前并相互握手致敬。

美国宇航员包括指挥官托马斯·斯塔福德，对接舱宇航员迪克·斯雷顿（因"水星"号载人飞船而闻名于世），以及指挥舱宇航员文斯·布兰德。苏联方面则派遣了指挥官阿列克谢·列奥诺夫（第一个在太空中行走的人）和飞行工程师瓦列里·库巴索夫加入这个联合团队。双方至少掌握了对方的基本语言，使他们能够在对接舱中开展联合实验、一起吃饭、互相访问彼此的太空舱，并举行联合电视新闻发布会。

43 小时后，美苏两国的宇航员相互告别。苏联宇航员在太空中待了近 6 天后返回哈萨克斯坦；在现场新闻发布会之前，美国宇航员在高空进行了 3 天的地球观测实验，然后降落在大西洋上。

"阿波罗－联盟"测试计划代表了美苏两国在太空领域近 20 年的竞争结束，这是一个虽小却具有决定性的一步，有助于结束美苏两国在太空领域 20 年的竞赛。"阿波罗－联盟"测试计划要想取得成功，双方必须开展密切合作，这项计划开创了一个重要的先例，在 20 世纪 90 年代随着国际空间站的规划和建造而得以继续下去。

"礼炮"1 号空间站

直到 1969 年 7 月"阿波罗"11 号载人飞船登月之前，苏联航天局官员才意识到他们抢在 NASA 之前登陆月球的概率已经很低了。此时，苏联不可或缺的 N1 火箭已失败两次；1971 年和 1972 年又发生了两次发射失败，这就意味着苏联的登月计划注定被遗忘。在几乎可以肯定输掉月球竞赛之后，苏联人预计 NASA 发射世界上第一个空间站（被称为天空实验室）的计划会让他们更加尴尬。苏联决定重新夺取主动权，他们需要为自己争取长时间的太空飞行任务，这意味着苏联人需要抢在美国天空实验室升空之前发射自己的空间站。幸运的是，他们已经有一个正在建造的空间站，那就是"金刚石"军用航天器，由弗拉基米

尔·切洛梅设计局负责制造。它的诞生可以追溯到 1963 年至 1969 年期间苏联对美国空军载人轨道实验室（MOL）做出的回应。更为幸运的是，"质子"号运载火箭作为切洛梅团队的另一款经典设计，代表了苏联空间站的一种可靠的发射工具选项。

为了加快这个项目的进程，弗拉基米尔·切洛梅的工程师提议与瓦西里·米申的设计局合作。米申不赞成与切洛梅建立合作伙伴关系，但希望在他去世前建好科罗廖夫提出的空间站。但是，追赶美国天空实验室的压力以及利用民用"联盟"号载人飞船为军用"金刚石"空间站提供伪装这一共同目标弥补了他们之间的巨大分歧。1970 年 2 月，双方代表开始会面并同意用 18 个月将"金刚石"军用空间站改造为民用空间站。项目工程师预估需要开展三项主要任务：用"联盟"号载人飞船对接系统和气闸舱在"金刚石"空间站前端建造一个出口；在后端安装从"联盟"号载人飞船借来的发动机；并在这些新的舱段处安装"联盟"号载人飞船太阳能电池板。

一年后，民用型"礼炮"（Salyut）1 号空间站离开了切洛梅的研究设施，运往哈萨克斯坦的拜科努尔发射场并进行了最后组装。按照 21 世纪的标准，"礼炮"1 号空间站并不是特别大或笨重，但它在当时似乎是一个庞然大物。它在发射时重约 41667 磅（18900 千克），长约 52 英尺（15.8 米），最大直径为 13.6 英尺（4.15 米），太阳能电池阵列的跨度接近 33 英尺（10 米）。"礼炮"1 号空间站的内部空间与其他所有太空飞行器不同；宇航员拥有有史以来最大的室内空间，达到 3178 立方英尺（90 立方米）。它由 3 部分组成：一个转移舱，在前端有航天器的唯一一个对接口；一个主要的圆柱形舱段，它包含 8 个工作站的空间；辅助部分容纳了通信和控制设备、电源和生命保障系统。"礼炮"1 号空间站还带着反射望远镜，这是有史以来第一次从太空开展观测。

当美国首个天空实验室的发射工作仍然悬而未决时，苏联的"礼炮"1 号空间站已于 1971 年 4 月 19 日升空。同年，2 名苏联宇航员利用最新的"联盟"号 7K-OKS 型载人飞船抵达这个空间站。在第一次任务（"礼炮"10 号空间站，1971 年 4 月 23 日）期间，宇航员与空间站进行软对接，但由于"联盟"号载人飞船自动驾驶仪存在设计缺陷而无法稳固连接。"联盟"11 号载人飞船随后

于 6 月 7 日与"礼炮"号空间站成功对接。宇航员格奥尔基·多布罗夫斯基、弗拉季斯拉夫·沃尔科夫和维克托·帕察耶夫在空间站待了将近 24 天。他们以为能够正常返回地球，直到技术人员在他们降落后，打开舱门发现这 3 个人全部身亡。随后的调查发现事故起因是减压阀失效，导致座舱出现氧气损失而造成了这起事故。

与此同时，"礼炮"1 号空间站虽然不再搭载宇航员，但仍在轨道上停留了 175 天。毫无疑问，苏联在失去 3 名宇航员后，"联盟"号 7K-OKS 型载人飞船退役，其继任者"联盟"号 7K-T 型载人飞船需要经过飞行试验才能进行太空飞行。仅在美国天空实验室首飞 7 周前，1973 年 4 月 3日苏联空间站计划重启，"礼炮"2 号空间站再次升空。

"礼炮"2 号、3 号和 5 号空间站（"金刚石"空间站）

1969 年底，苏联军方加快了"金刚石"空间站计划，其目标是在月球着陆。到 1973 年 1 月，第一个"金刚石"空间站（公开称为"礼炮"2 号空间站）抵达拜科努尔航天发射场。

在其前端，"金刚石"空间站包括一个主要的圆柱形隔舱，最多可容纳 3 名宇航员；在其中部，它有一个辅助舱，用于容纳生命保障、通信和控制设备以及供电设备；空间站尾部有一个带两组太阳能电池阵列的对接端口。它在发射时重 41780 磅（18951 千克）、长 47.7 英尺（14.54米）、直径 13.6 英尺（4.15 米）。宇航员居住在 3178 立方英尺（90 立方米）的空间内。民用型"礼炮"号空间站与"金刚石"空间站的不同之处在于它有 4 组（而不是 2 组）太阳能电池阵列，一个前部转移舱，而且比"金刚石"空间站长 4 英尺。

从 1973 年春到 1977 年夏，"金刚石"空间站及其宇航员飞行了 4 年时间，但是这个时间跨度给人留下了一个错误的印象，以为每次任务都持续了这么长的时间。

第一个"金刚石"空间站（"礼炮"2 号空间站）确实命运多舛。在 1973 年 4 月 3 日发射后第 10 天，飞行计划要求它与搭载指挥官帕维尔·波波维奇和飞行工程师尤里·阿尔秋欣的一艘"联盟"号载人飞船太空舱进行交会和对接。但"联盟"号载人飞船遇到技术问题，无法飞行。与此同时，在"礼炮"2 号空间站进入轨道后，控

制人员注意到这个空间站的气压降低。随后的调查显示，"质子"号运载火箭的上面级在升空后 3 天爆炸，碎片散落到空间站。8 天后，其中一个碎片撞上了"质子"号运载火箭，造成空间站减压。

第二个"金刚石"空间站，也就是"礼炮"3 号空间站相对较好。它于 1974 年 6 月 25 日抵达预定轨道，载有一个以监视摄像机为主的有效载荷，这是一套分辨率超过 3 米的"玛瑙 1 号"（Agat-1）观测系统，以及一套"伏尔加"全景地形行星观测红外设备。它还在空间站前舱段安装了 1 门自卫火炮。在"联盟"14 号载人飞船的一次飞行任务中，苏联宇航员（来自"礼炮"2 号空间站的波波维奇和阿尔秋欣）于 7 月 3 日前往"礼炮"3 号空间站，并于 7 月 4 日完成手动对接任务。苏联宇航员启动照相机，拍摄了中亚地区的照片，并承担了一些次要工作，旨在让空间站更加舒适。"联盟"14 号载人飞船于 7 月 19 日结束任务，宇航员返回地球。"联盟"15 号载人飞船试图在 1974 年 8 月 26 日访问这个空间站，但是交会系统出现问题，迫使宇航员返回地球。"礼炮"3 号空间站于 1975 年1 月 24 日在大气层中烧毁。

最后一个"金刚石"空间站，也就是"礼炮"5 号空间站于 1976 年 6 月 22 日投入使用。它有 3 项任务，分别是"联盟"21 号任务（1976 年 7 月 6 日至 8 月 24 日）、"联盟"23 号任务（1976 年 10 月 14 日至 15 日）和"联盟"24号任务（1977 年 2 月 7 日至 25 日）。第一项任务由指挥官鲍里斯·沃雷诺夫和飞行工程师维塔利·若洛波夫负责，由于座舱内有难闻的气味和宇航员头痛的问题，在预定的两个月停留期结束前一周不得不缩短行程。由于自动化系统出现故障，第二次任务未能成功完成对接。"联盟"21号任务遇到过类似事件，但当时成功完成了手动对接。之后，最后的"金刚石"计划是宇航员维克托·戈尔巴特科和尤里·格拉兹科夫换掉了上一次任务中被污染的空气，开展了一些太阳能实验，但由于这个空间站的主发动机推进剂即将耗尽而缩短了任务时间。"礼炮"5 号空间站于 1977 年 8 月 8 日离轨返回地球。

值得一提的是，3 艘"金刚石"航天器提供了一个宝贵的经验教训，那就是在苏联航天局宣布它能够在太空中实现安全、可靠、长期的居住之前，还有一些顽疾需要克服。

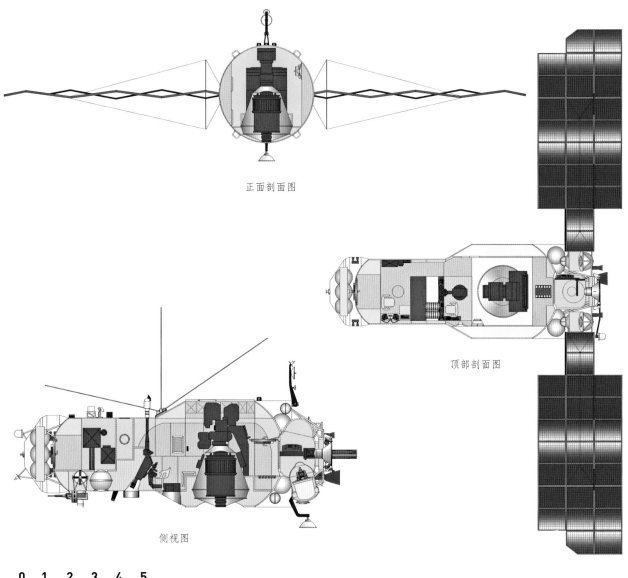

正面剖面图

顶部剖面图

侧视图

0 1 2 3 4 5
米

"礼炮"4号空间站

在苏联发射的前5个"礼炮/金刚石"空间站中，只有"礼炮"4号空间站展示了未来开展长期太空飞行的前景。"礼炮"4号空间站的基本结构与"礼炮"1号空间站略有不同。"礼炮"4号空间站取消了早期航天器的小型太阳能电池面板，它利用前舱上的3个较大的太阳能面板来提供电源。此外，它还配备了一台重达4409磅（2000千克）的仪器套件，包括带有一个10英寸（25厘米）直径

镜头的轨道太阳望远镜；两个X射线望远镜；一台用于远程紫外线观测的光谱仪；以及安装在空间站外部的多个X射线探测器和光学传感器。

"礼炮"4号空间站于1974年12月26日发射升空，并完成了3次任务。"联盟"17号载人飞船于1975年1月12日抵达"礼炮"4号空间站，指挥官阿列克谢·古巴列夫和飞行工程师格奥尔基·格列奇科手动完成与空间站的对接。他们第一次进入"礼炮"号空间站时，就发现

工厂里有人留下了戏谑他们的便签，写着"请擦干净您的脚！"宇航员每天工作 15 ~ 20 小时，测试跟踪飞船运行的通信设备，他们还在空间站的太阳望远镜上重新安装了镜片。当指向系统失灵时，太阳望远镜的镜片因为直接暴露在太阳光下而受损。在空间站逗留 29 天后，他们于 2 月 9 日返回地球。

由于"联盟"号运载火箭失败而中止"联盟"18 号任务之后，"联盟"18 号任务指挥官彼得·克利穆克和飞行工程师维塔利·谢瓦斯季亚诺夫于 1975 年 5 月 26 日与这个空间站成功对接。他们执行了各种各样的任务，其中一些与卫生清洁有关，其他一些任务则涉及生物研究，医学实验以及地球、其他行星和恒星的天文观测工作。7 月，航天器的环境系统开始失效，舱壁上开始滋生霉菌。1975 年 7 月 26 日，宇航员在空间站工作了近 63 天后返回地球，这是迄今为止宇航员在"礼炮"号空间站的最长工作纪录。

在"联盟"20 号任务期间，苏联的航天计划取得了更多进展，但并未实现载人航天任务。"联盟"号 7K-T 型载人飞船于 1975 年 11 月 17 日发射，与"礼炮"4 号空间站成功对接并共同工作 90 天，旨在对升级后的系统进行自动检查并开展生物实验，让植物在航天器的气候环境下生长 3 个月。7K-T 型载人飞船于 1976 年 2 月 16 日离开空间站返回地球。

在轨运行 770 天（其中 92 天属于载人任务）后，"礼炮"4 号空间站于 1977 年 2 月 3 日再入大气层时被烧毁。虽然尚未达到苏联空间站的最高水平，但"礼炮"4 号空间站标志着苏联取得了一项实实在在的成就，苏联可以在此基础上打造未来的优势地位，而这一点通过后来的"礼炮"号空间站和"和平"号空间站得以实现。

火箭
"先锋"1 号运载火箭

选择一颗民用而非军用卫星来代表美国首次进入太空任务，这似乎是一个明智的决定。艾森豪威尔政府不想采用军方方案（空军的"宇宙神"导弹、陆军的"红石"导弹或海军的"北极星"弹道导弹），因为与苏联的进度相比，在其中任何一种导弹的基础上进行开发（用于和平目的），都可能延迟他们的研制和部署进度。此外，它符合艾森豪威尔总统的观点，即太空探测应该是民用事业，当然，

部分原因是掩盖政府同步开展的秘密太空谍计划。因此，当国际地球物理年（IGY）组织于 1955 年宣布开展能够对地球进行科学观测的卫星竞赛时，政府选择了由海军研究实验室（NRL）项目 (Project Vanguard) 发起的"先锋计划"。

由于海军研究实验室的"海盗"火箭计划正在成功进行，选择"先锋"号运载火箭似乎也是一个合理的选择。海军部的一部分实验室和一批项目工程师认为，1945 年的"海盗"火箭不是武器，而是研究人员开展科学实验和地球观测的工具。马丁公司（Martin Company）和反作用发动机公司（Reaction Motors）制造的"海盗"火箭外形与 V-2 火箭相似，但重量减轻了 2/3，载重 100 磅（45 千克），能够达到相似高度。"海盗"火箭从 1949 年到 1955 年共发射 12 次，最初达到 50 英里（80 千米）的高度，最后达到 158 英里（254 千米）的高度——这是单级火箭的高度纪录。它的任务是第一次测量高层大气的风、温度和压力；第一次拍摄地球的高空照片；第一次拍摄飓风和热带风暴。此外，"海盗"火箭的发动机万向架支座系统开创了火箭转向技术的先河。

在赢得"先锋"项目和其他竞争对手的过程中，海军研究实验室任命约翰·哈根博士成为其领导者，米尔顿·罗森成为其技术总监。罗森设想"先锋"号运载火箭的第一级是"海盗"火箭的加长版本，由美国陆军已停用的"赫尔墨斯"（Hermes）导弹项目中使用的通用电气液体推进发动机提供动力。他选择了海军的"飞行蜜蜂"（Aerobee）导弹与航空喷气公司（Aerojet）的液体推进剂发动机配对使用作为第二级。项目负责人随后在第三级增加了一个固体推进剂发动机，而球形"先锋"卫星可以固定在这种发动机的一个轴上。"海盗"火箭有良好的发射纪录；罗森偏爱那些熟悉且久经考验的产品；并且在民用环境下寻求产品都肯定了艾森豪威尔政府选择"先锋"号运载火箭来响应国际地球物理年的呼吁。

但在做出决策的 2 年后，海军研究实验室的候选方案开始没有那么大的吸引力了。详细的工程分析表明需要进行大量修改，这样就会削弱罗森所倡导的利用货架产品的优势。由最初的 1200 万美元预算增加到 1 亿美元。但是，3 次早期试飞结果令人乐观。1956 年 12 月 8 日、1957 年 5 月 1 日和 1957 年 10 月 23 日的发射大获成功，但他们只让第一级（"海盗"火箭）点火，并没有测试整个任务就绪

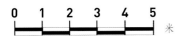

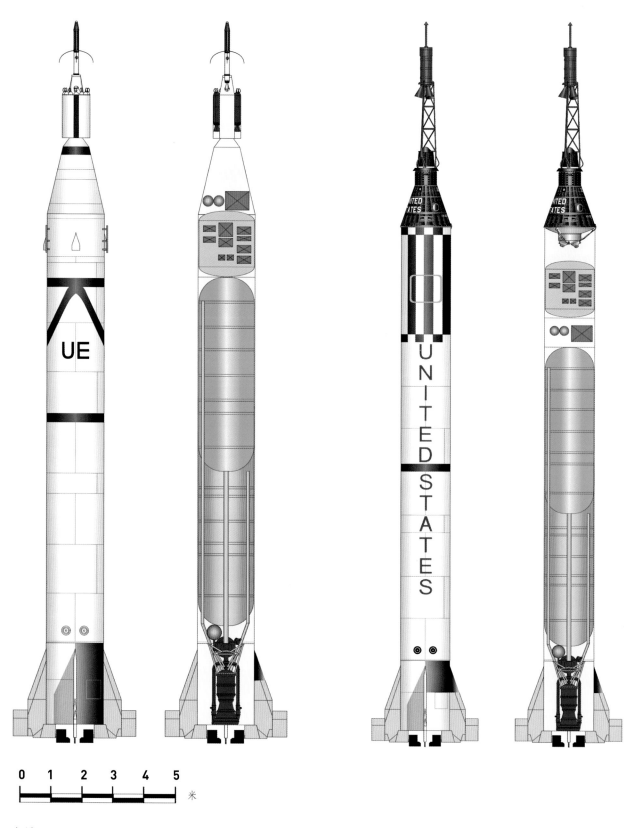

0　1　2　3　4　5
米

的火箭结构体。1957年12月6日，整个的运载火箭加上全套制导和控制系统在卡纳维拉尔角的发射台上等待发射升空。它高75英尺（23米），直径近4英尺（1.22米），重22156磅（10050千克）。

发射倒计时后出现了一场灾难。在升空时，"先锋"号运载火箭上升了几英尺，在第一级失去动力时停了下来，砸向地面，并在巨大的火球中发生猛烈爆炸。

这场备受瞩目的重大挫败受到了媒体的广泛关注，雪上加霜的是，"伴侣"1号和2号人造卫星刚刚取得历史性成功（分别于10月4日和1957年11月3日发射升空）。这些事件说服了艾森豪威尔政府重新启用"先锋"号运载火箭以前的竞争对手之一——陆军的"红石"运载火箭（与喷气推进实验室的"中士"导弹配合使用）。"红石"运载火箭方案最初于1955年浮出水面。陆军/喷气推进实验室团队于1958年1月31日利用"红石"运载火箭将"探险者"（Explorer）1号卫星送上太空，从而证明了其自身的价值。

尽管如此，海军研究实验室提供的这种候选方案在1958年3月17日将"先锋"1号卫星送入预定轨道时证明了自身的价值。尽管排名第二，"先锋"号运载火箭在美国火箭技术领域的发展史上仍然具有深远的影响：其第二级用于"雷神"（Thor）导弹，第三级转到"宇宙神"导弹上，其万向架支座式火箭发动机成为"土星"运载火箭设计的一部分。

"红石-朱诺"1号运载火箭

20世纪50年代初期，与不太成熟的"先锋"计划形成鲜明对比，军队正着手研制一种导弹，由在亨茨维尔市的流亡德国科学家韦纳·冯·布劳恩博士及其同事负责主持研制（与克莱斯勒公司合作）。根据最初设计方案，这是一款中程核导弹，能够将重达6900磅的弹头投射到180英里之外的目标，这款名为"红石"的导弹（以陆军位于亨茨维尔的红石兵工厂命名）具有明显优势，它的研发过程有许多在第二次世界大战期间制造德国V-2火箭的工程师和科学家参与；事实上，"红石"导弹是由德国V-2导弹演变而来的。1953年至1958年期间，"红石"火箭试飞37次，成功率达到65%，但更重要的是，在这5年期间，冯·布劳恩的工程师完成了许多重要的渐进式改进。

随着"红石"导弹在亚拉巴马州取得进展，喷气推进实验室的火箭研制团队制造了较小的单级固体推进剂"中士"（Sergeant）战术核导弹。该导弹项目于1955年启动，于1956年完成发射。

1957年12月，"红石"和"中士"导弹研发团队按照总统的要求联合起来，其任务是在短短80天内将卫星送入轨道。位于亨茨维尔的研发团队获得了建造火箭第一级的任务；喷气推进实验室同意建造第二至第四级，另外还包括通信系统和卫星自身结构。位于帕萨迪纳市的研发团队的主要任务是监督工程师缩小"中士"导弹的固体推进剂火箭发动机的尺寸，并且以外部环形模式将火箭发动机分别以11台和3台布局加以捆绑在第二级和第三级上。其中一台"中士"发动机构成了第四级，由它将有效载荷送至太空。为了将"红石"导弹从导弹战斗部运载工具改装成卫星发射器，冯·布劳恩的团队将导弹加长了8英尺，旨在增加燃料储存箱，加强了火箭前部段从而支撑上面级的重量，此外还改变了燃料混合物的配方。这款经过改进的导弹被重新命名为"丘比特"-C（Jupiter-C），它包括除喷气推进实验室提供的第四级之外的所有部件。

通过在"丘比特"-C运载火箭上加装上面级和有效载荷，这种组合火箭结构体被称为"朱诺"1号运载火箭，正是它将美国的第一颗卫星送入预定轨道。按照21世纪的标准，这种火箭的尺寸较小，只有70英尺（21.3米）高，直径近6英尺（1.8米），重量刚刚超过64000磅（29030千克），它将6个有效载荷中的3个送入预定轨道。1958年1月31日发射升空的"探险者"1号卫星首次取得成功，让美国人在苏联"伴侣"1号和2号人造卫星大获成功的压力下松了一口气，开始大肆庆祝并重拾乐观情绪。

"水星-宇宙神"号运载火箭

1958年夏，在"水星"计划的初始阶段，美国国家航空咨询委员会（National Advisory Committee for Aeronautics）的太空任务组批准了其中一名工程师提出的建议，那就是利用现有的导弹将第一批美国人送入轨道。马克西姆·费格特的方案不仅明显节约了时间，还大大节约了经费。但是，费格特的计划低估了将军用武器转换为民用运载工具的难度，因为这种武器仍然处于研制阶段，而火箭发射是人命关天的大事。

对于费格特推荐的"宇宙神"导弹，其演变始于1951年1月，当时美国空军与康维尔公司签订了一份合同，委托后者研究一款能够携带8000磅核弹头攻击5000英里外目标的洲际弹道导弹（ICBM）。两年后，随着氢弹的出现，需求也随之改变。由于这种新型热核弹头重量明显小于原子弹的弹头，因此不需要"宇宙神"导弹具备很大的有效载荷能力，并且由于其产量较高，精确度的重要性随之下降。为了应对这些变化和苏联导弹技术的迅猛发展，美国国防部在1954年加快了"宇宙神"导弹的研制步伐，使其成为国家的最高优先级事项。

要想实现"宇宙神"导弹技术的突飞猛进，就需要在3个方面取得主要创新：旋转发动机、在到达目标之前与导弹分离的头锥/弹头，以及最激进的一套全新的导弹内部支撑系统。康维尔公司的一位工程师查理·博萨特设计了一套系统，其中装有加压氮气的薄壁单体推进剂储箱（戏称为"钢制气球"）作为"宇宙神"导弹的支柱结构，主要使用氮气气压作为主要的支撑，而不依赖于为早期火箭提供强度支撑的重型结构。博萨特的技术简化了结构并减轻了飞行器的质量。

"宇宙神"A型运载火箭的飞行试验始于1957年。前两次发射失败，但12月的第三次发射取得了成功。总而言之，在"宇宙神"A型运载火箭的8次试射中，仅有3次达到了美国空军的预期。"宇宙神"B型运载火箭则表现更好，有5次成功飞行（1958年8月第一次发射）和3次事故。6枚"宇宙神"C型运载火箭中有3枚试射结果符合预期。"宇宙神"D型运载火箭是首批部署在发射井中的火箭型号，在1959年4月的首次发射期间遇到了一系列问题，但它得到了稳步改进，在117次发射试验中，有90次取得了令人满意的结果。

NASA发现，将"水星"号载人飞船与"宇宙神"D型运载火箭集成在一起的计划还处于不稳定、不成熟的初期阶段。尽管麻烦不断，但"宇宙神"号运载火箭在发射台上看起来令人印象深刻，它长82英尺（25米），直径为10英尺（3.05米），重量达到255900磅（116100千克）。

"水星-宇宙神"1号运载火箭第一次尝试将太空舱和助推器一起发射，当时所有人都不看好。1960年7月29日，这枚运载火箭在飞行3分多钟后就匆匆失败，原因是太空舱正下方的火箭蒙皮因挤压而出现弯曲现象。康维尔公司

和NASA的工程师通过利用8英寸钢带加强助推器/航天器接口并加固连接它们的适配器来解决了这个问题。完成上述步骤之后，1961年2月，"水星-宇宙神"2号运载火箭的发射取得了成功，受到这一结果的鼓舞，该项目负责人随即安排"水星-宇宙神"3号运载火箭在1961年4月25日发射升空，这是第一次不载人轨道飞行任务。但是，就在苏联宇航员尤里·加加林成为环绕地球轨道飞行第一人的13天后，"水星-宇宙神"3号运载火箭又发射失败了。

在搭载宇航员之前，NASA进行了最后一次试飞：1961年11月，"水星-宇宙神"5号运载火箭携带了一只名为伊诺斯、重39磅的黑猩猩升空。"水星-宇宙神"5号运载火箭表现良好，它按顺序与航天器分离，环境控制和跟踪系统按计划运行，并且伊诺斯在飞行两圈181分钟的失重状态下存活了下来，身体状况良好。

尽管NASA领导人有理由对"水星-宇宙神"号运载火箭的性能感到担忧，但它最终提供的可靠发射服务，让苏联航天局认识到NASA已经或即将成为其重要的竞争对手。

"阿金纳"运载火箭

"阿金纳"（Agena）上面级火箭以夜空中最明亮的一颗恒星命名，成为NASA太空任务中不可或缺的一部分。和"半人马座"运载火箭一样，"阿金纳"运载火箭不是来自NASA，而是来自美国空军发起的项目。

在"双子星座"号载人飞船计划期间，NASA从"阿金纳"D型运载火箭中获益匪浅，它以"双子星座-阿金纳"目标飞行器（GATV）的身份闻名于世。这款运载火箭长26英尺（7.92米），直径近5英尺（1.52米），重7180磅（3260千克）。在"双子星座-阿金纳"目标飞行器的基本型设计中，项目工程师增加了一个对接套环和一个状态面板显示器。"双子星座-阿金纳"目标飞行器不仅作为"双子星座"任务的交会和对接飞行器，而且还履行了第三个角色：在完成对接之后，它保留了足够的燃料作为太空拖船，将"双子星座"太空舱和宇航员运送到更高的地球轨道。

在1955年"伴侣"1号人造卫星发射的前两年，美国空军启动了一项名为117L武器系统的计划，这是一种巧妙的混合体，后来被称为"阿金纳"号运载火箭。一方面，它作为火箭第二级将卫星送入轨道。但它的设计者

还将其设想为一种成像侦察卫星，将其放在第一级助推器上从而进入亚轨道弧形航线，然后通过可重新启动的推进系统和机动系统实施分离并入轨。完成飞行任务后，"阿金纳"号运载火箭再入大气层后烧毁，但这是在太空舱携带航天器照相机将拍摄的图像返回地球之后。空军在1956年向洛克希德公司授予了"阿金纳"号运载火箭的研制合同。

"阿金纳"A型运载火箭能够满足空军的若干侦察目标：作为最早的美国间谍卫星，对内私下称为"日冕"（Corona）卫星，对外公开称为"发现者"（Discoverer）卫星；作

为"宇宙神"号运载火箭的第二级，它能够将导弹探测和监视（MIDAS）早期预警系统卫星和卫星、导弹观测系统（SAMOS）电子情报卫星送入轨道。在"日冕"卫星项目中，"阿金纳"号运载火箭作为道格拉斯飞机公司为美国空军开发并主要由英国空军部署的"雷神"中程（2000英里（3219千米））弹道导弹的第二级。1959年1月到1961年1月期间，"阿金纳"A型运载火箭共计发射了20次。

"阿金纳"B型运载火箭比"阿金纳"A型运载火箭具有更强大的运载能力。改进后的贝尔发动机可以在太空中

"阿金纳"上面级

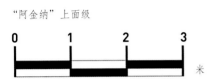

米

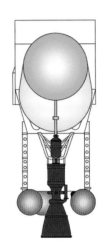

"阿金纳"A型

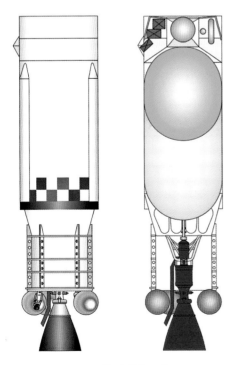

"阿金纳"B型

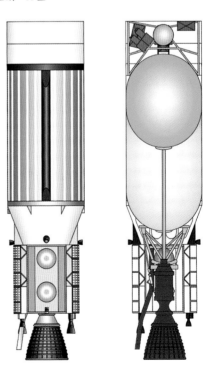

"阿金纳"D型

重新启动，其较长的箭身能够携带更多的推进剂，将燃烧时间增加至240秒，并为轨道机动留下剩余的燃料。1960年至1966年间，"阿金纳" B型运载火箭与"雷神"运载火箭搭配飞行了47次，与"宇宙神"号运载火箭搭配飞行了29次。

根据"日冕"卫星的发射情况，NASA认为"阿金纳" B型运载火箭或许能够为行星探测器提供额外的发射能力（特别是在1960年至1962年的时间范围内），同时它还在等待动力更强劲的"半人马座"运载火箭完成研制工作。另外还有一种担忧，那就是如果它推迟太久，苏联人可能会在月球探测中重新占据领先优势，NASA将"阿金纳" B型运载火箭作为发射"徘徊者"月球探测器的第二级。NASA发现自己过度依赖"阿金纳"运载火箭已有一段时间了；直到1966年"半人马座"运载火箭才首次发射实物航天器（勘测者"1号探测器）。"阿金纳" D型运载火箭（一种标准化的"阿金纳" B型运载火箭，在其圆锥形前舱段容纳各种探测器和卫星）成为"阿金纳"系列运载火箭的主力军。它从1962年开始服役到1987年退役，期间共计发射269次，其中125次与"雷神"运载火箭搭配飞行，76次与"宇宙神"号运载火箭搭配飞行，68次与"大力神"运载火箭搭配飞行。

"阿金纳"运载火箭共执行了6次任务，它们分别是1965年10月的"双子星座" 6号任务、1966年3月的"双子星座" 8号任务、1966年5月的"双子星座" 9号任务、1966年7月的"双子星座" 10号任务、1966年9月的"双子星座" 11号任务和1966年11月的"双子星座" 12号任务。作为一款火箭上面级，"阿金纳"运载火箭对美国的侦察卫星以及早期美国的航天计划做出过很多重要贡献，在其超过25年的生命周期中，它作为"双子星座 - 阿金纳"目标飞行器享有突出的地位，在实施"阿波罗"计划期间，"双子星座－阿金纳"目标飞行器是"双子星座"号载人飞船宇航员不可或缺的训练工具。

"半人马座"运载火箭

来源于神秘的古希腊形象——上半身是人类的躯干、头和胳膊，下半身是马的身躯的半人马，"半人马座"（Centaur）表达了一种双重含义：用火箭的野蛮力量创造出独创性。

美国空军发明了阿特拉斯和半人马。事实上，当康维尔公司为美国空军设计阿特拉斯的时候，在1957年却提交了一份"半人马座"提案——一个具有将特别重的载荷送入太空能力的强大的二阶助推器。意识到它的效能后，美国空军继续投入了这个项目，但是在1959年却把这个项目转让给了新组建的NASA。

NASA需要"半人马座"运载火箭才能实现探测月球和其他行星的计划，但是，"半人马座"运载火箭在早期发展期间极少得到支持，由于延误和试验期间发生爆炸，这项计划形似鸡肋。当1962年5月"半人马座"运载火箭发射时发生爆炸事故后，航天局决定采取行动；它授权将该项目从NASA总部转移到美国俄亥俄州克利夫兰市NASA刘易斯研究中心（1999年之后由格伦负责）的现场办事处。刘易斯研究中心专门从事推进系统的研究工作。

"半人马座"运载火箭成为NASA刘易斯研究中心最重要的成就之一。自20世纪40年代末以来，它的工程师一直在试验高能液体推进剂。对于"半人马座"运载火箭，刘易斯研究中心团队配制了一种液氢/液氧混合物。通过位于俄亥俄州桑达斯基的刘易斯研究中心梅溪观测站（Plumbrook Station）的地面测试，他们改进了"宇宙神"号运载火箭的第一级。

"半人马座"运载火箭的上面级

"半人马座" D型运载火箭

利用刘易斯研究中心掌握的这些创新技术，康维尔公司开始使用与"宇宙神"号运载火箭相同的革命性技术来制造"半人马座"运载火箭：制造"半人马座"运载火箭的储罐，而不是其支撑结构，是保证其结构完整性的重中之重。每枚"半人马座"运载火箭由两个薄壁不锈钢储罐组成：一个用于储存液氢，需要保持在－420华氏度（－251摄氏度）；另一个则储存液氧并保持在－297华氏度（－183摄氏度）。将这些推进剂与两台普拉特·惠特尼公司的RL-10主火箭发动机组合在一起，其总推力可达到33000磅（14969千克）。

1963年11月27日，"宇宙神－半人马座"（Atlas-Centaur）运载火箭的升空标志着世界上第一次成功使用液态氢和液态氧高能混合物，这对于所有其他使用的煤油基碳氢化合物燃料的火箭而言是一次彻底的突破。"半人马座"运载火箭的长度为30英尺（9.1米），直径为10英尺（3米），重量为35000磅（15876千克）。

最后，经过8次试验性飞行（其中一次以发射台爆炸结束），1966年5月30日，"宇宙神－半人马座"运载火箭搭载"勘测者"1号探测器从地球轨道上升空，并首次在月球上实现软着陆。在20世纪70年代，NASA工程师将"半人马座"运载火箭与"大力神"3号导弹配合在一起使用，不过，在1974年2月的首次飞行期间失败。但是，"大力神－半人马座"运载火箭分别于1975年8月和9月在历史性的"海盗"1号和2号火星探测任务中证明了其不屈不挠的个性。在航天飞机时代之前，NASA的大型行星航天飞机大部分都依靠"半人马座"运载火箭，包括"勘测者"号探测器、"水手"号探测器、"先驱者"号探测器、"海盗"号探测器和"旅行者"号探测器，它们都完成了对月球、水星、金星、火星、木星、土星、天王星和海王星的探测任务。"半人马座"运载火箭还支持了许多著名的欧洲航天局任务，例如1995年的太阳能日光观测站和1997年的"卡西尼－惠更斯"号土星探测器。为了服务好所有这些客户，技术人员对"半人马座"运载火箭进行了多次完善改进，这项工作一直持续到21世纪。总共有8种不同的运载火箭（"宇宙神－半人马座"运载火箭，"宇宙神"G型运载火箭，"宇宙神"1号、2号、3号和4号运载火箭，以及"大力神"3号和4号运载火箭）借鉴了"半人马座"运载火箭的超强助推能力。

"双子星座－大力神"2号运载火箭

在其长达46年的生命周期中，"大力神"导弹不仅作为"双子星座"号载人飞船，而且还作为空军开展轨道活

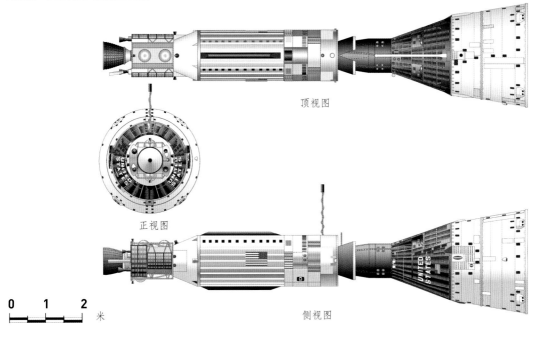

麦克唐纳"双子星座"8号～12号载人飞船
"阿金纳"D型载人飞船对接构型

顶视图

正视图

侧视图

0　1　2
米

"双子星座－大力神"2号运载火箭

UNITED STATES

0 1 2 3 4 5
米

动的支柱力量,成为其主力核威慑力量之一。但是其开始就命运多舛,存在诸多不顺。空军上将伯纳德·施里弗曾担任空军西部开发部主任,负责监督"宇宙神"导弹的测试和部署工作,他支持"大力神"号运载火箭有两个原因:将其作为"宇宙神"导弹的备用型号,以及作为刺激其竞争对手(也就是"宇宙神"导弹的制造商康维尔公司)的一种手段。马丁公司于1955年赢得了制造"大力神"1号运载火箭的合同,空军选择了航空喷气公司来制造发动机。"大力神"1号运载火箭于1959年开始进入可实际使用状态。

但是美国空军已经认识到"大力神"1号运载火箭的几个弱点,最值得注意的是将其从地下发射井中升起来、加注不稳定的推进剂(液氧),然后发射升空需要15分钟。马丁公司提出了针对这些问题的解决方案,那就是研制"大力神"2号运载火箭,使用易于处理的可储存推进剂,并从发射井内部发射。1960年,康维尔公司公开了"大力神"2号运载火箭的性能参数:长103英尺(31米,"大力神"1号运载火箭为97.4英尺(30米)),直径10英尺(3米),第一级推力为43万磅(而"大力神"1号运载火箭的推力为30万磅)。

将这种新型的导弹转变为"双子星座"的运载火箭让NASA、马丁公司和航空喷气公司的工程师疲于奔命。首先,早期"大力神"2号运载火箭发射的总体模式还有待改进。在1962年3月至1963年4月之间的33次研究飞行中,大约9次出现失败或仅取得部分成功。从NASA的角度来看,1962年3月16日第一次发射的"大力神"2号运载火箭发生了严重事故。升空后90秒,第一级燃烧室发生纵向振荡。导弹仍然飞行了5000英里(8047千米)并击中了目标区域,但这种所谓的纵向耦合振动效应(又称POGO效应)只能允许在弹道导弹上存在,对于载人的"双子星座－大力神"2号运载火箭而言是无法接受的。在提出若干解决方案之后,项目工程师一致同意解决这个问题(在泵送过程中燃料管路存在部分真空)的措施:增加储箱压力,用铝制氧化器代替钢质燃料输送管路,并在此处增加燃料调压室。

这些工作主要是为了让"大力神"2号运载火箭服务于人类太空飞行,而不仅仅是解决导弹的某个异常现象。幸运的是,建造"水星"号载人飞船期间开发了一套控制

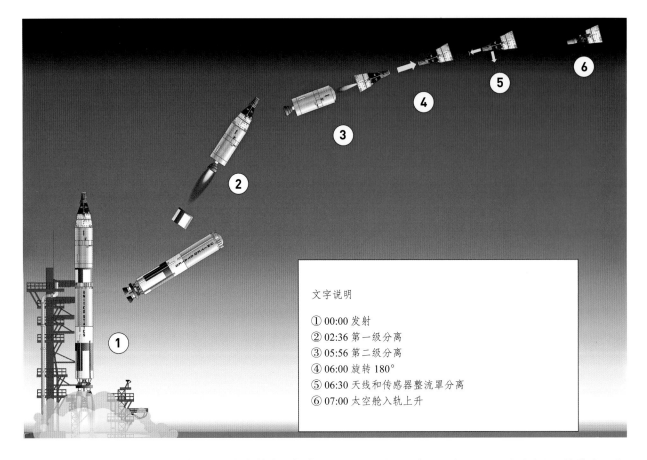

文字说明

① 00:00 发射
② 02:36 第一级分离
③ 05:56 第二级分离
④ 06:00 旋转 180°
⑤ 06:30 天线和传感器整流罩分离
⑥ 07:00 太空舱入轨上升

零件和关键部件的系统，可以确保这些零部件符合最高质量标准。实际上，为"水星"号载人飞船开发的程序不仅通过手册传递给"双子星座"号载人飞船；许多最初按手册执行的同一批人还要针对"双子星座"号载人飞船再执行一次同样的程序。

"双子星座－大力神"2 号运载火箭成功的最大贡献之一是故障检测系统（MDS）。与"水星"号载人飞船中率先使用的那套系统（利用自动中止功能来对异常情况做出反应）不同，"双子星座"号载人飞船的故障检测系统能够向宇航员警告存在的问题，并给他们提供各种解决问题的选项。故障检测系统能够监测诸如火箭各级的分离、电气系统中的电压变化、转弯速率以及推力室和推进剂储箱中的压力等。"大力神"2 号运载火箭还包含了一套冗余飞行控制系统，由地面计算机操作的无线电控制的第二级制导系统、冗余电气系统以及将航天器绑定到运载火箭的前裙板组件。

对"大力神"运载火箭做出的这些修改最终开花结果。33 次研究飞行中的最后 13 次均取得成功，"双子星座"1 号（1964 年 4 月）和"双子星座"2 号载人飞船（1965 年 1 月）也成功飞行，为宇航员执行"双子星座"号载人飞船的第 3 次至 12 次任务扫清了障碍。

"土星"IB 号运载火箭

与美国早期航天计划（如"红石""宇宙神""大力神""半人马座"和"阿金纳"）使用军用硬件设备一样，"土星"系列运载火箭也起源于美国国防部。

1957 年，国防部官员联络了亚拉巴马州亨茨维尔的陆军弹道导弹局，自 1950 年以来，维尔纳·冯·布劳恩和他的德国火箭专家团队就在这里工作，全心全意致力于开发一种能够发射大型太空探测器、侦察卫星和气象卫星的大型助推器。次年，国防部新成立的高级研究计划局（ARPA）接管了该项目，其目标是开发一种能够在第一级产生惊人的 1500000 磅（680389 千克）推力的火箭。

从那时起，亨茨维尔团队在 ARPA 的指导下成为"土星"运载火箭的牵头机构，而"土星"（Saturn）得名于掌管农作物收成的罗马神灵。与此同时，1959 年 10 月，陆

"土星" 1B 号运载火箭 – "阿波罗" 号载人飞船

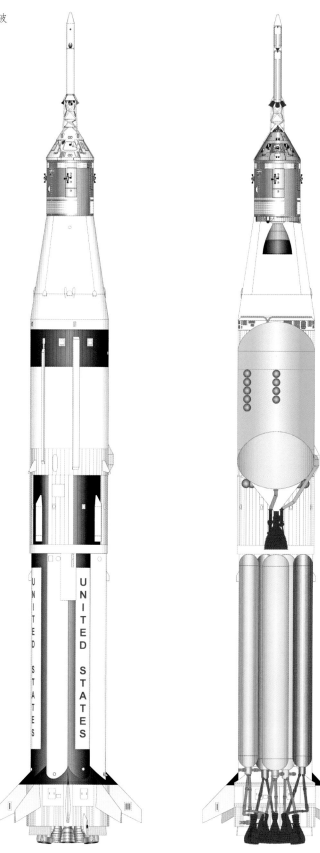

0 1 2 3 4 5 米

"土星" 5号运载火箭 –"阿波罗"
号载人飞船

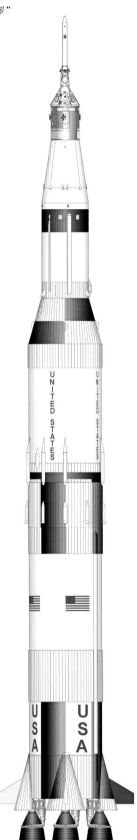

0 1 2 3 4 5　米

军接到白宫的命令，将陆军弹道导弹局（ABMA）转移给刚刚起步的 NASA；它于 1960 年 7 月作为乔治·C. 马歇尔太空飞行中心重新开启。

从实际意义上看，马歇尔太空飞行中心的"土星"计划包括两个截然不同的项目："土星"1 号和 1B 号运载火箭都源于"阿波罗"之前的航天计划，并作为探月计划的测试平台；"土星"5 号运载火箭大量借鉴了"土星"1 号和 IB 号运载火箭的设计，但在规模和能力方面仍然代表了一些激进和全新的要素。参与"土星"运载火箭的研制工作时，ARPA 的预算很紧张，亨茨维尔团队选择经过验证的商用现货发动机来满足这个项目的需求。因此，第一级（由克莱斯勒公司制造）的设计取决于 8 台洛克达因 H-1 发动机的具体情况，这是"雷神–朱庇特"导弹所用发动机的改进型号。它的第二级由道格拉斯飞机公司制造，与"半人马座"运载火箭相似，使用的是液氮/液氧推进剂和普拉特·惠特尼公司 RL10 发动机（"半人马座"运载火箭使用 2 台 RL10 发动机，"土星"运载火箭则使用 6 台 RL10 发动机）。"土星"1 号运载火箭于 1961 年 10 月进行了首飞，1965 年 7 月进行了第 10 次飞行，在此期间几乎没有发生任何事故。在最后 4 次飞行中，它同时承担试验台和发射器的功能。在第 7 次飞行期间，它将一艘重达 39000 磅（17690 千克）的"阿波罗"原型航天器送入轨道；第 8 次到第 10 次升空则将 3 颗"飞马座"（Pegasus）卫星送入预定轨道，旨在确定后来"阿波罗"任务期间受到陨石撞击的程度。在外形尺寸方面，"土星"运载火箭介于"宇宙神"等早期导弹和强大的"土星"5 号运载火箭之间：高 191.5 英尺（58.4 米）（有效载荷），第一级的最大直径为 21.5 英尺（6.6 米）。按照原计划，第一级提供 1500000 磅（680389 千克）的推力，第二级则增加了 90000 磅（40823 千克）的推力。

"土星"IB 号运载火箭与"土星"1 号运载火箭大不相同。普拉特·惠特尼公司除了进一步增强 H-I 发动机的动力之外，第一级几乎完全相同。但第二级则见证了一场革命性的变化。NASA 于 1959 年针对"土星"运载火箭提供了一种具有突破性的上面级发动机方案，并授予罗克韦尔公司合同。随后的 J-2 发动机尺寸比一台 RL10 发动机大 13 倍，比"土星"1 号运载火箭上的所有 6 台 RL10 发动机提供的动力更强，这是新一代液氢/液氧动力装置

的典型代表。"土星"IB 号运载火箭的尺寸比"土星"1 号运载火箭大得多，具体如下：它有 224 英尺（68.3 米）高，最大直径为 21.7 英尺（6.6 米）。它在第一级能够提供 1600000 磅（725748 千克）推力。第二级提供的推力则高达 225000 磅（102058 千克）。

"土星"IB 号运载火箭的飞行计划要求对"阿波罗"号载人飞船的关键系统进行彻底测试。1966 年 2 月"阿波罗"号载人飞船的第一次发射，不仅标志着 J-2 发动机首次正式投入使用，而且还按正常的节奏将其有效载荷（也就是具备强劲动力的"阿波罗"号航天器）送上太空，并测试了其结构完整性、通信、分离和指挥舱隔热罩。与这次亚轨道飞行任务相反，1966 年 7 月，"土星"IB 号运载火箭进行了首次轨道飞行，搭载了 58500 磅（26535 千克）的混合有效载荷，是迄今为止美国向太空输送的最重的货物。在这次飞行中还按计划对 J-2 发动机进行了一次模拟重启。8 月又进行了另一次亚轨道飞行任务，在此期间对指挥舱隔热罩进行了极限测试：再入大气层时温度升至 2700 华氏度，但座舱保持在 70 华氏度的较低温度。

之后，"土星"IB 号运载火箭就开始与悲剧联系起来了。原计划于 1967 年 2 月 21 日发射"阿波罗"1 号载人飞船执行首次任务，但是，1 月 27 日，"阿波罗"1 号载人飞船在肯尼迪航天中心的 34 号发射台着火，造成宇航员格斯·格里森、爱德华·怀特和罗杰·查菲意外身亡。经过长时间调查后，1968 年 10 月，沃尔特·斯基拉、沃尔特·康宁汉姆和唐·埃斯利搭载"阿波罗"7 号载人飞船重新开始启动这项计划。宇航员测试了指挥舱和服务舱的适航性，从而为"阿波罗"8 号的绕月球飞行做准备，其中还包括与第二级的模拟交会和对接。"土星"IB 号运载火箭在"阿波罗"7 号载人飞船上结束了它的月球探测生涯，但是为天空实验室 2 号、3 号和 4 号（分别于 1973 年 5 月、7 月和 11 月发射）提供了宇航员运输服务，最后，在 1975 年 7 月，"土星"IB 号运载火箭还搭载了执行"阿波罗–联盟"测试计划的美国宇航员进入太空，帮助他们与苏联同行会面。

"土星"5 号运载火箭

早在 1955 年，空军就与北美航空公司下属的洛克达因公司签订了合同，旨在回答一个简单的问题：液体推进

剂发动机存在哪些最大推力限制？承包商回答说，似乎可能有 100 万磅的推力，并通过提交一份初步设计方案来支持这一说法。空军要求洛克达因公司在其位于加利福尼亚州卡诺加公园（Canoga Park）的工厂开展进一步研究和开发工作，并在其爱德华兹空军基地设施内进行测试。随着 NASA 的成立，空军将该项目转移到 NASA，后者于 1959 年 1 月与洛克达因公司签订了一项动力更强大的发动机合同，它能够提供 1500000 磅（680389 千克）的推力，尽管当时美国还没有合适的火箭来使用这种发动机。

1961 年春，洛克达因公司对一台原型发动机开展了静力测试，这台发动机提供了令人难以置信的 1640000 磅（725748 千克）推力。它被称为 F-1 发动机，它并非表明推进技术方面取得了大量突破（它使用液态氧和煤油作为推进剂），而是对早期设计进行了大量改进。这种钟形动力装置的长度为 19 英尺 8 英寸（约 6 米），直径为 12 英尺 4 英寸（3.78 米）。但是其巨大的尺寸和功率不可避免地带来了一些问题：在其发展过程中，F-1 发动机经历了 20 次失败，其中 9 次为涡轮泵部件的爆炸事故。

直到 1961 年末，NASA 才最终决定如何应用 F-1 发动机技术。这项技术旨在为一枚巨型运载火箭提供第一级动力，它能够提供 7500000 磅（3401943 千克）的推力，由 5 台 F-1 发动机（4 枚外侧和万向架支座发动机用于转向；1 台发动机位于中心位置）实现这一目标。1962 年 2 月，NASA 与波音公司签订了一份初步合同，宣告了“土星”5 号运载火箭的诞生，意味着“阿波罗”号载人飞船正式开启月球之旅。

由于承包商与冯·布劳恩团队之间发生管理纠纷，导致“土星”5 号运载火箭的第二级比第一级存在更多问题。虽然它使用了与“土星”1B 号运载火箭同样强大的新型 J-2 发动机，但是争议的问题不在于 J-2 发动机，而是关于上面级本身。NASA 要求建造一个长 74 英尺（22.6 米）、直径 21 英尺 6 英寸（6.6 米）的结构（具有严格的规范要求）。换句话说，马歇尔不仅要求提供一个非常大的结构，而且还要求在机车大小的物体上达到瑞士手表那种误差等级的精度。由于北美洛克达因公司在交付进度方面落后，并且增加了预算，导致马歇尔太空飞行中心工程师和承包商之间出现了分歧。能言善辩、人脉广的詹姆斯·韦伯努力想办法解决这个问题，他通过向公司首席执行官施加压

力，更换了管理层，到 1967 年末，第二级的开发开始成为核心问题。

旁观者在肯尼迪航天中心 39 号发射台看到了首次发射前的“土星”5 号运载火箭，见证一些必须亲眼看到才能相信的事情。这座高达 363 英尺（111 米）、直径 33 英尺（10 米）的火箭在升空时重达 6400000 磅（2903000 千克），可携带约 107350 磅（48693 千克）的探月有效载荷。该火箭分为一级、二级和三级，分别具备 7610000 磅、1150000 磅和 230000 磅（3451838 千克、521631 千克和 104326 千克）的推力，总计 8990000 磅（4077795 千克），而“土星”1B 号运载火箭的总推力为 1825000 磅（827806 千克）。

“土星”5 号运载火箭在初始飞行中表现良好，只是 F-1 发动机发出了一些低水平纵向振动。然而，1968 年 4 月，在“阿波罗”6 号载人飞船升空期间，就在 F-1 发动机停车之前，低水平纵向振动效应却变得更加严重。此外，在此任务期间，第二级火箭的一台 J-2 发动机发生故障，第三级火箭的 J-2 发动机尚未启动。问题调查小组发布了他们的调查结果和由此造成的技术变更。但令人惊讶的是，NASA 高级官员决定反对开展另一次试飞。相反，距离实现肯尼迪总统 1969 年目标的截止时间越来越近，NASA 跳过了一些时间节点安排，并于 1968 年 12 月用“阿波罗”8 号载人飞船载着 3 名宇航员成功完成绕月飞行，这是一次非常值得的冒险，最终大获成功。“土星”5 号运载火箭表现可靠，最后总共搭载 21 名美国宇航员完成登月任务。在“阿波罗”号载人飞船期间，这种巨型火箭共飞行了 12 次。

在“阿波罗”号载人飞船登月任务结束之后，“土星”5 号运载火箭又做出了两项贡献：1973 年 5 月，“土星”5 号运载火箭将天空实验室 1 号空间站发射到近地轨道，并且也在天空实验室空间站上发挥作用；重建的“土星”5 号运载火箭第二级充当了实验室轨道工厂的外壳。

R-7 运载火箭

根据缴获的德国 V-2 火箭的推进系统设计（以及战后获得的德国科学家、文件和设备），苏联设计制造了第一枚国产火箭 R-1。R-1 火箭于 1947 年首次飞行，之后苏联发射了 R-2 火箭（射程是 R-1 的两倍）、R-5 火箭（苏联首枚可携带核弹头的导弹），以及 R-11 火箭（一种小型

R7－8K71PS1（"伴侣" 1 号人造卫星）

0 1 2 3 4 5
米

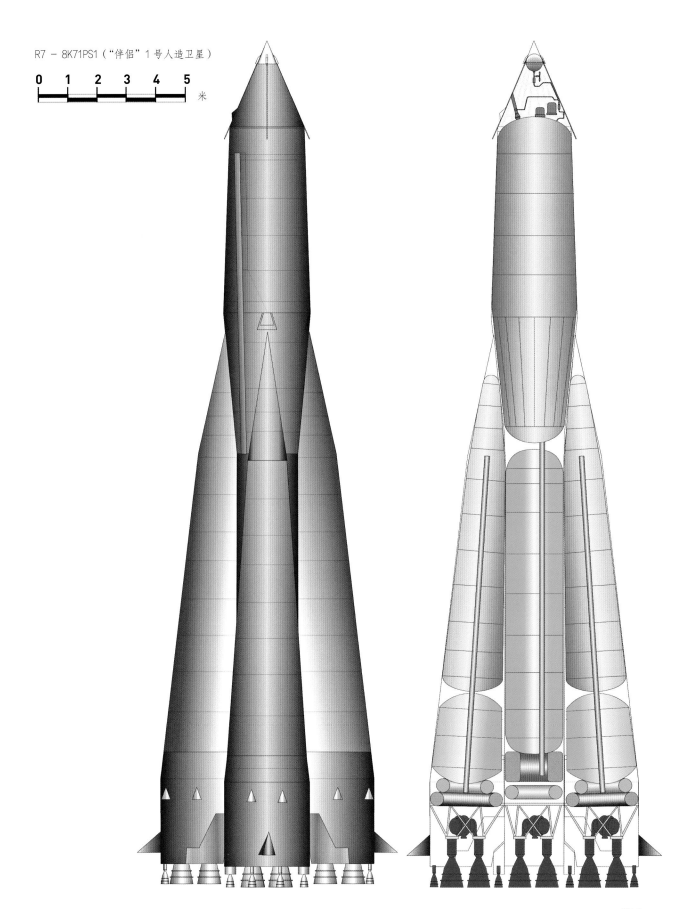

地空导弹）。

米哈伊尔·吉洪拉沃夫是苏联传奇工程师和苏联航天之父谢尔盖·科罗廖夫的同事，他带领一群工程师策划研制一颗苏联卫星。他请求科罗廖夫考虑采用其在绘图桌绘制的一种新型导弹——被称为 R-7 或 Semyorka（俄文名称，意为"7 号"）导弹。它还有另一个角色，即作为航天器的运载火箭。在 20 世纪 40 年代末期和 20 世纪 50 年代初，经过对科罗廖夫研制的导弹进行基础研究，吉洪拉沃夫修改了导弹设计，旨在满足他的要求，使其能够承载比原先为 R-7 导弹设计的弹头更重的有效载荷。

1953 年，吉洪拉沃夫继续向苏联共产党中央委员会提议，除了将 R-7 火箭作为洲际弹道导弹的主要角色外，还可以将其作为卫星发射器。为了携带新的热核弹头，急需对 R-7 火箭进行改进，之后苏联国防部于 1954 年 6 月批准了 R-7 火箭。然后在 1955 年，苏联接受了国际地球物理年组织者提出的于 1957 至 1958 年内发射地球卫星的挑战。为了加快实现这一目标，苏联当局于 1956 年决定将吉洪拉沃夫带领的工程师团队纳入科罗廖夫设计局管辖。

1957 年 10 月的前几天，科罗廖夫与吉洪拉沃夫的合作取得了成果，苏联哈萨克斯坦拜科努尔航天发射场的工作人员已经为开展这次革命性任务的 R-7 火箭做好了准备。技术人员在这次飞行期间不需要处理任何核材料，只有一个不起眼的抛光铝球，重量只有 184 磅（83.5 千克），直径 23 英寸（58 厘米）。火箭本身高 98 英尺（30 米）、直径 9.0 英尺（2.99 米），在升空时重 588000 磅（267000 千克）。R-7 火箭依赖于煤油和液氧推进剂，供第一级火箭（由一台 RD-108 发动机组成）和 4 个助推器（每个助推器均配备一台 RD-107 发动机）使用。虽然 R-7 火箭在这种情况下承受的载荷较轻，但是其近地轨道运载能力达到 1100 磅（500 千克）。

1957 年 10 月 4 日，R-7 火箭成功发射了"伴侣"1 号人造卫星，引发了一系列连锁反应，并带来了深远的影响：它不仅激起了美国政客的恐慌，引发了苏联与美国为争夺太空主导霸权展开的激烈竞争，而且双方都试图向全世界人民证明其政治上的优越性，这种意识形态竞争的加强导致了冷战加剧。

从狭义上讲，作为一种运载火箭，R-7 火箭被证明是非常成功的，它有着 50 多年的飞行历史。直到 21 世纪，

其衍生型号"联盟"号火箭仍承载着向国际空间站运送宇航员和物资的工作。

N1 运载火箭

苏联最大的火箭计划在启动初期就遇到了 3 个障碍：早期资金不足、启动时间较晚以及苏联航天计划缺少一位能够起到指导性作用的灵魂人物。

与苏联在其他许多航天活动一样，N1 运载火箭是由谢尔盖·科罗廖夫领导的第一特别设计局设计的。1959 年，科罗廖夫及其设计团队将 N1 运载火箭视为军用空间站发射以及载人金星和火星探测器发射使用的助推器。1961 年，科罗廖夫得到了用于 N1 运载火箭两年研发的有限经费。与此同时，科罗廖夫充分意识到了美国登月的野心，并成功说服了苏联共产党总书记列昂尼德·勃列日涅夫支持其提出的登月计划。然而，这项登月计划直到 1965 年 10 月（此时，距离美国启动"土星"5 号运载火箭计划已经过去了将近 4 年）才得到最终批准。在正式批准登月计划 3 个月后，科罗廖夫就去世了，他的工作由助手瓦西里·米申接管。可惜的是，瓦西里·米申没有已故领导科罗廖夫那样广泛的人脉和出色的政治头脑。由于 N1 运载火箭计划从一开始就缺乏一位最有能力和经验丰富的领导者，导致这项计划被彻底取消。

除了这些难以克服的困难之外，科罗廖夫还承诺不仅要建造一种新型火箭，还要建造新型太空舱（"联盟"号 7K-LOK 型载人飞船）和月球着陆器——其工程设计人员构想了一种苏联人从未尝试过的拥有巨大尺寸和动力的运载火箭。N1 运载火箭的长度为 344 英尺（105 米，包括有效载荷）、直径为 55.8 英尺（17 米）、燃料质量为 6060000 磅（2750000 千克），并且近地轨道运载能力达到 209000 磅（95000 千克）。N1 运载火箭第一至第四级共包含 43 台发动机，使用精炼石油 -1（煤油）和液氧作为燃料：第一级由 30 台 NK-15 发动机驱动，发动机排成两个环；第二级由 8 台 NK-15V 发动机驱动，发动机排成一个环；第三级由 4 台 NK-21 发动机驱动；第四级由 1 台 NK-19 发动机驱动。

N1 运载火箭的发射失败归根结底是因为存在设计缺陷，以及由于技术准备不足而确定的发射时间进度表晚于美国"阿波罗"号载人飞船的进展。发动机的安装方式导致输送推进剂和氧化剂的管道过于复杂和脆弱。此外，N1

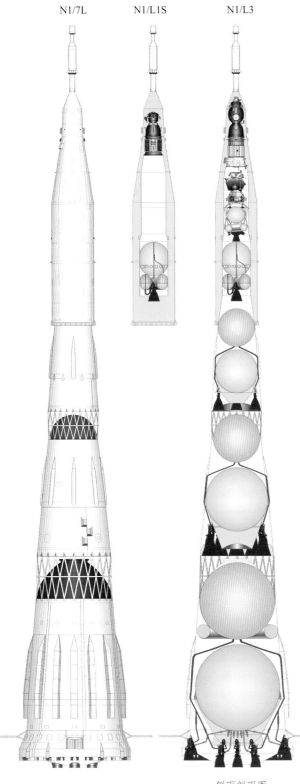

N1/7L   N1/L1S   N1/L3

侧面剖面图

0 1 2 3 4 5 米

运载火箭未进行过一次试飞，30 台一级发动机也没有进行静态点火。

最终，N1 运载火箭的发射引起了灾难性的后果。所幸的是，所有 4 次 N1 运载火箭飞行都是不载人的。1969年 2 月 21 日，N1 运载火箭进行了第一次发射，发射 6 秒后就发生了低水平纵向振动，一些部件从其固定处脱落并导致推进剂泄漏。在飞行到 68 秒时，第一级发动机停车，N1 运载火箭在飞行到 183 秒时坠落在地面上。1969年 7 月 3 日，另一枚 N1 运载火箭再次点火，进行了第二次飞行。在前 10 秒似乎一切都还正常，当时任务控制人员注意到 1 至 12 号发动机的压力降至 0。8 号发动机中的液氧涡轮泵爆炸着火。然后，在 10.5 秒位于大约 328 英尺（100 米）的高度时，火箭似乎无法改变姿态，向一侧倾斜，然后落回发射台，喷射出大量的红烟和黑烟。现场的一名军方观测员说道："可以毫不夸张地说，我今天看到了世界的尽头，而不仅仅是一场噩梦，我在完全清醒的情况下目睹了这场灾难。"他经历了人类历史上最大规模的非核爆炸之一。

经过近两年的休息（时间进度表较为宽松；期间，美国"阿波罗"11 号载人飞船于 1969 年 7 月 20 日登上月球），1971 年 6 月 26 日，苏联第三次发射 N1 运载火箭。升空后不久，火箭就开始高速自转，在 48 秒时，火箭在空中发生解体。1972 年 11 月 23 日，N1 运载火箭进行了第四次飞行，刚开始一切似乎都很好，直到在发射 90 秒后，6 台内置第一级发动机如同往常又发生了停车，导致动态载荷过大。过大的载荷导致推进装置毁坏，并引发大火。发射 107 秒后，第一级火箭与载人飞船分离。

N1 运载火箭计划于 1974 年 5 月终止。该计划代表着苏联航天局历史上一个痛苦的篇章，而就在几年前，因为一个又一个令人惊叹的空间站，苏联航天局还受到人们的热捧。但是，这些事故至少为"礼炮"号空间站与"和平"号空间站提供了经验教训。20 世纪 90 年代，NASA和苏联航天局最终在国际空间站方面联手合作，自此开启了航天飞行的新时代。

UR500 "质子" 号运载火箭

如果说"联盟"号载人飞船可能是将人类送上太空最持久和服役时间最长的系列航天器，那么"质子"号运载

"质子"号（Proton）运载火箭发射器
（8K82K）4号～8号探测器
（"联盟"号 7K-L1 型载人飞船）发射构型

0 1 2 3 4 5
米

火箭应被称为"联盟"号载人飞船的发射台。这两种早期太空时代的航天器在50多年前就开始研发，直到21世纪将近20年的时间里仍在继续执行任务。

具有讽刺意味的是，世界上最有效的火箭之一是为了抗衡苏联航天计划而研制的。20世纪60年代早期，苏联的许多军方领导人认为，尼基塔·赫鲁晓夫将太多的国防预算投入到航天活动中。因此，苏联在1961年5月颁布了一项政令，减少在航天活动中投入的精力。第52联合实验设计局（简称OKB-52）的总设计师弗拉基米尔·切洛梅提出了一种能够向目标发射100兆吨当量超级炸弹的500吨级弹道导弹方案，旨在适应当时的大环境。

1962年4月，赫鲁晓夫批准了该项目。然而，1964年10月，赫鲁晓夫下台。因此，切洛梅失去了主要保护者，提出的巨型火箭方案面临取消的危险。幸运的是，1965年8月，苏联科学院院长姆斯季斯拉夫·克尔德什主持了委员会，决定将其作为俄罗斯提议的月球着陆器1号绕月飞行太空舱的助推器，从而挽救了这个方案。

"质子"号运载火箭后来很偶然地成为苏联最大的有效运载火箭，用于对抗美国"土星"5号运载火箭。这种火箭重达1312830磅（595490千克），可以运载18500磅（8400千克）的有效载荷。UR-500运载火箭的长度约为152英尺（46.33米），直径为13.61英尺（4.15米）。火箭第一级装有6台11D43发动机（最初设计用于N1运载火箭）；第二级装有根据OKB-52设计的UR-200弹道导弹第一级发动机而改装的4台发动机。最初，UR-500运载火箭只飞行了四次：1965年7月和11月以及1966年3月和7月。每次飞行都试图发射一颗重达18200磅（8300千克）的X射线卫星，这已经是"质子"号运载火箭的最大运载能力了。尽管第一次飞行中氧化剂发生泄漏，但还是成功完成了卫星发射任务。第二次和第四次飞行也成功发射了携带的有效载荷，但在第三次尝试（1966年3月24日）时，第二级火箭发生故障，随后任务被迫终止。

随着UR-500运载火箭最初完成飞行，"质子"号运载火箭最具历史意义的故事也随之展开。迄今为止，UR-500运载火箭经过一次又一次的改进，旨在完成各种各样的任务。它已将行星探测器发射至金星、火星和月球，并将卫星送入地球静止轨道。随着第三级的增加（如"质子"号K型和M型运载火箭），"质子"号运载火箭除了发射重载运输航天器外，还发射了所有苏联空间站。20世纪90年代，"质子"号运载火箭发挥了商业助推器的作用，于1996年完成了第一次商业发射入轨。"质子"号运载火箭第四级（被称为Briz-M型运载火箭）于2001年首次发射，从而使得苏联航天计划能够将货物送入近地轨道之外的太空。

尽管遭遇挫折和偶尔的失败，但是UR-500运载火箭及其后继型号还是取得了稳固的成绩：1965年至2016年，共发射412次，其中365次均成功完成，成功率达到88.6%。

无人宇航器
"探险者"1号卫星

"探险者"1号卫星是美国第一颗人造卫星，是将美国带入太空时代的航天器。它的形成原因具有诡异的混合因素，既是科学进步的产物，又是冷战阴谋的副产品。

1952年，国际科学联合会理事会宣布1957年至1958年为国际极地年（IPY），并在此期间启动"探险者"1号卫星的研制工作，旨在绘制地球最偏远地区的地图。但在邀请感兴趣的国家研制地球观测用轨道航天器之后，国际极地年的组织者很快将其改名为国际地球物理年。美国和苏联两国政府当时正在研制导弹，旨在将其作为核武器的运载工具，因此均认真对待这一挑战。

在经过激烈的竞争以及收到陆军、空军和海军关于卫星的具体提议之后，美国国防部最终选择了美国海军研究实验室提议开发的"先锋"号卫星计划，以此回应有关国际地球物理年的倡议。之所以采用"先锋"号卫星计划，是因为它是一个非军用研究项目，不会与美国国防部的高优先级弹道导弹计划争夺资源。此外，海军在"先锋"号卫星的前身"海盗"号火星探测器上取得了巨大的成功。然而，自1955年刚刚启动后，"先锋"号卫星就遇到了问题，最终在1957年12月6日，发射台发生了灾难性的事故。这次广为人知的事件以及1957年10月4日"伴侣"1号人造卫星和同年11月"伴侣"2号人造卫星的惊人成功说服了美国国防部继续进行"先锋"号卫星计划，并且重新激活和推进陆军早期的卫星计划。

陆军牢牢抓住了这个机会。1954年和1955年，位于亚拉巴马州亨茨维尔的陆军弹道导弹局和位于加利福尼亚

"探险者"1号卫星（1958年"阿尔法"1号）

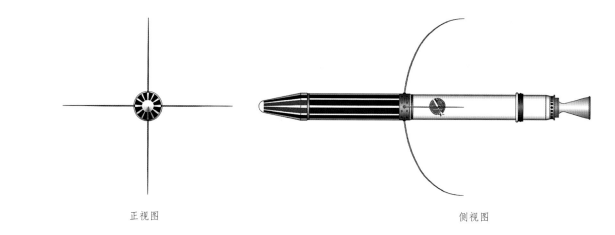

正视图   侧视图

米

"先锋"1号卫星（1958年"贝塔"版本）

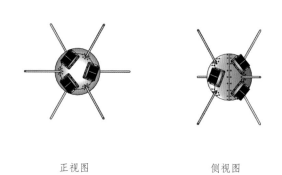

正视图   侧视图

米

州帕萨迪纳的喷气推进实验室（当时是一家陆军承包商），以"轨道器项目"的名义，联手提出了一款卫星和运载火箭方案。自那时以来，陆军一直等待着这一时刻。当"先锋"号卫星用于执行任务时，"轨道器项目"的使命也就此终结了。但是，当这个新的机会出现时，亨茨维尔的工程师开始将经过充分测试的"红石"运载火箭（直接源于第二次世界大战时期的 V-2 火箭）作为第一级助推器。与此同时，喷气推进实验室开始研究三个上面级、通信系统和卫星本身。1957 年末，艾森豪威尔政府下令要求在 80 天内将美国第一颗卫星送入轨道，在这种背景下，美国这两个机构进入了高速发展阶段。

最终定型的卫星重量仅超过 30 磅（14 千克），由长度为 80 英寸（203 厘米）、直径为 6 英寸（15 厘米）的钢瓶以及电池供电的发射器组成，这些发射器将数据发送到地球并提供跟踪信号。

在航天器上，詹姆斯·范·艾伦教授的实验宇宙射线探测器被证明是国际地球物理年最重要的发现之一。一旦进入轨道，他设计的仪器就能发现预期的宇宙射线，但其实际水平远低于预期水平。范·艾伦猜测其设备已经被地球磁场俘获的带电粒子所破坏。随后，"探险者"3 号卫星证明了这种现象的全部范围，被称为"范艾伦辐射带"。

"先锋"1 号卫星

与"探险者"1 号卫星的开发不同（其项目经理努力实现 80 天内发射卫星的目标），参与"先锋"号卫星项目的人员在时间上既感到既宽松又紧张。

"先锋"（Vanguard）TV-4 号运载火箭（"先锋"1
号卫星）

0 1 2 3 4 5
米

1952年，国际科学联合会理事会宣布1957年至1958年为国际地球物理年，并首次提出了"先锋"（Vanguard）这个名称（适用于卫星以及搭载卫星飞行的运载火箭）。为了鼓励研究地球表面最偏远的部分，国际地球物理年的组织者发出了一项呼吁：用人造卫星探测世界。艾森豪威尔政府指示美国国防部向三个军种（陆军、空军和海军）给出满足国际地球物理年挑战的提议。1955年，美国国防部选择了海军提议的"先锋"计划，而不是陆军和空军提议的候选计划。该决定反映了"先锋"计划对研究的关注，而非军事用途，并反映了对于"先锋"号卫星的前身海军"海盗"号火星探测器的信心。此外，艾森豪威尔总统进行了干预，认为国际地球物理年活动不得与陆军的弹道导弹计划纠缠在一起。他担心这种民用项目会从最早可能部署的洲际弹道导弹中消耗时间、人力和资源。后来证明艾森豪威尔的这个决定对未来有重大影响。

位于华盛顿特区的美国海军研究实验室负责管理"先锋"计划，并很快发现实验室需要开展大量卫星科学实验。爱荷华大学最著名的天体物理学家詹姆斯·范·艾伦提出了一种星载宇宙射线探测器，用于测量地球周围带电粒子的范围。但他的项目需要一个圆柱形外壳，与美国海军研究实验室首选的球形设计不一致。此外，范·艾伦的设备太重；"先锋"号运载火箭的有限推力严重限制了有效载荷，从而导致整个卫星重量不得超过22磅（10千克），科学仪器本身重量不得超过2磅（1千克）。

然而，"先锋"计划的负责人约翰·哈根博士并不缺乏其他科学选择。一个研究小组提出了一个测量流星尘埃侵蚀的方案；另一个研究小组试图确定卫星每次旋转时太阳辐射强度的变化。到1955年底，有5份提议放在了哈根的办公桌上。1956年1月，举行了"先锋"计划专题讨论会，此后，提议增加到了15份。但是，哈根及其团队却面临着比有效载荷大得多的棘手问题。经过一番辩论后，他们决定在卫星电源上赌一把；美国海军研究实验室成为第一个在航天器上采用太阳能电池的机构。最近在贝尔实验室开发太阳能电池，并在美国陆军通信兵工程实验室进行了测试。

虽然最后赌赢了，但是总体而言，"先锋"计划进展得并不顺利。例如，1957年12月6日，"先锋"号卫星发射升空，随后爆炸烧毁，成为国际媒体关注的焦点。在此之后，美国国防部指示陆军恢复其先前的卫星方案并继续开发轨道航天器。1958年1月31日，陆军的"探险者"1号卫星最终发射升空，这是美国的第一颗人造卫星。随后，"先锋"号卫星于1958年3月17日（圣帕特里克节）进入轨道，成为美国第二颗人造卫星。这款小型"先锋"号卫星球体带有6根突出的铝制天线，直径仅为6.5英寸（16.3厘米），重量仅为3.2磅（1.45千克）。

最后，哈根及其在美国海军研究实验室的同事为"先锋"1号卫星选择了一个并不复杂的科学实验：一个使用两个发射器的无线电相位比较角度跟踪系统：一个发射器用于由汞电池供电的遥感勘测，另一个发射器是由6个安装在航天器外部的太阳能电池供电的小型轨道信标发射器。太空中使用的第一批太阳能电池一直持续供电至1964年5月。

这次实验通过分析跟踪数据，揭示了物理学家所怀疑但没得到证实的东西：地球好像是梨形的，而非两极扁平的球形，北极像个梨蒂。此外，根据"先锋"号卫星记录的数据，研究人员发现，太阳和月亮的引力以及太阳光的辐射压力影响了地球周围卫星的轨道。

在"先锋"1号卫星发射后近60年的时间里，尽管通往成功的道路非常曲折，但它仍是太空中围绕地球飞行的最古老的人造物体。

"月球轨道器"1号探测器

一旦科学家发现月球表面结构可以支持着陆，他们就开始进行下一个合乎逻辑的人类探测活动：找到潜在的着陆点。

为了实现这一目标，NASA选择了其位于弗吉尼亚州汉普顿的兰利飞行研究中心，与波音公司签订了一套相同的卫星合同，用于绘制月球表面地图。与"徘徊者"号月球探测器的6次中止任务形成鲜明对比的是，所有这5种月球轨道器已至少拍摄到大部分月球表面，其分辨率至少为200英尺（61米）。

1966年8月10日，一枚"宇宙神-阿金纳"号运载火箭携带"月球轨道器"1号探测器升空，并于8月18日至29日拍摄了大量照片。探测器上的一台摄像机通过两个独立的镜头系统（中等分辨率80毫米，高分辨率610毫米）观测了目标区域。该航天器的轮廓稍有些短粗，毫不张扬，像一个短锥体，高约5.4英尺（1.65米），底座直

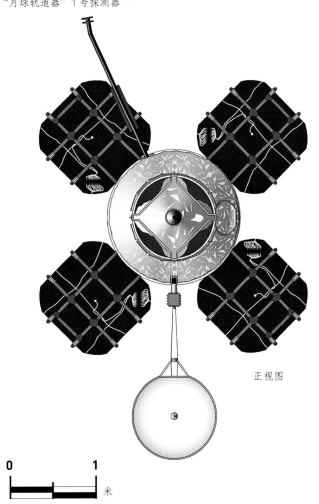

正视图

0   1

米

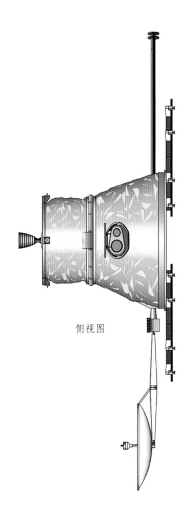

侧视图

径 4.9 英尺（1.5 米），重量约 852 磅（386.5 千克）。

　　虽然不尽完美，但是"月球轨道器"1号探测器实现了其基本目的。在 190 万平方英里（500 万平方千米）的月球地貌中，拍摄了 187 张中等分辨率和 42 张高分辨率图像，完成了约 75% 的预定任务。可惜的是，许多原本高分辨率图片显示出大量的污点，但其余图像均拍到了"阿波罗"号载人飞船的 9 个主要着陆点和 7 个附属着陆点，以及未来月球软着陆探测器（称为"勘测者"号探测器）的一个着陆点。"月球轨道器"1号探测器还确定了"阿波罗"号载人飞船硬件设备能够在短期内抵消月球表面的辐射，足以保护宇航员免受辐射威胁。

　　与该系列的所有航天器一样，"月球轨道器"1号探测器最后通过撞击月球来结束其使命，这是有意做出的决定，目的是避免与之后的"阿波罗"号载人飞船发生碰撞。但在此之前，控制人员将"月球轨道器"1号探测器的照相机转向美国，并从月球上第一次拍摄到两张地球上的美国照片。

　　1966 年 11 月至 1967 年 8 月期间，"月球轨道器"1号探测器之后开始的太空飞行包括：1966 年 11 月 6 日，"月球轨道器"2号探测器发射升空；1967 年 2 月 6 日，"月球轨道器"3号探测器发射升空。两者均拍摄到了相对平缓的地形图像，为"勘测者"号探测器以及"阿波罗"号载人飞船的着陆寻找良好的位置。这些飞行任务共带回了 1433 张非常清晰的图像，分辨率精度低于 1 米。"月球轨道器"1号至 3 号探测器提供了足够的数据来绘制出位置地图，便于后续着陆。NASA 的任务规划者对于这三款探测器的表现很满意，并打算研制"月球轨道器"4号探测器，旨在实现不同的目标：对月球地质特征进行系统

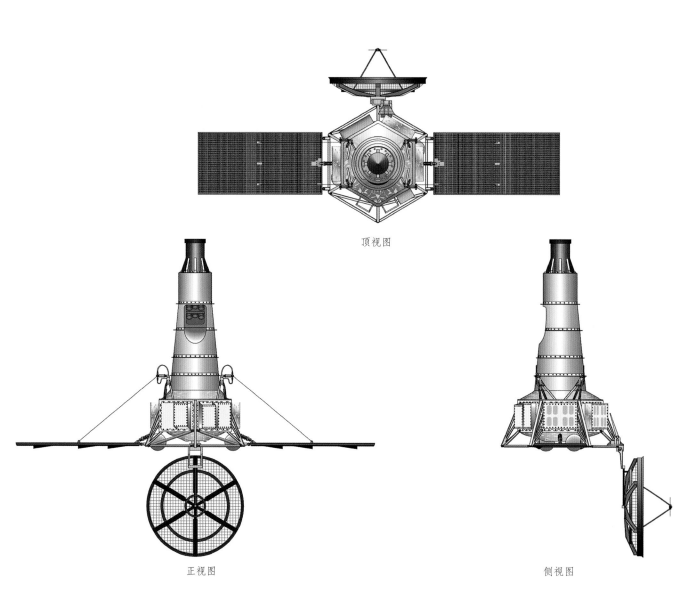

顶视图

正视图

侧视图

调查，用于开展未来科学研究。1967 年 5 月，"月球轨道器" 4 号探测器登上月球表面，拍摄了 500 多张图像，涵盖了 99% 的月球近距离图像和 95% 的远景图像。1967 年 8 月，"月球轨道器" 5 号探测器最终成功拍摄到"勘测者"号探测器和"阿波罗"号载人飞船的选址照片，并拍摄到剩余 5% 月球远半球的照片，自此，"月球轨道器"号探测器项目结束。

"徘徊者" 7 号月球探测器

在美国能够履行约翰·肯尼迪总统关于宇航员登上月球的承诺之前，NASA 的任务规划者面临着一系列技术问题，其中任何一个问题都可能导致任务终止。最被低估的一个问题并不涉及技术层面，而是与地质情况相关。没有人确切知道月球表面是什么成分。如果成分为粉状物体，那么在着陆时是否会产生大量灰尘？是否会影响能见度，像云层一样围绕航天器盘旋？即使没出现这种现象，月球地壳是否有足够的密度来支撑其上的任何重量，或者是否存在过于柔软或海绵般轻软的表面，导致任何登月航天器都会难以立足？科学家们还想知道地球到月球的距离（大约 239000 英里（约 384600 千米））是否会阻碍宇航员与月球之间的通信，以及辐射是否会对宇航员的身体健康构成威胁。

为了找到答案，NASA 设计了三种类型的月球航天器：撞击式着陆器（"徘徊者"（Ranger）号月球探测器）、轨道扫描器（"月球轨道器"）以及受控下降探测器（"勘测者"号探测器）。

位于加利福尼亚州帕萨迪纳的喷气推进实验室设计并制造了"徘徊者"号月球探测器。尽管喷气推进实验室拥有良好的声誉——它研制了"下士"和"中士"导弹，从而引领了世界火箭技术的发展，后来还用"探险者"1 号卫星及其上面级研制了美国第一颗卫星，但是"徘徊者"号月球探测器项目团队还是经历了将近两年半连续不断的事故。该系列探测器的前两台（"徘徊者"1 号和 2 号月球探测器）分别于 1961 年 8 月和 11 月发射，但是无法逃离地球轨道进入太空。同年 12 月，"徘徊者"3 号月球探测器升空，但是在奔向月球的途中，任务控制中心失去了与探测器的联系。1962 年 4 月，"徘徊者"4 号月球探测器在撞击月球之前未能打开其太阳能电池板。1962 年 10 月，

"徘徊者"5 号月球探测器与"徘徊者"3 号月球探测器一样失去通信，此后 15 个月，"徘徊者"号月球探测器项目团队再未进行任何相关活动。1964 年 1 月底，"徘徊者"6 号月球探测器发射升空，最终撞击月球表面，照相机甚至来不及拍摄一张照片。

"徘徊者"号月球探测器项目启动差不多三年后，终于开始取得了一些成绩。最终研制的 Block Ⅲ 型（"徘徊者"6 号至 9 号月球探测器）重约 807 磅（366 千克），比 Block Ⅱ 型或 Block Ⅰ 型探测器重得多，也复杂得多：Block Ⅱ 型（"徘徊者"3 号至 5 号月球探测器）重 728 磅（330 千克），Block Ⅰ 型（"徘徊者"1 号和 2 号月球探测器）重 670 磅（304 千克）。1964 年 7 月 28 日，"徘徊者"7 号月球探测器利用"宇宙神-阿金纳"号运载火箭助推器发射升空，类似于一个由低底座支撑的高圆锥体。铝制六角形平台大约 5 英尺（1.5 米）宽，支撑着推进系统和动力装置；塔台装有 6 个摄像头。"徘徊者"7 号月球探测器准确接近月球，并且在登上月球前 15 分钟，照相机拍摄了 4316 张月球"知海"（Mare Cognitum）着陆区照片中的第一张照片。次年早些时候，又获得了更多关于月球表面的证据。1965 年 2 月 20 日，"徘徊者"8 号月球探测器拍摄了 7137 张 NASA "阿波罗"号载人飞船（月球"静海"（the Sea of Tranquility））的主要着陆点照片。1965 年 3 月 24 日，"徘徊者"9 号月球探测器在下降到阿尔芬斯陨石坑（因为其地理位置而受到关注）时拍摄了 5000 张照片，但与"阿波罗"号载人飞船无关。

目前，NASA 拥有近 16500 张详细的图像，每张图像的分辨率比任何望远镜能从地球上捕获的图像分辨率高出数千倍。直至 20 世纪 60 年代中期，NASA 的地质学家和工程师才认识到"阿波罗"号载人飞船可以安全降落到月球表面。

"勘测者" 1 号探测器

在"阿波罗"号载人飞船在月球着陆之前，美国一直在尝试研究月球，NASA 制造了三款具有完全不同任务目的的无人航天器："勘测者"（Survery）号探测器是为控制着陆而研制的。当时，太空时代刚刚来到。这三款无人航天器计划的事故率差异很大，这也是意料之中的事。"徘徊者"号月球探测器在近三年里一连发射了 6 次，但是

均以失败而告终，直到第 7 次才取得成功；另一方面，5 个"月球轨道器"号探测器都成功飞行（但也并非完美无瑕）。"勘测者"号探测器的成绩位于两种先驱航天器之间，它尝试了 7 次发射，其中 2 次失败。

三款航天器之间较大的差异是由于航天器设计师在早期阶段经验有限而造成的。此外，这种差异可能部分与任务的复杂性有关。显然，成功着陆要面临巨大的技术挑战，也带来了未来太空飞行的巨大成就。如果人类希望探测月球和行星，那么航天器需要通过安全可靠的方式来进入这些新世界。

NASA 在其候选方案中开发的这项技术类似于一种低矮型摄影设备。"勘测者"号探测器高约 10 英尺（3 米），底座是由铝管制成的宽三脚架，长度约 14 英尺（4.3 米）。结构顶部伸出一个桅杆，撑住两块小太阳能电池板。支架配有减震器，在提升到"宇宙神－半人马座"运载火箭的前整流罩之前，支架折叠。升空时，"勘测者"号探测器重 2194 磅（995.2 千克）。

"勘测者"号探测器能否取得成功至关重要。最重要的是，"勘测者"号探测器需要勘探"阿波罗"号载人飞船的潜在着陆点。然而，在执行这项任务的过程中，"勘

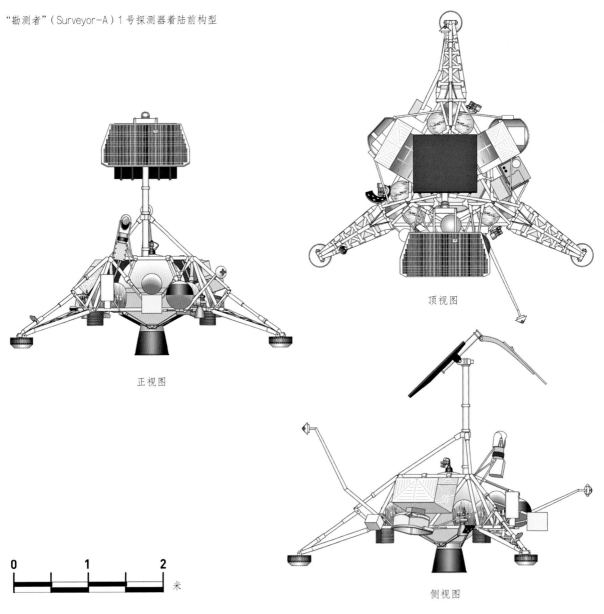

"勘测者"（Surveyor-A）1 号探测器着陆前构型

正视图

顶视图

侧视图

0　　　1　　　2　　　米

测者"号探测器的设计师也期望它能够完成以下任务：进行精确的中段和末段机动，验证软着陆所需的技术，证明通信系统和深空网络的价值，验证其助推器能否将"勘测者"号探测器发射到拦截月球运行的轨道上，以及为丰富有关月球的科学知识做出贡献。

"勘测者"号探测器的首次尝试就大获成功。1966年5月30日，"勘测者"1号探测器发射升空，实现了世界上第一次受控着陆，也就是在月球"风暴洋"（Ocean of Storms）完成软着陆。在接下来的6周（6月2日至7月13日）内，总共传回了11240张高分辨率照片，包括从地平线到自身特写镜头的各种图像。

"勘测者"2号探测器的表现未能尽如人意。1966年9月23日，"勘测者"2号探测器坠毁在哥白尼陨石坑的东南部，当时其中一台微调发动机未能启动，导致航天器翻滚。"勘测者"3号探测器表现得还不错，但也存在问题。它也着陆于月球"风暴洋"，但是由于发动机未按计划关闭，引起了三次反弹。在停止之前，它偏离目标差不多102英尺（31米）。尽管如此，它还是获得了6315张图像，成为有史以来第一个勘探类行星体的探测器，在整整18个小时内，仅仅探测到了月球表面很少的面积，并用摄像机拍摄了下来。1967年4月20日至5月4日，"勘测者"3号探测器一直在执行任务。1967年7月14日，"勘测者"4号探测器发射升空，在朝月面降落的时候与NASA失去无线电联络，之后在月球"中央湾"（Central Bay）爆炸。

"勘测者"系列中的最后3个航天器表现令人满意。然而，"勘测者"5号探测器还是遇到了氦气调节器泄漏的重大问题，任务控制组需要绘制非同寻常的下降剖面。由于出现这种突发情况，迫使"勘测者"5号探测器停留在月球"静海"，因而拍摄了18000多张图像，第一次对月球土壤进行了现场化学分析。"勘测者"6号探测器表现得几乎无任何差错，任务控制组感到十分兴奋。1967年11月10日至26日，它着陆在月球"中央湾"，获取了近3万张图像。也许同样重要的是，当"勘测者"6号探测器登上月球时，地球上操纵探测器的人员启动微调发动机两秒半的时间，使其距离起始位置8.2英尺（2.5米），这成为后来"阿波罗"号载人飞船执行任务时的一种很有用的机动操作。最后，1968年1月7日，"勘测者"7号探测器发射，带着一项科学任务成功登月。它落在第谷陨石坑附近

的月球地貌中，通过化学分析（和21000张照片）表明碎片曾在熔融状态下流经此处。它还探测到来自地球的一道1瓦特的激光束，其目的是测试一种新的太空通信形式。

尽管"勘测者"号探测器偶尔会发生意外事故，但是它代表航天器的能力取得了决定性的突破，并且得出最终结论：月球的地质情况本身不会阻碍载人航天器在其表面着陆。

"水手"10号探测器

在"先驱者"（Pioneer）号探测器专注于星际长途飞行和太阳探测的同时，"水手"（Mariner）号探测器研究了邻近地球的行星（金星、水星和火星）。"水手"号探测器沿用了"探险者"和"徘徊者"计划中建立的模式。许多其他美国空间无人飞行器后来也使用了这种模式，即：喷气推进实验室没有与航空航天制造商签订合同，而是在其研究设施内构思和制造"水手"号探测器并提供任务控制系统。

最初，"水手"号探测器在喷气推进实验室的历史上起点很低，并不受重视。该项目从其前身"徘徊者"号探测器演变而来。然而，"徘徊者"号探测器在1961年8月至1964年1月期间的纪录对鼓舞信心没有起到任何作用。前6部"徘徊者"号月球探测器都没有实现登上月球表面的目标。由于NASA总部和华盛顿特区的政治势力对成功的追求永不停歇，因此，喷气推进实验室尝试采用了一种新的方法：该团队毫不费力地重新改装了一个"徘徊者"号月球探测器，并将其称为"水手"1号探测器，于1962年7月将"水手"1号探测器发射升空用于探测金星，然而因其偏离预定轨道，这个项目再次遭到挫败。此后，喷气推进实验室为了挽回声誉，下了一场很大的赌注：在短短36天内，其工程师利用"徘徊者"号月球探测器，配备一套与"水手"1号探测器相同的仪器，然后在1962年8月将其发射前往金星。经过紧张的发射准备之后，"宇宙神－阿金纳"号运载火箭快速升空。随后发生了一系列令人毛骨悚然的事件，其中任何一个都可能导致任务中止。"水手"2号探测器最终成为喷气推进实验室的宠儿。1962年12月，"水手"2号探测器飞越金星达42分钟，发现了厚厚的云层和极高的表面温度（797华氏度，425摄氏度）。

在"水手"2号探测器成为世界上第一部成功完成飞

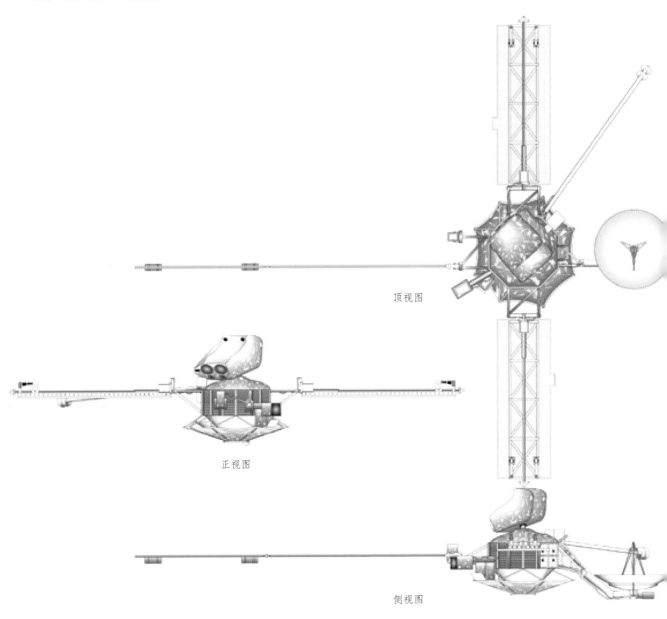

顶视图

正视图

侧视图

0 1 2

米

越另一颗行星任务的探测器之前，喷气推进实验室的工程师就开始计划更加雄心勃勃的旅程：登上火星。他们放弃了先前"水手"1 号和 2 号探测器基于"徘徊者"号月球探测器平台研制的方式，而是设计了一款完全不同的航天器，重量更大（570 磅（260 千克））。"水手"3 号和 4 号探测器不仅拍摄到了与"水手"2 号探测器拍摄到的类似

照片，还可以探测到火星环境中的宇宙射线、电离、磁场、辐射和其他特征。

但是，"水手"号探测器再次遇到了问题。1964 年 11 月发射后，由于太阳能电池板无法展开，"水手"3 号探测器与地面控制中心失去联络。然而，"水手"4 号探测器使得人们更多地了解火星。1965 年 7 月 14 日和 15 日，"水

手"4号探测器飞越这颗红色星球，拍摄了21张贫瘠且充满陨石坑的火星地貌照片，并记录到其表面温度为–148华氏度（–100摄氏度），并且大气很稀薄。科学家们不情愿地得出一个结论，火星上存在任何生命的可能性极小。

下一批"水手"号探测器让喷气推进实验室重获希望。1967年10月，"水手"5号探测器飞越金星，探测到金星的大气密度比地球高90倍。"水手"6号和7号探测器在1969年7月和8月到达火星，在近距离飞越任务中穿透其大气层并评估其表面。这次近距离观测让研究人员稍微乐观地认为火星上可能曾经存在过生命；这一对"水手"号探测器在火星环境中发现了大量的二氧化碳和水。但是"水手"8号探测器又让这项计划出现面临重大挫折。1971年5月，"水手"8号探测器发射升空并进入火星轨道。但由于"宇宙神"号运载火箭的"半人马座"级在分离后不久发生故障，最终坠落在地球上。

在"水手"8号探测器变为灰烬之后，最后两个"水手"号探测器不仅取得了丰硕的成果，而且在"阿波罗"计划结束时开启了自己的行星探测黄金时代。

除了探测火星之外，"水手"9号探测器与它的前辈几乎没有任何关系。它是"水手"3号和4号探测器重量的4倍（近2200磅（998千克）），在航天器复杂性方面出现质的飞跃。"水手"9号探测器使用了内置成像系统、紫外和红外光谱仪以及红外辐射计。1971年11月14日，"水手"9号探测器进入火星轨道，成为第一部环绕另一颗行星运行的航天器。任务规划者希望其能够环绕火星飞行足够长的时间，从而拍摄到火星70%的表面。在出现一些严重的火星风并在尘埃消退之后，传入的数据使行星科学家感到惊讶。

当"水手"9号探测器一次又一次飞越火星地形上空时，先前不确定的问题现在已经变得清楚明了，这个星球上可能曾经存在过生命。研究人员清楚地看到，有水流过火星，两极中含有水，因此这里曾经有可能存在生命。当NASA在1972年10月结束"水手"9号探测器的历史使命时，它已经绘制了85%的火星地貌，并以0.5～1英里的分辨率拍摄了7329张照片，因此科学家通过它看到的一切均毋庸置疑。

起初，"水手"10号探测器似乎注定失败。1969年，喷气推进实验室的领导人恳求NASA总部支持水星（离太

阳最近的行星）探测任务。NASA上级领导以及一些国会议员犹豫不决。为什么在"阿波罗"计划处于高潮时反而将一个探测器送到一颗"死"星上去呢？"水手"号探测器的开发团队给出了一个答案。1973年将再次出现行星连珠现象，这就使得探测器能够绕着金星运行，然后通过引力推助的作用进入水星观测轨道。

尽管人们担心"水手"10号探测器是否真正具有价值，但是喷气推进实验室的计划还是获得了批准，而且"水手"10号探测器的任务也被证明是具有历史意义的。"水手"10号探测器长得很奇怪，就像来自侏罗纪公园的一种生物，它类似某种恐龙时代的猛禽，臂展宽阔，体形圆小，两眼间距较小，双肢很长。它由一个八角形镁制结构组成，其中包括仪器、长度超过26英尺（8米）的太阳能电池板、一台双镜头电视摄像机和两个臂架：一个用于固定低增益天线，另一个用于容纳双磁力计。与其鸟类特征相吻合的是，其重量仅1109磅（503千克），不到"水手"9号探测器的一半。虽然体重轻盈，但是"水手"10号探测器还是携带了一整套仪器，它们包括红外辐射计、紫外光谱仪、等离子体探测器、带电粒子望远镜和磁力计。

"水手"10号探测器是首个执行双行星探测任务的航天器，它第一次使用了"行星引力推助"技术，也是第一个在初次与一颗行星邂逅之后再次返回这颗行星的航天器。"水手"10号探测器返回水星的计算源于意大利数学家朱塞佩·科伦坡丰富的想象力。他预测到，一旦航天器飞越水星，然后进入一条周期为176天的公转轨道，环绕太阳运行，最后只需要稍微修正航线，获得最小的推力，就能够让它每次回到内行星时都处于以前的同一地点。1973年11月3日，"水手"10号探测器发射升空。1974年2月，"水手"10号探测器飞越金星，拍摄了4100张照片，然后继续朝水星前进。1974年3月，"水手"10号探测器从离水星表面437英里（703千米）的地方（距离水星最近的一次）通过，并对其贫瘠、像月球般的地形开展了深入的科学测量。然后环绕太阳飞行了两圈，每次均返回水星执行观测任务，直到1975年3月NASA将其退役为止。

"先驱者"10号探测器

"先驱者"（Pioneer）系列探测器是首个飞越内行星、飞越太阳系边远区域的气态巨行星，并进入星际空间的美

国航天器，体现了无人探测器性能的巨大进步。

"先驱者"系列探测器始于1958年"先驱者"3号探测器的发射。这个仅13磅重的小型航天器飞越月球的任务以失败而告终。次年，"先驱者"4号探测器成为第一个脱离地球引力的美国探测器，但它偏离了月球，未传回任何照片。经过这些磨难之后，"先驱者"号探测器把目标转向太阳。

1960年，"先驱者"5号探测器（质量仅为95磅）飞往我们熟悉的那颗恒星。5年之后，"先驱者"6号探测器（在轨气象站）预测会出现太阳风暴，从而帮助政府和企业客户保护他们的电子系统免受中断。此后，1965年至1968年期间，NASA发射了"先驱者"7号、8号和9号探测器，这一系列探测器旨在评估太阳耀斑对地球的影响。

接下来开启了空间探测的一个崭新篇章。早在1967年，NASA的行星研究团队就考虑了探测木星的任务，木星是太阳系的巨人，其质量是所有其他行星总和的两倍多。NASA决定坚持下去，从而获得成功，并且将该项目的主要控制权交给制造"先驱者"6号至9号探测器的同一团队：位于加利福尼亚州桑尼维尔的NASA艾姆斯研究中心及其行业合作伙伴汤普森·拉莫·伍尔德里奇有限公司（Thompson Ramo Wooldridge Company, TRW）。尝试从地球出发开始长距离的航行可能存在问题，也许距离太阳更远会有更大的困难：4.84亿英里（7.79亿千米）的距离对探测器的太阳能电池板来说过远，以至于无法作为一种动力来源。美国原子能委员会向NASA提供了产生热量所需的核材料和设备，汤普森·拉莫·伍尔德里奇有限公司的工程师将其转化为"先驱者"号探测器的电力来源。

NASA决定最终建造两个姊妹型"先驱者"号探测器，并将它们送往不同的方向。这两个航天器类似于一种三腿海洋生物，包括一个模拟身体的凹盘和三根替代腿的突出天线。在其四肢之间（从中等增益到全向天线），航天器长9.5英尺（2.9米），最宽的交叉尺寸（在高增益碟形天线上）为9英尺（2.7米）。安装在碟形天线的下方并与之平行的一个平台能够支撑"先驱者"号探测器的许多科学仪器，该平台重571磅（259千克）。

1972年3月2日，"先驱者"10号探测器由"宇宙神-半人马座"运载火箭组合推进，以32188英里（51800千米）/小时的速度飞行，达到了迄今为止所有航天器的极限速度。作为第一个飞越火星的探测器，"先驱者"10号探测器也成为第一个通过火星和木星之间的小行星带的探测器。在穿过这个危险区时仅产生了很小的伤害，这让"先驱者"10号探测器项目经理备感振奋。它于1973年11月抵达木星，送回了300张照片，并于次月到达距离木星最近的位置，然后飞向土星。1983年6月，它穿过海王星轨道，之后成为了第一个飞出行星太阳系的人造物体。1997年3月，NASA结束了与"先驱者"10号探测器的实际联系，并在2003年1月最后一次接收到"先驱者"10号探测器的微弱型号。进入21世纪后，它很可能正在飞向遥远的星际空间。

然后是最后一个"先驱者"号探测器。1973年4月15日，"先驱者"11号探测器离开地球轨道，它的飞行速度更快（106000英里（171000千米）/小时），甚至比其姊妹探测器还要快。1974年12月，在距离木星最近的位置，"先驱者"11号探测器比"先驱者"10号探测器还要靠近木星（26600英里（42809千米）），因此可以准确测量严重的木星辐射数据。

1979年9月，"先驱者"11号探测器穿过土星环，从低至13000英里（20900千米）的位置拍摄了其平坦地形的图像，并记录了这个行星的极端温度（平均温度为-290华氏度（-180摄氏度））。1990年2月，"先驱者"11号探测器终于穿越了海王星的轨道，与"先驱者"10号探测器的方向相反。随后，"先驱者"11号探测器朝着太阳系之外的空间飞去，可能一直持续到今天。1995年9月，"先驱者"11号探测器的电源降至与地球联络所需水平之下，NASA至此结束了"先驱者"11号探测器的任务。

如果两个探测器的生存能力足够强大，那么"先驱者"10号和11号探测器在约45年的航行期间将分别距离地球大约10亿英里和85亿英里。

如果有宇宙生命遇到其中任何一个探测器，那么最后这两个"先驱者"号探测器都会在携带的9英寸（229毫米）乘以6英寸（152毫米）铝板上展示人类的简单象形图，提供鲜明的原始图像：裸体的人类男女形象、太阳系的行星和地球在太阳系中的位置，以及航天器离开地球的日期。

"海盗"1号和"海盗"2号火星探测器

在看到了20世纪60年代中期由"水手"4号探测器

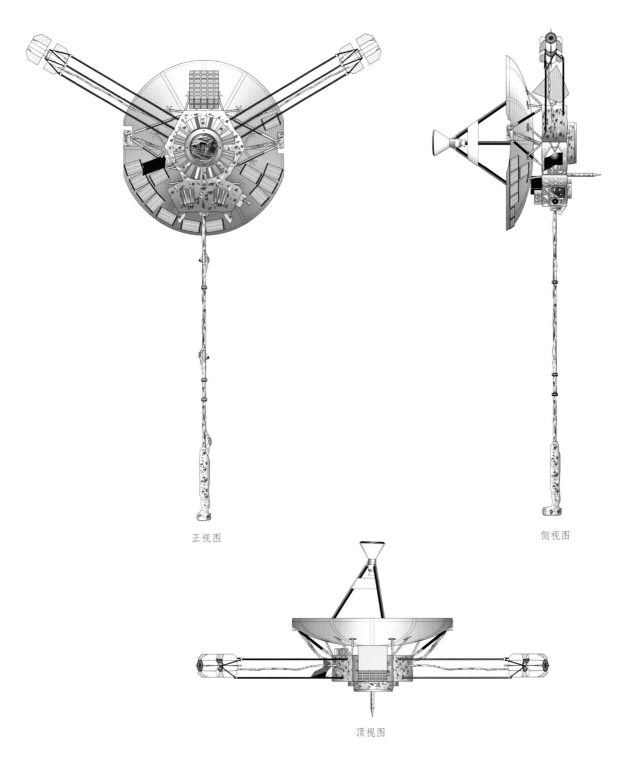

正视图

侧视图

顶视图

传回地球的照片之后，喷气推进实验室的科学家就意识到他们对这颗红色星球的了解甚少。尽管"水手"6号、7号，甚至9号探测器显示出火星更加复杂的特性，但信息仍然不完整。由于迫切想要了解更多火星信息，加上知道苏联一直试图进入火星开展一场豪赌（到目前为止尚未成功），因此促使NASA开始考虑实施火星着陆计划。由于为"阿波罗"计划提供的资金在第一次月球行走之前就已经开始减少，因此NASA喷气推进实验室研究人员以及其他人员梦想着将整个国家的注意力转移到一个大型且大胆的火星项目上，他们称之为火星"旅行者"号探测器项目。火星"旅行者"号探测器与其运载火箭成比例增长。由于当前没有正在生产的"土星"1号运载火箭，因此任务规划者要求制造"土星"5号运载火箭，预算为50亿美元。然而，美国国会的想法却不同，并给出结论：由于"阿波罗"计划的衰落而节省下来的资金可能用于除了大规模太空无人任务以外的其他目的，因此，国会驳回了火星"旅行者"号探测器项目。

在这次挫折之后，NASA选择了兰利研究中心来领导一个全新的规模缩小的项目："海盗"（Viking）号火星探测器。一批谦逊的NASA官员在国会作证，这次他们承诺能够以7.5亿美元的预算完成两个相同的火星航天器的研制工作。他们获得了批准，但由于尼克松政府削减预算，因此这个项目拖延了两年。在此期间，"海盗"号火星探测器研究团队计划于1975年发射第一个"海盗"号火星探测器（这一年，行星连珠现象至少有些有利于NASA返回火星）。

与此同时，兰利研究中心选择由马丁·玛丽埃塔公司来制造着陆器，由喷气推进实验室来建造轨道器（应用其丰富的"水手"号探测器经验），以及由NASA刘易斯研究中心来开发"大力神-半人马座"3号运载火箭。负责该计划的官员还说服国会同意将预算增加到8.3亿美元。

在此背景下研制而成的航天器看起来令人印象深刻，但略显尴尬，它顶部有一个宽大的座舱盖（包含着陆器），底部（与轨道器一起）呈倒锥形。

喷气推进实验室设计师以"水手"9号探测器为模型，制作出"海盗"号轨道器，但"海盗"号火星探测器比前者更大更重（5157磅（2339千克）），并配有先进的成像和通信系统。而着陆器（1270磅（576千克））证明存在更多问题。NASA坚持认为马丁·玛丽埃塔公司不仅要为着陆器配备全彩色摄影设备，还要提供双摄像头，便于立体感知。另外，用于检测有机物质的色谱仪和光谱仪应达到最新水平。一位负责该计划的官员承认，"我们很快就发现，我们真是自不量力。"

尽管到最后一刻还在对"海盗"号火星探测器的计算机硬件进行修正，但是"海盗"1号火星探测器仍于1975年8月20日发射升空，并于1976年6月19日进入火星轨道。然而不久之后，根据仍在轨道中飞行的航天器提供的清晰照片，明显发现着陆选择的地形缺乏必要的平稳性，因此任务控制组改变着陆方向，飞往更有利的区域。经过大约一个月的搜索，加之一系列复杂的机动，着陆器最终与轨道器分离，之后进行了安全着陆。

数据传出来了。好消息是，彩色照片显示的结果令人震惊，"海盗"1号火星探测器定期传输了天气更新信息，黎明时温度极低，为-123华氏度（-86摄氏度），下午温度为-27华氏度（-33摄氏度）。坏消息是，即使是最简单的生命形式也未被"海盗"号火星探测器的传感器检测到。着陆器的机械臂成功地为其生物实验室采集到了样本，虽然一些数据暗示了在遥远的过去可能存在过生命形式，但是并未发现任何有机化合物。

在"海盗"1号火星探测器任务结束一个月之后，"海盗"2号火星探测器于1975年9月9日发射飞往这颗红色星球，并于1976年8月7日进入火星轨道。与以往一样，需要根据拍摄到的崎岖多石的火星照片来修正着陆点，因此，着陆器再次完美着陆在火星北极冰帽边缘附近。尽管人们一直留有希望能够获得曾经存在过生命的证据，但是此次航行中分析的材料却带来了不确定性。从积极的方面来说，"海盗"号火星探测器轨道器总共对97%的火星表面进行了拍摄，共计51500张图像，是"水手"9号探测器的7倍，这次探测更加深入，而且提供的是彩色照片。但是火星上是否存在有机物活动这一问题仍然没有得到答案。

"旅行者"2号探测器

虽然月球竞赛是由约翰·肯尼迪总统发起的，但是尼克松总统一直对美国太空政策保持着高度兴趣，其关注程度超过了所有前任总统。事实上，尼克松的核心目标是降

"海盗"（Viking）2 号火星探测器着陆前构型

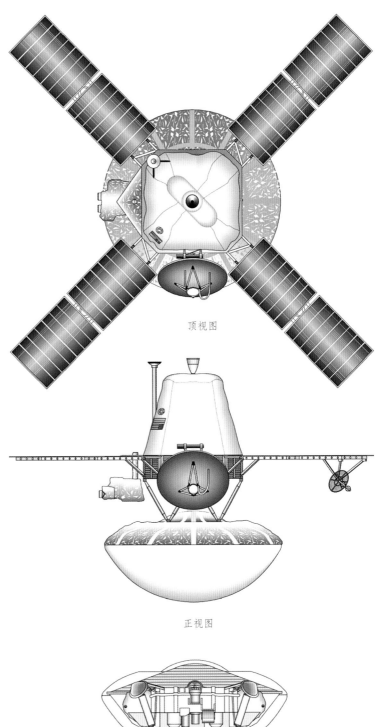

顶视图

正视图

着陆器视图

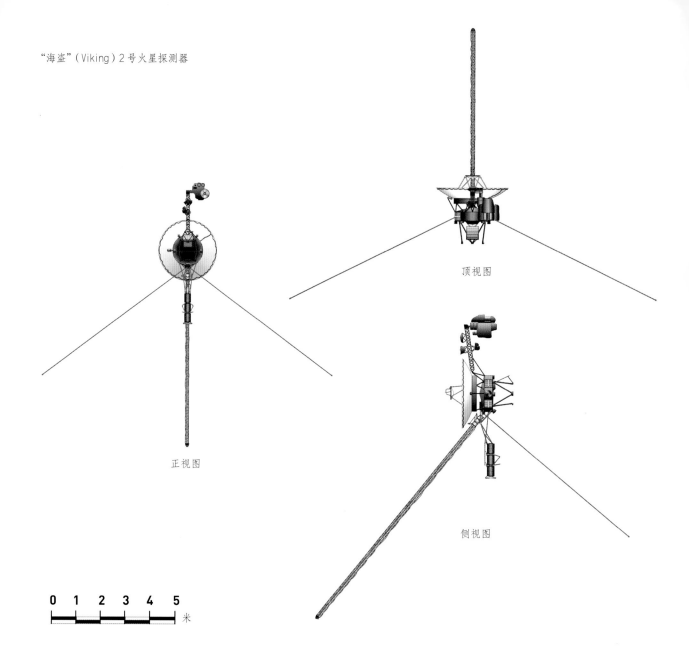

正视图

顶视图

侧视图

0 1 2 3 4 5 米

低发射成本、开展国际合作以及开展行星探测，而这也成为 NASA 的一项基本政策。

　　喷气推进实验室的科学家们明白，尼克松总统对空间探测具有天生的癖好。他们意识到，从 1976 年到 1979 年，每隔 175 年将观测到一系列太阳系外行星，使航天器能够通过引力转向（在飞过每个行星时获得速度）来完成变轨，从而减少飞行时间，不再需要利用重型星载推进系统。喷气推进实验室团队赢得了 NASA 局长托马斯·潘恩对该项目的支持，局长转而说服国会和白宫官员支持所谓的"壮丽旅程"（Grand Tour）计划，即飞越太阳系的所有气态巨

行星（木星、土星、天王星和海王星）及其许多卫星。

　　最后两个"先驱者"号探测器是通过 NASA 艾姆斯研究中心与一家私营企业（TRW 公司）签订合同来建造的。相比之下，喷气推进实验室提出的"壮丽旅程"计划中的飞行器的设计与制造都是在喷气推进实验室设施中进行的。这两个探测器也不同于其他"先驱者"号探测器，并不是多年来部署的一系列航天器，而是一对双胞胎，先后连续发射升空。喷气推进实验室是仿效 20 世纪 70 年代初期成功的行星探测器"水手"9 号和 10 号探测器，从而研制出"旅行者"1 号和 2 号探测器。

这些功能强大但相对较小的飞行器看起来像虫子一样，机身结构采用高增益碟形天线，5个臂架和天线向外伸出，就像笨拙的腿一样。电子总线位于一个十边形容器中，高度仅为1.5英尺（0.46米）；仅6英尺（1.8米）的间隙将航天器最突出的平面分开。最长的臂架包括8.2英尺（2.5米）的科学仪器以及42.6英尺（13米）的磁力计。"旅行者"号探测器还携带两根鞭状天线，每根长33英尺（10米）。这个航天器重达1820磅（826千克）。

"旅行者"2号探测器开始首次探测之旅，在经过长途跋涉后，它找到了全新的世界。1977年8月20日，"大力神-半人马座"3号运载火箭组合搭载"旅行者"2号探测器发射升空。1979年7月，"旅行者"2号探测器到达离木星最近的位置，拍下了木星卫星木卫五、木卫一、木卫四、木卫二和木卫三的照片。它向地球发回了清晰的照片和木星旋流大气的图片。1981年8月，"旅行者"2号探测器达到最靠近土星的位置，拍摄了土星环及其卫星土卫七、土卫二、土卫三和土卫九。1986年1月，"旅行者"2号探测器到达天王星最近位置，令人惊讶的是，它发现了10个新的卫星。最后，1989年8月，"旅行者"2号探测器第一次飞越海王星，距离海王星表面2800英里（4506千米）范围内，发现了5个新的卫星以及氢气/甲烷大气，风速高达680英里（1094千米）/小时。

1977年9月5日，"旅行者"1号探测器在其姊妹航天器"旅行者"2号探测器发射之后升空。但是很快就到达了木星（1979年3月）和土星（1980年11月），因为它采取了更直接的航线。1979年，它提醒天文学家注意木星环，并在土星的另一个卫星土卫六（Titan）附近飞行。

2艘航天器于1989年开始离开太阳系，当时NASA称其航行为"旅行者"星际飞行任务（VIM）。在这个阶段，喷气推进实验室团队希望在太阳影响的范围内更多地了解太空。科学家们想要确定太阳风层顶的边界（太阳磁场的外缘），星际空间由此开始，其特点是太阳风速度从超声速下降至亚声速。

如无意外，"旅行者"号探测器的科学仪器在2020年之前将会充分发挥其作用。之后，项目工程师将逐步关闭这些仪器，从而节省电力，直到2025年，所有实验工作都将结束。除此之外，仅工程任务阶段可能会持续到2036年。

在升空大约40年后，"旅行者"1号探测器（距离地球最远的人造物体）已经飞行了大约127亿英里（204亿千米），而"旅行者"2号探测器飞行了约104亿英里（167亿千米）。在这些位置，"旅行者"1号探测器正在星际空间飞行，"旅行者"2号探测器正通过日光层（日光层的外层，因太阳风发生减速）继续前行。

像"先驱者"10号和11号探测器一样，这2艘"旅行者"号探测器在深入飞往银河系的过程中，都会向任何可能与其相遇的外星人致以问候。每个探测器都携带了一张12英寸厚的镀金留声机唱片，其内容由著名的20世纪天文学家和公众科学家卡尔·萨根（来自美国康奈尔大学）指导，与"先驱者"号探测器上面简单蚀刻的符号完全相同。这些较新的时间囊更加广泛地体现了人类在地球上的体验，内容样本不仅包含图像、音乐和口语，还包含各种声音：马车、黑猩猩、莫尔斯电码、人类笑声以及心跳声。

"伴侣"1号人造卫星

尽管太空竞赛最终笼罩着美国和苏联，但"伴侣"（Sputnik）1号人造卫星（第一个绕地球轨道运行的人造物体）在科学探讨的大氛围中启动，并没有受到政治的影响。发生于艾森豪威尔政府执政初期的一系列事件促使苏联开始研制卫星，当时国际科学联合会理事会宣布1957年至1958年为国际地球物理年。国际地球物理年组织者敦促感兴趣的政府继续开展他们的研究，不仅仅使用临时进入太空且可用的探测火箭有效载荷，而且还使用仍在轨道中飞行的航天器。当然，卫星需要强大的运载火箭，而且由于美国和苏联都采用先进的弹道导弹计划，因此他们看到了成功的前景并同意参与这项倡议。

从技术意义上讲，"伴侣"1号人造卫星计划在国际地球物理年倡议之前就开始了，当时由苏联航天计划的创始人米哈伊尔·吉洪拉沃夫及其在NⅡ-4军事研究所的同事开展此项研究。吉洪拉沃夫的团队在人造卫星领域开展前沿技术工作，"伴侣"1号人造卫星由此逐渐成形。

苏联政府于1956年1月正式批准接受国际地球物理年的挑战，并将1957年定为发射年。如最初设想的那样，"伴侣"1号人造卫星（当时称为"目标D"）重量为2205～3086磅（1000～1400千克），其中441～661磅（200～300千克）由科学载荷组成。但是在1956年重新思考后，任务规划者成功说服了谢尔盖·科罗廖夫——苏

"伴侣"号（PS-1）人造卫星

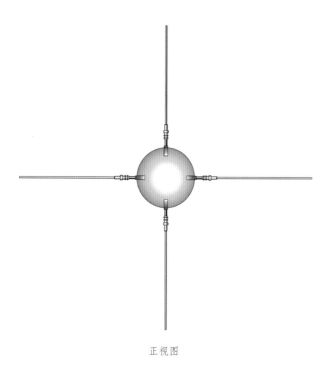

正视图

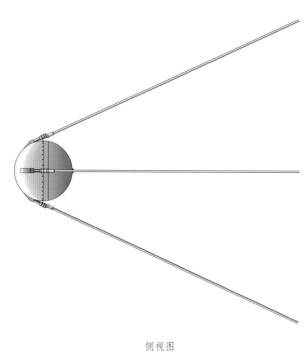

侧视图

联早期航天计划的杰出人物，也是吉洪拉沃夫的朋友，他们认为用于"目标D"卫星的复杂仪器无法按照国际地球物理年的短期计划准备。因此，任务规划者得到了退回至其他型号的指令：提供最简单的卫星。它的重量暴跌至176～220磅（80～100千克），这表明莫斯科做出了一个现实的选择：时间要求优于科学研究，国际地球物理年目标将在以后实现。

只有苏联这种中央集权国家才可能统一思想去追寻这个目标。相比之下，美国的政策制定者，特别是总统德怀特·艾森豪威尔倾向于首先确保高优先级军事项目的资源，因为在民用项目中使用弹道导弹会争夺有限的资源，因此，他们将国际地球物理年的任务资源和人才分配给了相互竞争的各个团队。

1957年10月4日，"伴侣"1号人造卫星搭乘R-7运载火箭从哈萨克斯坦秋拉塔姆的拜科努尔航天发射场升空。考虑到这个成就的重要性，苏联官方新闻机构公告似乎很低调，只是简单复述了这次飞行的细节。与此形成鲜明对比的是，西方媒体以醒目的标题报道了这一事件。《纽约时报》10月5日在头版头条用8列横幅标题刊登了一篇发自莫斯科的报道："苏联向太空发射了一颗地球卫星；这颗卫星以每小时18000英里的速度环绕地球运行；在北半球追踪到4次飞越美国上空"。传统保守的英国广播公司（BBC）在其最早的报道中提出，这次发射预示着一个充满焦虑的新时代的到来："这颗卫星的重量让一些美国专家推测发射它的火箭也可以携带一件核武器打击几千英里之外的目标。'伴侣'1号人造卫星预计每天7次飞越美国上空，这一事实引起了当地人的不安。"许多人观看了这一过程：全世界150个观测站的观测员看到它夜以继日地划过天空。此外，世界各地业余无线电操作者都在收听它的信号，频率分别为20.005兆赫和40.002兆赫，这个信号持续了3周。

当然，英国广播公司关于R-7火箭的假设经证明是正确的，但是"伴侣"1号人造卫星几乎没有威胁。它是一个直径近23英寸（58厘米）的抛光铝球，有4根伸出的天线，长度从8英尺～10英尺（2.4～2.9米）不等。这颗世界上第一颗卫星的重量仅为184磅（83.5千克），虽然很轻，但是包含一些科学仪器（放在装满氮气的增压密封太空舱内）。"伴侣"1号人造卫星收集了高层大气密度数据，它的发射器向电离层广播无线电信号。如果有任何流星撞击穿透航天器的外壳，它也有能力（通过温度波动）探测到这种撞击，下行遥测技术则用于收集卫星内外的温度信息。

1958 年 1 月 4 日，在 1440 次绕地飞行后，再入地球大气层时，"伴侣"号人造卫星解体。当然，由于科罗廖夫决定将国际地球物理年的最后期限置于所有其他考虑因素之上，其主要价值不在于科学研究，而在于其象征的政治意义。它引起了一些人对美国在科学技术方面领先地位的怀疑。但更重要的是，它在后殖民国家选择政治结构的过程中提出了一个问题，即美国或苏联是否提供了更有效的意识形态和政府模式。它引发了美国党派纷争，是 1958 年 10 月 1 日成立 NASA 的诱因，这个时间点也就是在"伴侣"1 号人造卫星发射一周年的前 3 天。

"伴侣" 2 号人造卫星

让西方观察者震惊的是，"伴侣"1 号人造卫星已经成功发射，但仅仅一个月后，"伴侣"2 号人造卫星的发射引发了更大的震动。"伴侣"1 号人造卫星让人吃惊，但是这颗卫星本身的科学价值有限（这一事实得到了苏联的承认，因为他们急于在国际地球物理年的比赛中夺魁）。另外，"伴侣"2 号人造卫星因符合当时所有标准（包括国际地球物理年标准）而大获成功。此外，它紧跟着"伴侣"1 号人造卫星的步伐，以至于没有人可以说苏联的成功是偶然的。

在"伴侣"1 号人造卫星研制过程中，苏联航天界许多人都意识到，在国际地球物理年卫星发射最后期限，1957 年没有为研制一个完全开展科学研究的航天器留下任何余地，然后以"目标 D"为代号的卫星研制只能留在绘图板上了。所以"伴侣"1 号人造卫星——被苏联设计师称为"简单卫星"——就这样代替了原来的卫星进入了轨道。这就提出了"伴侣"2 号人造卫星作用的问题。代号为"目标 D"的人造卫星仍然无法及时准备就绪，再发射另一颗"伴侣"1 号人造卫星的新闻标题也缺乏吸引力。谢尔盖·科罗廖夫找到了这个问题的突破口。他意识到，由于苏联总书记赫鲁晓夫希望能用第二颗苏联卫星来庆祝十月革命 40 周年，因此"伴侣"2 号人造卫星的决策就显得格外重要了。

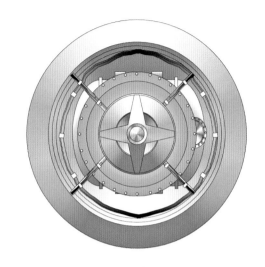

正视图

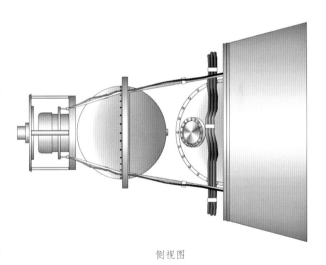

侧视图

0　　　　　1

米

科罗廖夫找到了过去困境的关键原因。在20世纪50年代早期，他和他的同事们曾经让狗搭乘弹道导弹执行高空飞行任务。1955年，科罗廖夫对这些经历进行了推测，并开始准备将一只狗送上飞行器进行环球飞行。

这个概念于1956年获得批准，其理由是将活体生物送入轨道的试验是用来证明人类航天安全的必要步骤。但直到1957年10月10日或是12日才开始实际推进这一项目，不到一个月就完成最终计划的制定，这显然满足了赫鲁晓夫的愿望。

在这样紧张的活动中，至少科罗廖夫团队并不需要担心火箭技术："伴侣"2号人造卫星由"伴侣"1号人造卫星中使用过的R-7火箭的改进版本送上太空。但其他一切都发生了根本性变化。与"伴侣"1号人造卫星这样一个直径23英寸（58厘米）、重量仅为184磅（83.5千克）的铝球相比，"伴侣"2号人造卫星看起来（和功能上）就像未来时代的产物。它高大的圆锥形设计高13英尺（4米）、底部长6.6英尺（2米）、重1121磅（508.5千克）。"伴侣"2号人造卫星拥有多个隔间，包括科学仪器、无线电发射器、编程单元和遥测系统，最重要的是，它还为四足动物乘客提供了有空气再生和温度控制功能的密封舱。此外，两个光谱仪还可以同来测量紫外线、X射线和宇宙射线的辐射。

"伴侣"1号人造卫星发射32天后，"伴侣"2号人造卫星于1957年11月3日从拜科努尔航天发射场升空。一旦进入轨道，小狗莱卡（俄语意思是"会吠叫的动物"，当时有10只候选犬类，部分是哈士奇犬，还有部分是小猎犬，从中挑选出了这只性情温顺的狗）可以坐着或站

着，可以获得糊化的食物和水，但必须用链子拴上，并系上安全带。用电极监测它的心率和其他身体功能。根据生物特征遥测技术，它在这次成功的发射过程中幸存了下来。当时苏联媒体报道说，小狗莱卡存活了7天，尽管它的生命体征在地球轨道上三圈显得正常，但座舱内的高温（由于缺少隔热措施）可能在一两天内就结束了它的生命。不管实际情况如何，任务规划人员都知道它再也无法活着返回大气层了。

"伴侣"2号人造卫星继续绕地球轨道运行，直至1958年4月14日它在大气层中燃烧殆尽，此时美国已发射了"探险者"1号卫星和"先锋"1号人造卫星（分别于1958年1月31日和3月17日发射），以此回应苏联"伴侣"2号人造卫星取得的成功。

"伴侣"3号人造卫星

随着1958年春天"伴侣"3号人造卫星的发射，其主要推动者谢尔盖·科罗廖夫终于实现了苏联为响应国际地球物理年轨道飞行的呼吁而打造完整的科学卫星这一计划。由于时间紧迫，科罗廖夫别无选择，只能推迟"伴侣"3号人造卫星的升空时间，因为它具有先进的科学研究载荷和遥测技术。然而，"伴侣"1号和2号人造卫星却成为苏联在太空竞赛早期阶段成就的代表。

科罗廖夫将"伴侣"3号人造卫星与R-7火箭搭配使用，这款运载火箭是在"伴侣"1号和2号人造卫星使用的运载火箭版本的基础上修改而来。与1956年代号为"目标D"人造卫星的初步建造计划相比，"伴侣"3号人造卫星更加雄心勃勃，它搭载了一个自动化的科学实验室、两个宇宙射线探测器，以及12个科学测量仪器，可以测量陨石活动、太阳辐射、电磁场、电荷、正离子浓度，以及电离层的组成和压力。

不幸的是，"目标D"人造卫星的创建者必须等待一段时间才能实现他们的目标。1958年4月27日，R-7运载火箭搭载"伴侣"3号人造卫星从哈萨克斯坦秋拉塔姆的拜科努尔发射场升空，并且在最初的一分半钟内，一切看起来都很正常。但就在那一刻，火箭结构解体，变成燃烧的碎片坠落。科罗廖夫告诉莫斯科，在90秒时，火箭剧烈震动导致任务失败。他下令，下一次发射时R-7火箭发动机需要在第85秒开始减速。与此同时，安全人员没

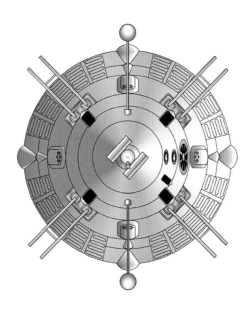

正视图

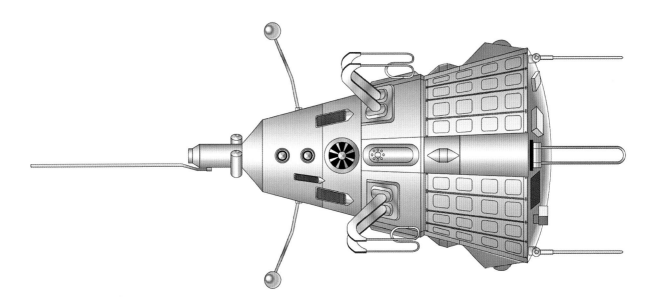

侧视图

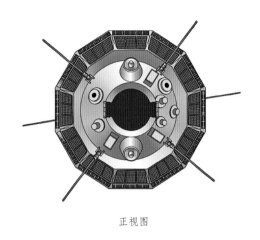

正视图

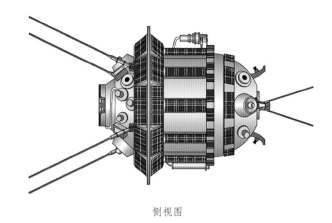

侧视图

米

收了这次发射过程的所有录音，这一事故几十年来一直没有公开报道过。

1958年5月15日的第二次尝试终于带来了好消息，当时"伴侣"3号人造卫星顺利入轨。它的大多数仪器运行超过两周（尽管如此，飞行任务携带的录音机失效了）。1960年4月6日，"伴侣"3号人造卫星再次进入大气层时，它在高空停留了692天，这比预计时间长两倍。

1958年8月，科罗廖夫向"目标D"人造卫星的全体工作人员简要介绍了探测结果。科罗廖夫告诉他们，"伴侣"3号人造卫星的成功预示着苏联会开始一系列更为大胆的冒险，包括月球探测和载人绕月飞行。他说，"伴侣"3号人造卫星获得了大量科学信息，但是存在一定的局限性。它探测到了地球的外辐射带，并发回了有关高层大气成分、流星粒子、磁场和静电场、宇宙射线中的重核、宇宙射线中的光子以及带电粒子成分等详细信息。然而，由于录音机不幸发生故障，"伴侣"3号人造卫星只能实时返回数据，因此，只有当航天器飞越苏联上空时，苏联跟踪站才能收集数据。

"伴侣"2号人造卫星的外形与"伴侣"1号人造卫星不同，同样，"伴侣"3号人造卫星与前两者几乎没有任

何相似之处。"伴侣"3号人造卫星比"伴侣"1号人造卫星重16倍，是"伴侣"2号人造卫星重量的2.5倍，"伴侣"3号人造卫星携带的有效载荷质量是苏联和美国5个轨道航天器载荷总数的两倍。"伴侣"3号人造卫星也是那时最大的卫星。它看起来很有未来感，这不是偶然的，更像是一个太空舱而不是一个探测器。它长约12英尺（3.6米），直径近5.6英尺（1.7米），重约2926磅（1327千克）。

"伴侣"3号人造卫星使得苏联在航天领域遥遥领先于美国。尽管继苏联发射了"伴侣"2号人造卫星之后，美国也进行了数次航天器发射（"探险者"1号卫星、"先锋"1号卫星、"探险者"3号卫星），但在同一时期（1957年12月6日至1958年4月29日），美国也经历了四次失败（三次"先锋"号卫星和一次"探险者"2号卫星发射失败）。虽然"探险者"3号卫星证明了范·艾伦辐射带的存在，但是其重量只有31磅（14.1千克），与巨型"伴侣"3号人造卫星精心设计的有效科学载荷相比望尘莫及。

"月球"3号探测器

与此同时，苏联航天部门高层除了继续发展"伴侣"号人造卫星之外，他们还计划开展月球探测。苏联早在

1958 年 9 月就试图抵达月球，然后在 10 月继续尝试，12 月再次试图登月，但是都没有取得成功。最后，在 1959 年 1 月 2 日，他们发射了"月球"1 号探测器，这是有史以来第一个到达地球轨道之外的航天器。只有"伴侣"1 号、2 号和 3 号人造卫星先于"月球（Luna）"1 号探测器进入太空。苏联月球探测器首次发射升空差不多三年之后，美国才第一次发射"徘徊者"1 号月球探测器。

但是"月球"1 号探测器并没有按计划运行。根据设计方案，它最终会撞向月球，但是实际情况恰恰相反，在转向进入一个环绕太阳的轨道之前，它离月球表面只有不到 3.7 英里（5.95 千米）。"月球"2 号探测器是第二个撞击月球的航天器，其运行情况要好得多。它于 1959 年 9 月 12 日发射升空，最后坠入"澄海"，成为第一个降落在另一个行星体上的航天器。

"月球"3 号探测器于 1959 年 10 月 4 日从拜科努尔航天发射场升空，经证明这就是莫斯科急需的最佳之选。它小巧而简单，长 4.26 英尺（1.3 米），最大直径 3.9 英尺（1.2 米），重 614 磅（278.5 千克）。其中部有一个宽大的罐状物体，两端设有两个浅半球结构。"月球"3 号探测器外部装有若干微流星体和宇宙射线探测器，内部装有叶尼塞（Yenisey）2 型照相机、胶片处理设备、无线电、电池、陀螺仪、推进系统和其他传动装置。

"月球"3 号探测器沿着一条环形航线前往目标。它的地面控制人员首先将它设置在一个椭圆形地球轨道上。当它从月球后面经过开始返回地球时，月球重力改变了它的轨迹，因此，在不需要进行中段修正的情况下，"月球"3 号探测器就进入了月球轨道。这种机动代表了航天器首次使用重力助推。在围绕月球飞行时，"月球"3 号探测器在靠近月球南极时离月球 3853 英里（6200 千米）。然后，它飞回到远月点，太阳光触发了其携带的相机，相机工作了 40 分钟，拍摄了 29 张照片，覆盖了月球表面的 70%。在返航途中，航天器传输了 17 张颗粒感很强但可以看懂的照片，包括远半球的复合视图和两个大型月海的照片，随后命名为"莫斯科海"（Moscovrae）和"梦之海"（Sea of Dreams）。

"月球"3 号探测器是苏联众多长寿命航天器系列中的首个代表：事实上，"月球"号探测器家族的发射任务从 1959 年一直持续到 1976 年。尽管该系列中一些探测器发

射失败了，但是它的探测任务仍在继续，并且"月球"号探测器为人类对地球邻居的了解做出了历史性的贡献。

"月球"4 号 ~ 9 号探测器

在"月球"3 号探测器取得成功之后，苏联通过重新设计月球探测器进行软着陆，进入了探月计划的一个新阶段。美国情报机构认为，这些任务预示着苏联将尝试实施载人登月甚至是建立永久性月球基地。为了实现这些目标，苏联著名航天设计师谢尔盖·科罗廖夫一心一意赶超美国航天技术，力图尽快将人类送上月球表面。

但是，科罗廖夫的工程师们沮丧地发现，"月球"3 号探测器是长期以来取得的最后一次成功。事实上，经过一系列令人难以置信的厄运之后，从 1960 年 4 月到 1965 年 12 月的 13 次月球任务中，没有一次取得成功。其中 5 起事故是由于航天器造成的：1963 年 4 月发射的"月球"4 号探测器在错过航线修正时飞越月球；"月球"5 号探测器在 1965 年 5 月未能减速并撞上了月球；"月球"6 号探测器也遇到了航线修正问题并于 1965 年 6 月绕过了月球；"月球"7 号探测器姿态控制失灵并于 1965 年 10 月坠毁；而且，在 1965 年 12 月，"月球"8 号探测器遭到了与"月球"7 号探测器相同的命运。同样令人失望的是，在同一时间段内，先后 8 次发射失败，当时"月球"号火箭助推器、"闪电"号（Molniya）火箭助推器、"闪电"号 M 型火箭助推器和"闪电"号 L 型火箭助推器要么没有将有效载荷送上太空，要么就是将它们搁置在低地轨道上了。

在遥远的行星体上让航天器毫发无损地着陆技术难度过大，这就是失败的原因。事实上，发射的这些探测器在尺寸、重量、设计和复杂性方面与"月球"3 号探测器大相径庭。"月球"4 号 ~9 号探测器长约 9 英尺（2.7 米），重 3391 磅（1538 千克）——比"月球"3 号探测器长 2 倍，重 5 倍。新型号看起来不像"月球"3 号探测器的圆柱体形状，而是类似于没有触须的章鱼，其顶部的球形着陆器连接到稍微狭窄的中部，最后固定到底部的倒锥形结构。着陆器内部科学组件包括一个轻巧的全景相机（安装在可以 360° 摄影覆盖的镜头上）和一个辐射探测器。

经过众多试错之后，"月球"9 号探测器被证明是苏联登月计划的救星。它于 1966 年 1 月 31 日在哈萨克斯坦拜科努尔航天发射场升空，并于 1966 年 2 月 3 日抵达月球。

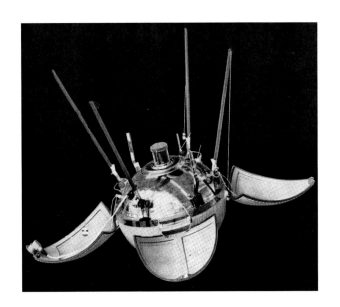

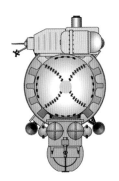

正视图

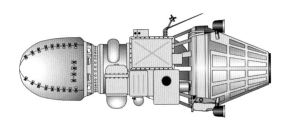

顶视图

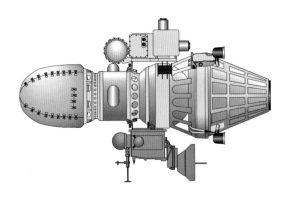

侧视图

在离月球表面约 16 英尺（5 米）的地方，航天器将着陆器弹出，着陆器在地面弹跳了几次后在"暴风洋"中停了下来。大约 4 小时后，着陆器 4 个像叶片一样的部件组成的外壳向外张开，直到它们接触到月球表面，为内部仪器提供稳定支撑。总而言之，"月球"9号探测器相机拍摄了 4 幅全景照片，显示了在前方和大约 4600 英尺（1.4 千米）远处地平线上的岩石。它还返回了辐射数据。经过 3 天运行，航天器电池失效，任务结束。

尽管多年来命运多舛，"月球"9号探测器仍然击败了其竞争对手"勘测者"号探测器，大约 4 个月后成为第一个安全降落在地球以外天体上的航天器。但美国人至少挽回了部分胜利；NASA 声称其航天器首次进行了受控软着陆，并强调"勘测者"号探测器的首次飞行大获成功。

"月球"15 号、16 号、18 号和 20 号探测器

1969 年，尽管苏联航天局未能抢在美国"阿波罗"号载人飞船登月之前到达月球，但两个超级大国之间的竞争并没有立即缓和。在"阿波罗"11 号载人飞船团队为首次月球行走制定计划时，苏联工程师已经准备好了第三代月球航天器，其作用与"阿波罗"号载人飞船相似。在苏联的登月计划中，有三种不同类型的航天器，每种航天器都有特定的任务。"月球"3号探测器代表第一阶段，其特点是轨道观测和故意坠毁着陆；"月球"9号探测器代表第二阶段，在月球表面实现软着陆；"月球"15 号探测器预

"月球"16号（Ye-8-5）探测器

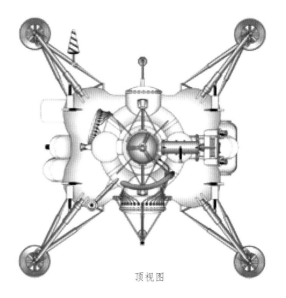

顶视图

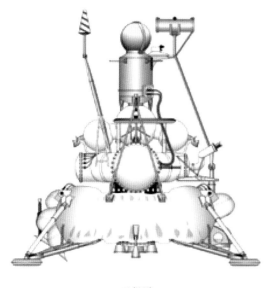

正视图

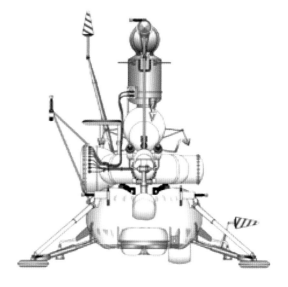

侧视图

米

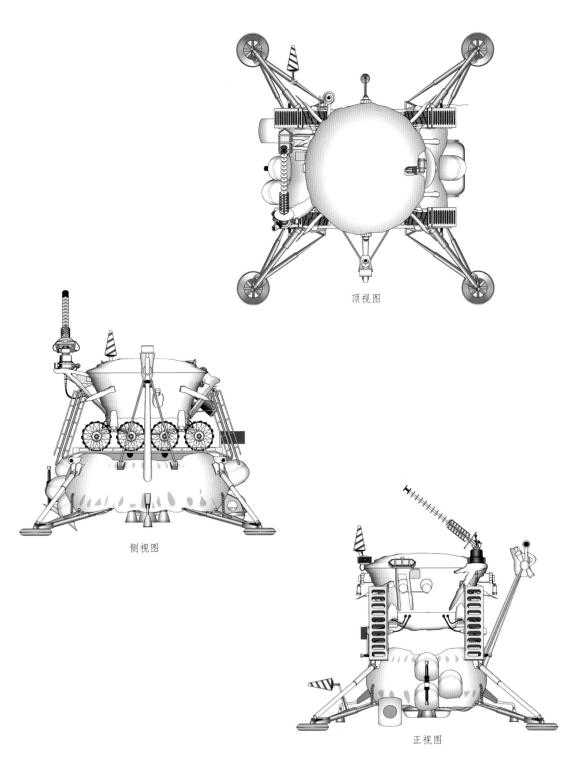

顶视图

侧视图

正视图

示着一个新时代，苏联航天器成功采集了月球土壤样本并将其运回地球。因此，从本质上讲，"月球"15号、16号、18号和20号探测器试图用机器人方式完成美国宇航员尼尔·阿姆斯特朗和巴兹·奥尔德林手动完成的任务。

从"月球"15号探测器开始，这个经久耐用的航天器系列的物理特性再次发生彻底改变。这个新型航天器看起来就像一个由管子和燃料储箱组成的庞大金字塔，支撑在四条张开的腿上。它实际上包括两个附加舱段，分别是上方的上升舱段和下方的返回舱段。返回舱段包括一个携带燃料储箱的圆柱体，一个着陆雷达和一个主着陆发动机系统（使"月球"号探测器减速直至达到截止点，此时推力喷射器在着陆前实现最终减速）。返回舱段还携带辐射和温度监测器、通信设备、电视摄像机，以及对任务最重要的可扩展臂，它配备了用来收集土壤样本的钻头。上升舱段也是一个圆柱体结构，但体积较小且有一个球体顶部，在再入舱内装有一个密封的土壤样品容器，配备用于再入大气层的降落伞。所有这些零部件构成了一个沉重的航天器。"月球"15号探测器重12556磅（5700千克）；"月球"16号、12号探测器重12626磅（5727千克）；而"月球"18号和20号探测器每个重12346磅（5600千克）。所有这些航天器都由强大的"质子"号K/D系列运载火箭送上太空。

苏联人希望赶在"阿波罗"11号载人飞船有机会执行其中一项主要任务（收集和返回月球样本）之前让"月球"15号探测器在月球表面着陆并返回地球。看起来他们有可能会取得成功。"月球"15号探测器于7月13日发射，比"阿波罗"11号载人飞船早三天发射，并于7月17日进入月球轨道。它继续环绕月球飞行（根据与NASA的协议，避免双方无线电频率相互干扰），"阿波罗"11号载人飞船则于7月20日在月球登陆。在尼尔·阿姆斯特朗和巴兹·奥尔德林计划离开月球表面并开始返航的2小时前，"月球"15号探测器朝着月球"危海"（Sea of Crises）下降。但它却不幸坠毁了，任务随之结束。

苏联航天局没有就此退缩，而是在1970年9月12日将"月球"16号探测器送向月球，并于20日启动其下降发动机。它安全着陆后，地面控制人员启动了自动钻机，它可以穿透大约12英寸（约30厘米）的岩石。这台钻机将大约3.5盎司（100克）未经处理的月球土壤装入上升

级顶部的一个装载舱口，地面控制人员随后对舱口进行了密封。在月球表面待了26小时后，上升级起飞，重新进入地球大气层，9月24日，哈萨克斯坦的一个回收小组回收了土壤样本容器。之后苏联又做了一次尝试，于1971年9月2日发射了"月球"18号探测器，但在它开始降落后不久，通信就中断了，可能是因为坠毁了。苏联人后来又取得了另一项成功：1972年2月14日，"月球"16号探测器前往月球，安全降落在月球"沃海"区域，并使用改进后的钻头从4至6英寸（10至15厘米）深的坚硬岩石中提取了1盎司（30克）的月球土壤。返回地球后，一个团队冒着暴风雪在哈萨克斯坦一个岛上发现了这个太空舱。专家们鉴定后认为，"月球"16号探测器带回的月球土壤样本年龄在30亿至50亿年，"月球"20号探测器带回的月球土壤样本年龄鉴定为在10亿年左右。

当"月球"24号探测器于1976年8月9日进入太空时，苏联的月球探测计划终于结束了，这已经是苏联首次登月（不成功）后的第18个年头了。"月球"24号探测器圆满结束，第三次成功地将月球土壤送回地球。因此，尽管美国人还在享受着"阿波罗"11号、12号、14号、15号、16号和17号载人飞船登月成功所带来的巨大喜悦感，但是，苏联在20世纪50至70年代完成了长期、系统的无人月球探测，不仅包括"月球"号系列探测器，而且还在1970年11月和1973年1月，利用两辆月球车（Lunokhod Rovers）完成了两次月球探测。

"金星"9号～12号探测器

太空时代初期，在美国和苏联争夺太空霸主的冲突中，一场看似巨大的竞赛被割裂成一系列狭小而激烈的比赛。双方关注的是谁发射第一颗卫星，谁将成为环绕地球轨道飞行的第一个人？谁是登上月球的第一人？谁将发射第一个空间站？

在这些举世瞩目的竞争中，一个不太受关注的竞争领域很早就成形并持续了多年。它包括前往太阳系进行探测。NASA利用"水手"项目（Project Mariner，1961至1975年）开始行星研究，这个项目主要关注火星，但并不完全关注火星。但是，当美国人重点关注这颗红色行星时，苏联人却把大部分注意力集中在金星和一个名为"金

星"号（Venera，俄文称为"维纳斯"（Venus））的航天器上了。尽管金星气候恶劣，平均气温为864华氏度，二氧化硫云团从地表上升到37英里（60千米），厚厚的大气层就像一团浓烟，但是，苏联航天局在金星上取得的成就实际上比在火星上取得的成就要更大。从苏联的观点来看，尽管火星提供了一个更凉爽、密度更低的环境，但金星有两个关键优势：它能够避免与NASA开展成本昂贵的争斗，也减少了飞行所需的时间（金星最近点离地球2400万英里，而火星最近点离地球3400万英里）。

因此，苏联人意识到，与其直接和NASA展开火星任务竞争，还不如将注意力集中在金星上。他们组织了自己的"金星"探测器项目，但是，就像组织其他大型航天项目一样，随着长期投入金钱和时间，不可避免地会发生各种意外事故。事实上，对金星的连续11次尝试（从1961年2月到1965年11月）都未能实现苏联航天局的目标。当1966年3月1日航天器（故意）坠毁时，苏联只有"金星"3号探测器取得成功。然后，接下来好消息以更快的节奏接二连三地传来了：1967年"金星"4号探测器、1969年"金星"5号探测器和"金星"6号探测器均取得成功。它们都在撞击这颗行星之前发回了数据。 最后，1970年12月15日，"金星"7号探测器实现受控着陆（但过程很艰难），这是人类有史以来第一次实现行星着陆，但是数据传输微弱，这种情况持续了23分钟。"金星"8号探测器随后于1972年7月22日发射升空，并从金星表面持续发送了50分钟的信号。"金星"9号探测器预示着苏联进入行星探测的一个新时代。"金星"8号探测

器，是苏联设计的一个相对简单的航天器，它包括一个圆柱体形状的主要部分，内部容纳动力系统、引导、遥测系统和推进发动机，其顶部是一个球形返回舱。注入燃料后，"金星"8号探测器重达2600磅（1179千克），高度仅为6.5英尺（2米），直径为3.3英尺（1米）。与早期"金星"探测器相比，拉沃契金设计局（NPO Lavochkin）在开发"金星"9号探测器时开辟了一个新天地。奇怪的是，它类似于18世纪的气球和缆车。一个大的球形返回舱（或着陆器）位于顶部位置，在一个中间细长的轨道舱上保持平衡状态，而轨道舱又固定在一个仪器外壳上。项目工程师将两个大型太阳能电池板（每个宽约22英尺，长约6.7米）安装在轨道舱两侧。整个航天器在发射时重达10800磅（4899千克），长18.7英尺（5.7米）。由推力强劲的"质子"号作为它的运载火箭。

在执行"金星"9号探测器至"金星"12号探测器任务期间（所有这些探测器都遵循相同的基本设计），当航天器接近金星时，轨道器与着陆器分离。当轨道器开始环绕行星飞行时，返回舱从大气层坠落，在此期间一个降落伞打开，接着设计用于推开着陆器圆形外壳上半部分的另一个降落伞也打开了。然后第三和第四个降落伞打开，让球体的下半部分分离，并将外部的仪器包降落到金星表面上。着陆器包含8台仪器，分别用于扫描地形（使用全景成像系统）、检测土壤中的放射性元素（使用多通道伽马光谱仪），并测量进入金星大气层的重力（使用加速度计）。与此同时，当轨道器围绕金星飞行时，它激活了仪器套件，其中包括成像系统、紫外探测器（对云层进行采样）和离子/电子传感器。

"金星"9号探测器于6月8日升空，其返回舱于1975年10月22日降落在金星上。首先，黑白相机拍摄了全景照片。然后，在53分钟内，数据源源不断地发回航天飞机并返回地球，显示地面零点温度为725华氏度（385摄氏度），压力为90个大气压。后续航天器——"金星"10号探测器于1975年10月25日在金星表面着陆，这颗探测器于6月14日发射升空，仅在"金星"9号探测器升空6天后发射。它拍摄的照片比"金星"9号探测器提供的照片更加清晰，显示出一片完全平坦的沙漠，远处散落着巨石。密度传感器确定返回舱所在的岩石与地球上的玄武岩

相似。数据传输在 65 分钟后结束。1978 年 9 月 9 日和 14 日发射的"金星"11 号探测器和"金星"12 号探测器分别于 12 月 25 日和 12 月 21 日着陆。两个飞行器都没有发回照片（因为它们的相机镜头盖未能打开），但它们都做了详细的大气观测，证实碳酸和氮是主要成分，而金星云则由硫酸液滴组成。

1983 年 10 月，"金星"15 号和 16 号探测器最后抵达金星。这些探测器仅包含轨道器，它们研究了这颗行星的表面长达 8 个月，绘制了 25% 的行星表面地图。至此，这两个超级大国在探测金星和火星方面的激烈竞争开始缓和；1985 年中期，苏联和美国地质学家联手解译了"金星"16 号探测器发回的图像。

"金星"9 号（4V-1，660 号）探测器
着陆前构型

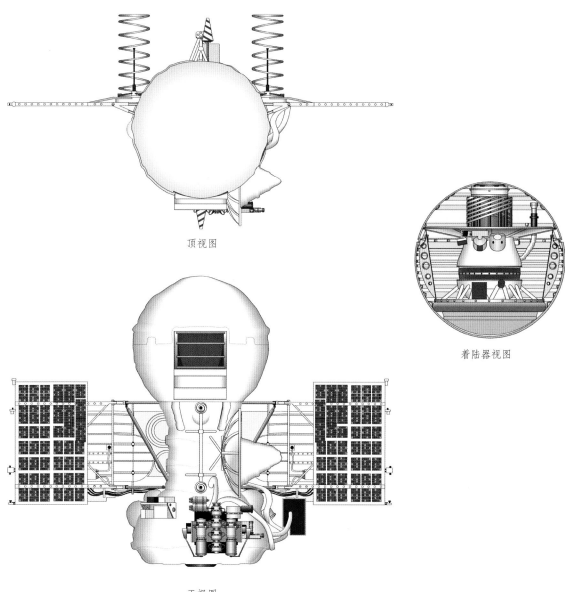

顶视图

着陆器视图

正视图

0 1 2
米

2

第二个太空时代

1977—1997 年

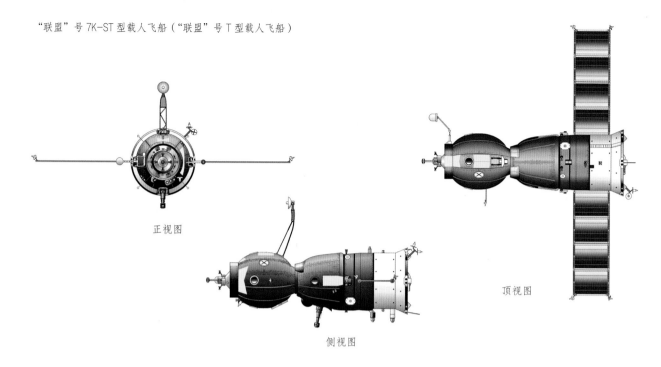

正视图

顶视图

侧视图

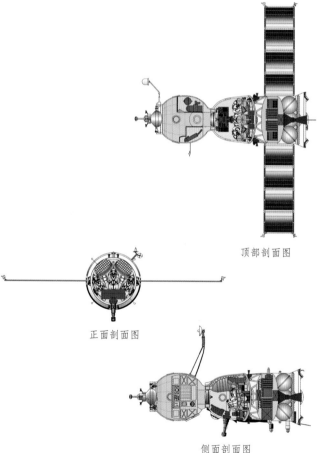

顶部剖面图

正面剖面图

侧面剖面图

0 1 2 3 4 5
米

太空舱

"联盟"号 7K-ST 型载人飞船

　　从 20 世纪 60 至 80 年代,"联盟"号载人飞船的发展系列一直使用 7K-ST 型号,该型号沿用苏联传统的慎重、渐进式改进模式而非激进或革命性的设计。和其他"联盟"号载人飞船一样,它源于科罗廖夫创立的第一特别设计局。20 世纪 60 年代后期,在科罗廖夫过世后,第一特别设计局提议建设一个军用空间站,以及一个称为 7K-S 的双座宇航员运输舱(S 代表特殊用途,意为军用项目)。该空间站以标准的"联盟"号 7K-OK 型载人飞船为基础,涉及一些重大改进,例如能够让苏联宇航员在"联盟"号载人飞船内部通行的内部对接系统。之前的"联盟"号载人飞船系统依靠太空行走来实现苏联宇航员的转移。

　　这些方案要求 7K-S 运输舱不仅具备长期和短期的衍生型号("长期"是指用于空间站运输任务;"短期"是指用于特殊单独任务),还要求开发一款被称为 7K-G 的货运飞船。然而,经过两年的研发(1968 至 1970 年),当苏联军方对空间站项目失去兴趣时,7K-S 项目也饱受诟病。1974 年,苏军最终放弃了 7K-S 项目。但由于其相对"联盟"号 7K-OK 和 7K-T 型载人飞船的预期优势,7K-S 项目继续存在,且科罗廖夫设计局的工程师继续对它加以改

"联盟"号 7K-STM 载人飞船（"联盟"号 TM 型载人飞船）

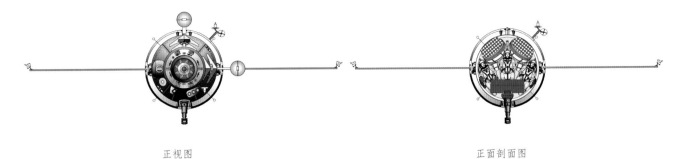

正视图

正面剖面图

侧视图

侧面剖面图

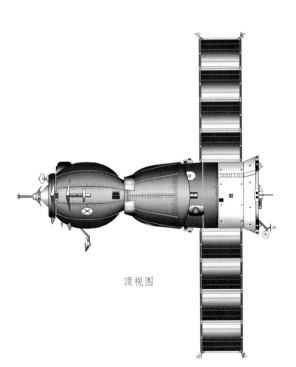

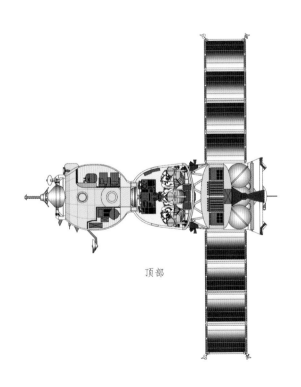

顶视图

顶部

0 1 2 3 4 5

米

正视图

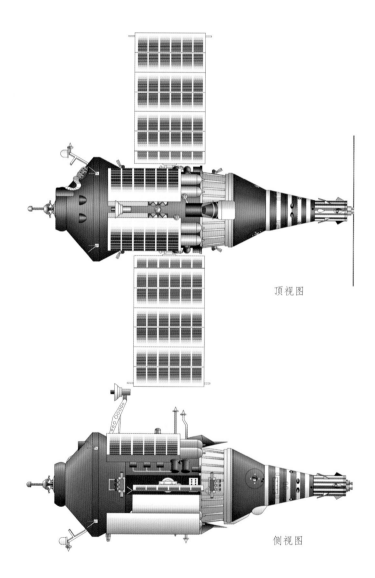

顶视图

侧视图

米

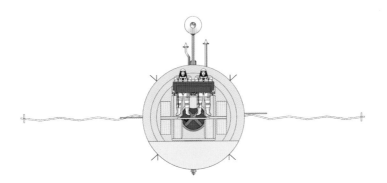

正面剖面图

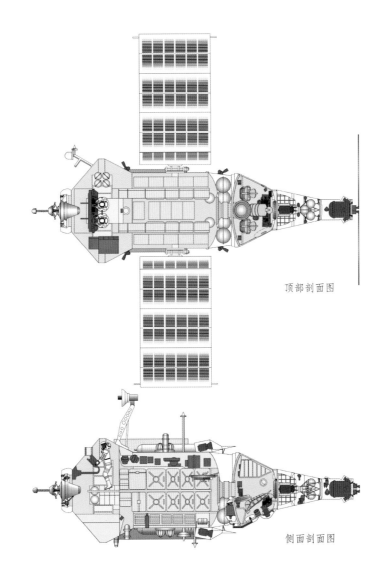

顶部剖面图

侧面剖面图

进。他们取消了其独立飞行的能力，增加了新的太阳能电池板，并做了其他改动。

改进后的 7K-S 方案最终在 1975 年通过验收并计划用于民用目的，从 1974 年到 1976 年，3 艘无人操纵载人飞船进行了飞行测试。苏联航天局对其性能表示满意，将其重新命名为"联盟"号 7K-ST 型载人飞船，并将其添加到现役名册中。7K-ST 型载人飞船是一种巨型航天器，重达 15100 磅（6850 千克），长 24.54 英尺（7.48 米），宽 34.7 英尺（10.6 米）。自 20 世纪 60 年代中期第一艘"联盟"号载人飞船问世以来，尽管已经过去了很长一段时间，但是它的三段式设计（前部居住舱、中间返回舱、尾部服务舱）依然类似于最早的太空舱型号。

作为在空间站之间飞行的运输舱，7K-ST 型载人飞船成为苏联航天计划的支柱。它执行了从 1978 年 4 月开始的第一次任务（被命名为"宇宙 1001"任务）到 1986 年 3 月的最后一次任务。

它可以容纳 3 名苏联宇航员，成为第一艘配备机载数字计算机的苏联载人航天器。它发射了 18 次，只有 1 次未能入轨，并在其 15 次任务中运送苏联宇航员到达"礼炮"6 号和 7 号空间站。在这些飞行中，苏联航天局经常将 7K-ST 型载人飞船简称为"联盟"号 T 型载人飞船（T 表示运输）。"联盟"号 T 型载人飞船后来经过改进后称为"联盟"号 TM 型载人飞船，为"和平"号空间站和国际空间站提供服务。

"联盟"号 TM 型载人飞船（7K-STM）

由于受到来自美国新任总统罗纳德·里根强硬的冷战言论的压力（他执掌的美国政府于 1983 年出台"战略防御计划"，并于次年批准建立美国空间站，这些举动强化了这种压力），苏联政治领导人指示苏联航天局起草接替"礼炮"号空间站的计划。由此产生的"和平"号空间站于 1986 年入轨。

为了完善"和平"号空间站，能源火箭设计局的工程师们考虑如何将苏联宇航员往返运送到新的太空住所。他们以苏联航天局特有的方式应对这个问题，那就是基于二十多年的经验，提供一种稳固和渐进式的解决方案；也就是说，他们虽然对"联盟"号载人飞船有所改进，但是没有从根本上改变"联盟"号载人飞船的设计方案。"和平"号空间站使用的运载工具与 20 世纪 60 年代的"联盟"号 7K-OK 载人飞船之间有着明显的结构性联系：该航天器由三部分组成，前部为一个球形轨道舱，中部为一个钟形返回舱，后部为一个圆柱形服务舱。苏联能源火箭设计局的工程师们利用最新的运输飞船（"联盟"号 7K-ST 型载人飞船）作为基本型号，于 1981 年提出了改进和现代化改造方案，包括升级航电设备，优化通信设施，为主体结构采用更耐用的金属材料、更轻的隔热材料、新的组合发动机装置，以及安装 Kurs 交会对接系统，这样可以减轻重量并使新型航天器能够独立于空间站进行操纵。由于 Kurs 系统减轻了重量，也有助于这个型号的载人飞船具有更大的有效载荷。

这个庞大的航天器被称为"联盟"号 TM 型载人飞船（也称为"联盟"号 7K-STM 型载人飞船），重达 15980 磅（7250 千克），长 24.54 英尺（7.48 米），宽 34.7 英尺（10.60 米）。它只进行了一次试飞：1986 年 5 月 23 日，一艘未载人的"联盟"号 TM 型载人飞船与"和平"号空间站对接在一起，并在 6 天后分离。在此期间，它既以独立飞行方式也以空间站的组成部分进行了测试。"联盟"号 TM 型载人飞船于 1987 年 2 月和 2002 年 4 月分别执行了首次和最后一次任务。在超过 15 年的服役期间，它在往返"礼炮"7 号空间站、"和平"号空间站和国际空间站的过程中共计执行了 34 次任务。在第 34 次任务中，"联盟"号 TM 型载人飞船（也就是改进后称为"联盟"号 TMA 型载人飞船）没有离开空间站，而是留在那里，与"曙光"号功能舱的左舷最低点对接，在 21 世纪作为国际空间站的救生船停留在那里。

运输补给飞船（TKS）

苏联航天器设计师一次又一次改进他们的作品来适应不断变化的环境。TKS（"运输补给航天器"的俄语缩写）就是这种偏好的缩影。运输补给飞船源于 1965 年首席设计师弗拉基米尔·切洛梅的设计局，它是第一特别设计局的主要竞争对手。在十年前的早些时候，切洛梅的团队研发了著名的"质子"火箭，但是他们的 LK-1 载人月球轨道探测器输给了科罗廖夫的"联盟"号 7K-L1 载人飞船。科罗廖夫于 1966 年去世后，切洛梅取得了更大的成功，其运输补给飞船方案最终获得批准。

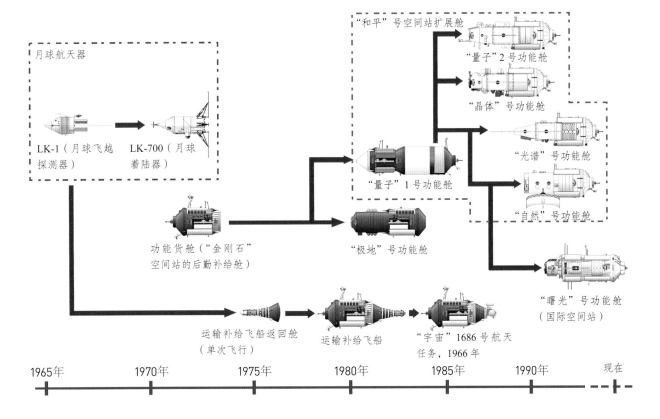

月球航天器

LK-1（月球飞越探测器） → LK-700（月球着陆器）

功能货舱（"金刚石"空间站的后勤补给舱）

"极地"号功能舱

"量子"1号功能舱

"和平"号空间站扩展舱

"量子"2号功能舱

"晶体"号功能舱

"光谱"号功能舱

"自然"号功能舱

"曙光"号功能舱（国际空间站）

运输补给飞船返回舱（单次飞行）

运输补给飞船

"宇宙"1686号航天任务，1966年

1965年　1970年　1975年　1980年　1985年　1990年　现在

与 LK-1 月球轨道探测器不同，运输补给飞船用于充当往返"金刚石"军用空间站的运输舱。但与"联盟"号载人飞船甚至与"阿波罗"号载人飞船的太空舱相比，运输补给飞船提供了一种巧妙的设计，将两个航天器合二为一。在发射过程中，它包含一个前部返回舱（VA，俄语首字母缩略词），看上去像一个加长版的"阿波罗"号载人飞船太空舱，用于在发射和重返大气层时运送宇航员；它通过一个短通道与后端的圆柱形功能货舱（FGB）相连。返回舱配备了自己的反应控制装置、离轨制动发动机、降落伞和软着陆发动机。功能货舱的大型加压储物室为空间站提供再补给，并且还为组合的运输补给飞船运送对接硬件和机动发动机。在这个表现出良好适应性的装置中，设计返回舱的工程师们从切洛梅已不再使用的 LK-1 月球探测器设计中获得了灵感。

运输补给飞船每个对接的太空舱都可以相互独立的运行，搭载三人机组或自主运行（完全没有宇航员）。返回舱可以自主运行长达 31 小时，而功能货舱可以作为不载人的货物太空舱飞行。作为一个整体，运输补给飞船看

起来非常壮观。它长 43.3 英尺（13.2 米），直径 13.6 英尺（4.15 米），它的太阳能电池帆板宽 55 英尺（17 米）。运输补给飞船提供 1589 立方英尺（45 立方米）的可居住空间，重 38600 磅（17510 千克），可携带 27700 磅（12600 千克）有效载荷。

尽管前景广阔，但运输补给飞船只进行了四次试飞，且没有苏联宇航员操纵过它。这些试验分散在 8 年时间中开展。第一次任务在 1977 年 7 月发射，代号为"宇宙"929 号，运输补给飞船进行了单独试飞，没有试图与空间站对接。然后，在 1981 年 4 月，"宇宙"1267 号任务将运输补给飞船送到"礼炮"6 号空间站，其功能货舱与空间站对接，在此之前返回舱分离并离轨（在这次任务中，功能货舱在离开"礼炮"空间站后完成了 57 天的自主飞行，证明了它在太空中的价值）。运输补给飞船与苏联空间站第一次完整对接发生在 1983 年 3 月"宇宙"1443 号任务中，它与"礼炮"7 号空间站对接在一起，之后返回舱自主飞行了 4 天。最后，1985 年 9 月，在执行"宇宙"1686 号任务升空后，运输补给飞船与"礼炮"7 号空间站对接，但

这次有一个明确目的，那就是拆除返回舱的座椅和载人控制装置，装载各种仪器到空间站，这些仪器包括一台臭氧光谱仪，一台高分辨率照相设备和一个红外望远镜。

尽管其飞行生涯有限，运输补给飞船仍以许多其他表现形式存在；没有比运输补给飞船更好的范例可以证明苏联人在吸收现有设计优点方面的才华了。"和平"号空间站将其技术纳入"量子"1号（Kvant-1）、"量子"2号、"晶体"（Kristall）号、"光谱"（Spektr）号和"自然"（Priroda）号功能舱中，国际空间站的"曙光"（Zarya）号和多用途实验室的设计也源于运输补给飞船。

空天飞机
太空运输系统

NASA 的太空运输系统（例如国际空间站和"哈勃"太空望远镜）在问世之前都经历了漫长而复杂的酝酿过程。关于太空运输系统的讨论始于 20 世纪 60 年代初，当时来自航空界和政府的一群工程师考虑采用一种新的方式进入太空，而无须使用像"土星"5 号这种大型的一次性运载火箭。他们预计一旦"阿波罗"号载人飞船停止使用后所获得的预算会减少，故而寻找其他方案代替当时极其昂贵的太空飞行方法。正当这些人考虑此事时，航空界出现了一种类似的情况：正如美国联合航空公司和美国航空公司对飞机进行初期投资并经过多年定期保养和维修一样，可重复使用的火箭技术也可以在成本和可靠性方面提供同样的优势。这个概念引出这样的提议：制造空天飞机而非太空舱，对火箭进行翻新而非丢弃它们。

关于这种系统实用性的技术争论在整个 20 世纪 60 年代一直在持续。在 1968 年由 NASA 载人航天飞行副主管乔治·穆勒主持的一次会议上，出现了两种主要设计方案。洛克希德公司的一个团队描述了一种架构，在飞机升空后，其中的两个推进剂储箱在将可回收利用的主体舱送入轨道后落入海洋，之后回收。而另外，通用动力公司的工程师建议将类似 X-15 试验机的有人驾驶可重复使用的飞机安装在"宇宙神"号运载火箭上进入太空。穆勒对这些建议都不满意。不过，他的确将其中一些原型称为"航天飞机"，它们能够将美国宇航员和物资运送到当时还在构想的一个空间站上。

除了这些在纸面上勾勒出的概念之外，由 NASA 和空军赞助的三个实用航天研究项目提出了通过回收部件来减少经费开支和降低到达轨道成本的潜在方法。第一个测试案例涉及 X-15 试验机。从 1958 年到 1968 年，其 199 次试验任务证明了有人驾驶飞行器可以飞入太空；在太空开展机动；承受重返大气层的高温；在跑道上进行无动力精确的着陆；并在翻新后再次飞行。

空军在 1957 年 10 月至 1962 年 12 月之间积极推出了一架名为"动能高飞"的空天飞机。为此，招募 NASA 的飞行员作为未来宇航员，设想了一种单座、平底高超声速滑翔飞行器，由专门制造的两级助推器送入轨道。尽管美国国防部取消了动能高飞项目，但在该项目上花费了 4 亿多美元，从而积累了大量数据。该项目还为可重复使用系统提供了具体规划。

被称为升力体的一类飞机构成了第三条试验途径。这些小型的胶滴状和细长形飞行器在加利福尼亚州爱德华兹空军基地的 NASA 飞行研究中心进行了一系列试验。从 1962 年到 1973 年飞行的三个基本原型设计证明了从太空返回的飞行器在跑道上进行受控滑行着陆的可行性。

最后，NASA 内部一位大名鼎鼎的人物——马克西姆·法格特让关于进入太空新手段的争论进一步加剧。法格特是休斯顿曼德（后来的约翰逊）太空中心的工程和开发总监，因强力倡导简约而保守的航天器设计而声名远扬。法格特曾设计了"水星"号载人飞船，他带着以下方案参加了航天飞机的讨论。法格特建议采用一种两级构型，由一架波音 707 飞机大小的航天飞机组成，再由一个大约像波音 747 喷气式客机大小的巨大的带翼火箭发射升空。助推器和飞机在太空的边缘分离。火箭返回地球后进行翻新，航天器最后像 X-15 试验机那样滑翔着陆。空军飞行动力实验室的工程师对法格特的计划进行了一次重要改进：他们认为三角翼形状——而非法格特的直翼——在高超声速下能够提供更大的升力。

最终，航天飞机的支持者发现自己居然登上了政治舞台，令人惊喜的是，他们从这次事件中受益。1970 年，事情看起来很糟糕，尼克松政府取消了一个计划好的空间站项目，而航天飞机本来是在其中作为一个再补给飞行器。没有了空间站，航天飞机该何去何从？ NASA 迅速采取行动以稳住其地位。它的代理局长乔治·洛尔通过在航天飞机上装备一个巨大的 60×15 英尺（18.3×4.6 米）的货舱用

"哥伦比亚"号航天飞机（OV- 102）和航天飞机轨道飞行器

0 1 2 3 4 5
米

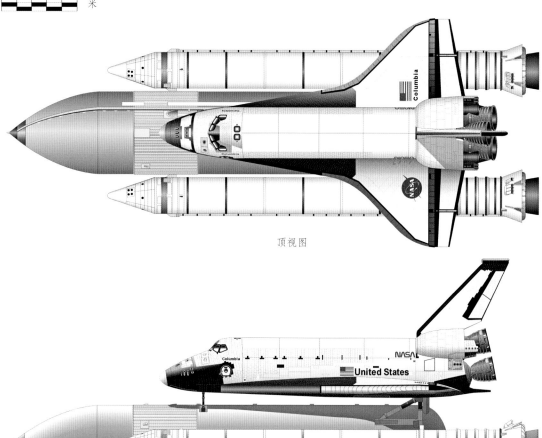

顶视图

侧视图

正视图

于军用发射任务，旨在说服空军参与开发航天飞机的重载能力。这一步举措帮助 NASA 获得了国会对该项目的批准。

但是，即将上任的 NASA 局长詹姆斯·弗莱彻想要更多；他寻求美国政府的支持。尼克松总统同意了，部分原因在于他即将举行的连任竞选活动，这使他能够在一些关键州承诺提供大量建造航天飞机的高薪工作岗位。但尼克松也认可他的管理和预算办公室主任卡斯帕·温伯格的论点：除了空间站之外，取消航天飞机项目会威胁美国从"水星"号载人飞船、"双子星座"号载人飞船和"阿波罗"号载人飞船所获得的所有技术、政治和心理优势。

弗莱彻于 1972 年 1 月拿到了被称为"太空运输系统"的项目许可。有四家公司对主合同信息征询书做出了回应，它们分别是北美罗克韦尔公司、麦克唐纳·道格拉斯公司、洛克希德公司和格鲁曼公司。最终北美罗克韦尔公司赢得了这个 26 亿美元的合同订单。为此，它同意制造 2 个可适用于太空的轨道飞行器和 1 个全尺寸的试验飞行器。分包商也从该项目中获益匪浅。格鲁曼负责制造轨道

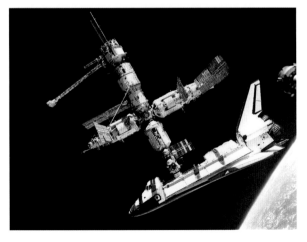

飞行器的机翼；洛克达因公司（Rocketdyne）负责提供主发动机；莫顿聚硫橡胶公司（Thiokol）负责两个固体火箭助推器；而马丁·玛丽埃塔公司（Martin Marietta）负责巨大的液体推进剂外储箱。麦克唐纳·道格拉斯公司提供全面支持。总之，太空运输系统启动成本（1971 年币值的美元）达到约 67.5 亿美元。NASA 约翰逊航天中心负责管理太空运输系统。

规划和制造太空运输系统是另一回事。1981 年 4 月 12 日是航天飞机第一次飞行的日子，看到它在肯尼迪航天中心的 39A 号发射台上点燃燃料并准备就绪，即使那些熟悉其发展过程的人也忍不住感到惊讶。它体形巨大，看起来像一台来自童话的机器，两部固体火箭助推器和更高的外部储箱指向天空，以及一个全尺寸客机不协调地安装在整体结构的一侧。当它的发动机咆哮和震动时，产生了超过 640 万磅的推力，伴随着这个重 450 万磅（225 万千克）、高 154 英尺（47 米）、宽 78 英尺（24 米）的庞然大物踏上它的处女航行，更是令人惊羡不已。

航天飞机轨道飞行器

航天飞机轨道飞行器代表了它们之前所有航天器的技术飞跃，它们的运行记录是世界航天飞行器中独一无二的。虽然在 1981 年至 2011 年的服役期间进行了改进，但它们在 30 年内根本上保持不变——相当于一架长 122 英尺（37.2 米）、翼展宽 78 英尺（23.8 米）、重约为 25000 磅的 DC-9 型客机发射时的样子。这些轨道飞行器执行了 135 次任务，平均每年 4.5 次。它们将 833 名宇航员送上太空，共计 1323 天高空飞行。它们将超过 350 万磅的物资送入轨道，包括 180 颗卫星和其他有效载荷；它们将 52 个航天器和空间站部件带回地球，总重量超过 22.9 万磅。它们在国际空间站完成了 37 次对接，并用了 234 天的时间来建造这些航天飞机。它们执行了 7 次任务，以捕获和修复轨道航天器。它们仍然是现代技术的奇迹。

尽管航天飞机轨道飞行器各方面性能表现良好，但仍然发生了两起可怕的航天飞机事故，导致 14 人丧生并摧毁了 40% 的航天飞机轨道飞行器。尽管对外宣传时，宣称这是对高成本进入太空的一种解决方案，但是，太空运输系统的总支出还是达到约 2090 亿美元，即每次任务耗费 15 亿美元。

"亚特兰蒂斯"号航天飞机－"和平"号空间站（71 号太空运输系统／"地球观察者" 18 号和 19 号），1995 年 6 月

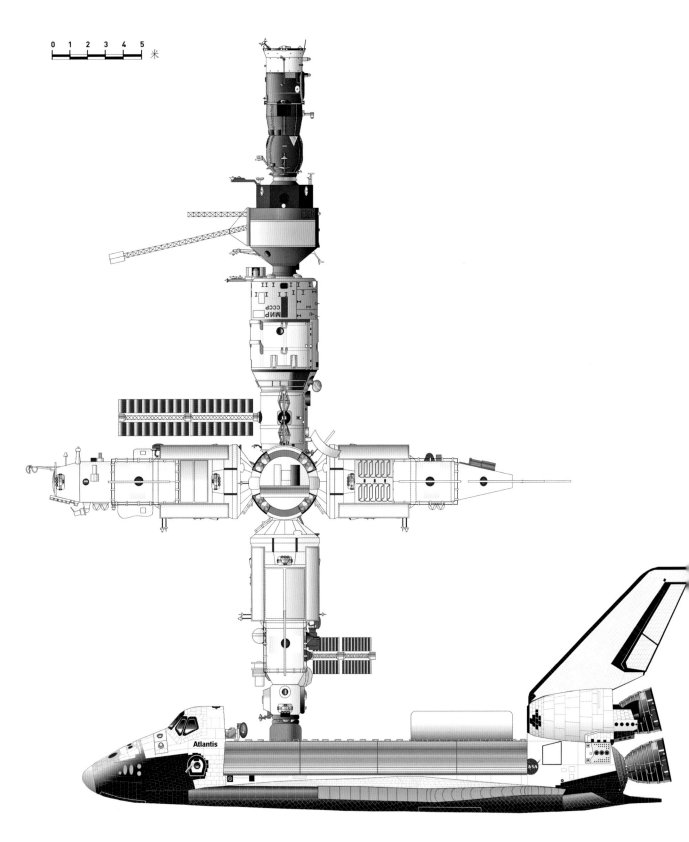

0 1 2 3 4 5 米

Atlantis

106
第二个太空时代
1977—1997年

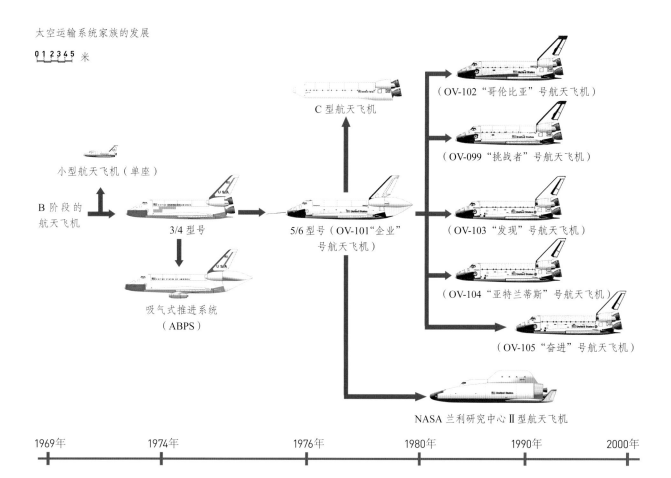

太空运输系统家族的发展

0 1 2 3 4 5 米

小型航天飞机（单座）

B 阶段的航天飞机

3/4 型号

吸气式推进系统（ABPS）

C 型航天飞机

5/6 型号（OV-101"企业"号航天飞机）

（OV-102"哥伦比亚"号航天飞机）

（OV-099"挑战者"号航天飞机）

（OV-103"发现"号航天飞机）

（OV-104"亚特兰蒂斯"号航天飞机）

（OV-105"奋进"号航天飞机）

NASA 兰利研究中心 II 型航天飞机

1969年　　1974年　　1976年　　1980年　　1990年　　2000年

在服役期间，航天飞机为美国带来了一些美好的时刻，也有一些糟糕的时刻。最终，国会批准建造 5 架航天飞机，在原先从北美罗克韦尔公司订购的 2 架航天飞机基础上再增加 3 架。航天飞机的传奇始于"哥伦比亚"号，和其他以海上探险而闻名的船只所命名的航天飞机一样，美国海军"哥伦比亚"号护卫舰曾经在 1838 年至 1840 年间成为首批环绕世界的美国船只之一。它还纪念了"阿波罗" 11 号载人飞船指挥舱。"挑战者"号航天飞机让人想起 1872 年至 1876 年探测太平洋和大西洋的英国皇家海军研究船。NASA 选择"发现"号作为第 3 架航天飞机的名字，旨在纪念两名英国探险家，他们分别是亨利·哈德森——他在 1610 年和 1611 年搜寻西北和东北航道——以及詹姆斯·库克船长，他在 18 世纪 70 年代发现著名的夏威夷群岛和加拿大西部。第 4 架航天飞机的名字"亚特兰蒂斯"号则起源于近代，它身份卑微，作为一艘双桅帆船，从 20 世纪 30 年代到 20 世纪 60 年代被伍兹海洋研究所用于海洋航行。最后，NASA 选择了"奋进"号

这个名字，旨在纪念库克船长的第一个命令，他从 1769 年到 1771 年前往澳大利亚和新西兰。它还纪念了"阿波罗" 15 号载人飞船的指挥舱。

北美罗克韦尔公司于 1979 年 3 月完成"哥伦比亚"号航天飞机的组装。它是所有航天飞机中最重的一个，与其他航天飞机相比具有更强的通用性。

为了增加它的实用性，罗克韦尔公司对它进行了改进，使得执行任务时间长达 9 ~ 12 天，而不是通常的 5 ~ 7 天。完成制造出厂两年后，"哥伦比亚"号航天飞机及其大型组合结构体矗立在肯尼迪航天中心的 39A 号平台上等待发射倒计时。它引起了公众强烈的兴趣，应该说没有其他原因，就是因为它的外观。与"阿波罗"号载人飞船时代及更早期的人们熟悉的细长形火箭不同，航天飞机的结构看起来像一座巨大的教堂，飞机不协调地附着在主要垂直部件上。航天飞机升空也受到了媒体和其他观众的重点关注，因为他们随着固体火箭助推器和航天飞机主发动机发出的咆哮声和轰鸣声而欢呼雀跃。

从 1981 年 4 月 12 日开始，指挥官约翰·杨和飞行员罗伯特·克里彭担任第一批宇航员，带领"哥伦比亚"号航天飞机进行了为期 2 天，环绕轨道飞行 36 圈的试航之旅。航天飞机表现良好；仪表记录了外部温度、压力和加速度正常，对计算机系统和货舱门的检查也都令人满意。但是，这架航天飞机在爱德华兹空军基地的 NASA 德莱登飞行研究中心（航天飞机前 12 次中的 10 次降落点）降落后，技术人员发现了一些令人不安的证据。他们发现，"哥伦比亚"号重返大气层时所受的灼热温度导致 16 片隔热瓦已经丢失，148 片受损。而这种趋势仍在继续。"哥伦比亚"号第二次再入大气层时（1981 年 11 月）有 12 片隔热瓦损坏，并在第三次任务中（1982 年 3 月）丢失了 36 片隔热片。

尽管如此，"哥伦比亚"号、"挑战者"号（1983 年 4 月），"发现"号（1984 年 8 月）以及"亚特兰蒂斯"号航天飞机（1985 年 10 月）的首批飞行（前 24 次任务）似乎都证明这些担忧是多余的。例如，在此期间，这些轨道飞行器成功地携带了 4 个太空实验室，这是固定在货舱中的小型实验室，为欧洲航天局开展了物理学、天文学、材料科学、生命科学以及地球遥感相关的科学实验。这些最初的尝试也开始了太空飞行大众化的进程。由于航天飞机比以往任何时候都容纳了更多的宇航员——到 1986 年 1 月它已经将 125 人送入轨道——它开启了第一位非裔美国人盖伊·布卢福德，以及第一位美国女性萨莉·赖德博士参与的先例。

然而，即使在这个早期阶段，航天飞机的一些操作缺陷也显露出来。显然，事实证明，太空运输系统远没有其支持者预测的那样省钱。技术人员需要花几个月时间（而不是曾经希望的几天或几周）来修理之前飞行使用过的部件以期重复使用。而且这个过程需要庞大而昂贵的工程和维护人员。

但是在 1986 年 1 月 28 日，幻想破灭，人们陷入了绝望。在佛罗里达州那个异常寒冷的早晨，肯尼迪航天中心 39A 号发射台的地面检查显示有大量积冰。推迟两个小时后，"挑战者"号航天飞机（33 号太空运输系统，航天飞机的第 25 次任务）发射升空。不久之后，一阵微弱的烟雾从位于右侧固体火箭助推器下部的安装焊缝散发出来。

在前 2.5 秒内又散发了 8 次烟雾，在 59 秒时出现了火焰。6 秒钟后，烟雾冲破了外部储箱壁。在发射后 72 秒或 73 秒，能量巨大的一声爆炸导致整个结构全面解体。7 名宇航员在这次灾难中丧生，他们是指挥官理查德·斯科贝、飞行员迈克尔·史密斯、任务专家朱迪·瑞士尼克博士、罗纳德·麦克奈尔博士和埃利森·奥尼珠卡上校（追授）、电气工程师格雷戈里·贾维斯和教师莎伦·克里斯塔·麦考利芙。罗纳德·里根总统带领震惊万分的国民为他们哀悼。

由前国务卿威廉·P·罗杰斯领导的一个独立委员会经过调查发现，长时间的低温导致右侧固体火箭助推器上的 O 形橡胶圈收缩，造成燃料泄漏并最终起火燃烧，火焰引燃外储箱并最终造成这场灾难。罗杰斯委员会还指责固体火箭助推器的制造商莫顿聚硫橡胶公司没有警告 NASA，1 月 28 日的寒冷气温对安全发射也造成了威胁。

"挑战者"号失事后，有两年零八个月的时间里没有航天飞机升空，NASA 试图纠正缺陷。詹姆斯·弗莱彻在事故发生后重返 NASA 第二次担任局长。在他的监督下，对固体火箭助推器进行了彻底的重新设计。为了填补因失去"挑战者"号而留下的航天飞机的缺口，该机构与北美公司签订合同，建造"奋进"号航天飞机。随着 1988 年 9 月"发现"号航天飞机执行第 26 次太空运输任务，航天飞机重新投入运行。

在航天飞机余下的使用寿命期间，没有一次飞行任务可以称作是最显眼的。但是，有两项多功能任务脱颖而出，成为航天飞机时代的持久遗产。在 1990 年至 2009 年的 19 年间，NASA 共执行了 6 次飞行用于发射、维修和更新著名的"哈勃"太空望远镜。1990 年、1993 年、1997 年、1999 年、2002 年和 2009 年的这些大胆任务体现了长时间太空舱外活动取得的巨大进步，并证明了复杂、冗长的在轨维修的实用性。他们还将"哈勃"望远镜从一种困境——一个昂贵的被散光蒙蔽的望远镜——变成了一种在可见光和近红外光谱中产生令人着迷的宇宙图像的仪器，其可能的预期寿命约为 30 年。

这些轨道飞行器的另一项杰出成就是建造了庞大的国际空间站。从 1998 年到 2011 年，三个轨道飞行器（"亚特兰蒂斯"号、"奋进"号和"发现"号航天飞机）在 13 年里完成了这项成就，它们运载了大部分实验舱、控制舱、太阳能电池板、气闸舱、桁架、大梁以及建造这个伟

大结构所需的其他装备物品。国际空间站需要 31 次组装
任务，其中 27 次任务是由轨道飞行器完成的。

　　航天飞机计划的终结很意外地发生在 2003 年 2 月 1
日上午。"哥伦比亚"号航天飞机于 2003 年 1 月 16 日开
始 107 号任务，携带了太空运输系统进入轨道，搭载了 7
名宇航员，测试了他们在太空的生理耐受机能、观测了非
洲中部和其他地方的气候，并开展了农业试验。

　　不足为奇的是，这架航天飞机由 7 名相对年轻有为的
男女宇航员组成，包括指挥官里奇·赫斯本德上校，飞行
员威廉·麦库尔中校，任务专家（兼医生）大卫·布朗上
尉和劳蕾尔·克拉克上尉，任务专家卡尔帕娜·乔娜博士
和迈克尔·安德森中校，以及以色列空军上校伊兰·拉蒙。
他们在重返大气层后不到 5 分钟的时间里，左翼前缘翼梁
上的传感器显示压力大于正常水平。当航天飞机轨道器掠

"哥伦比亚"号（OV-102）航天飞机和航天飞机轨道飞行器 28 号太空运输系统构型

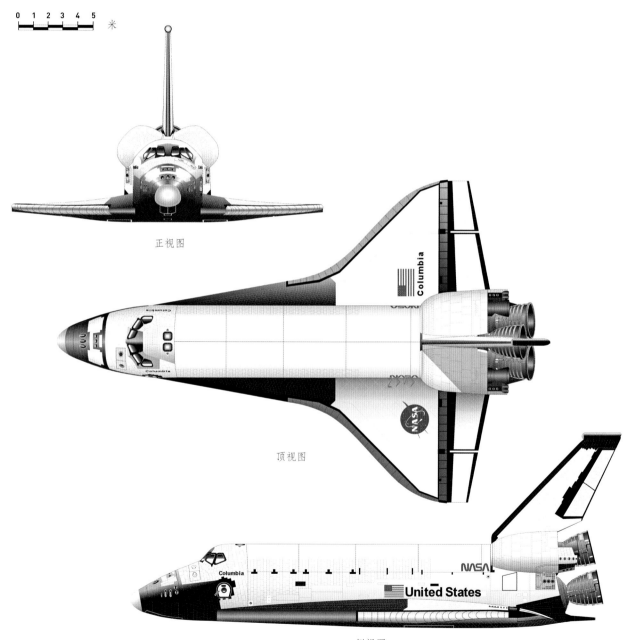

正视图

顶视图

侧视图

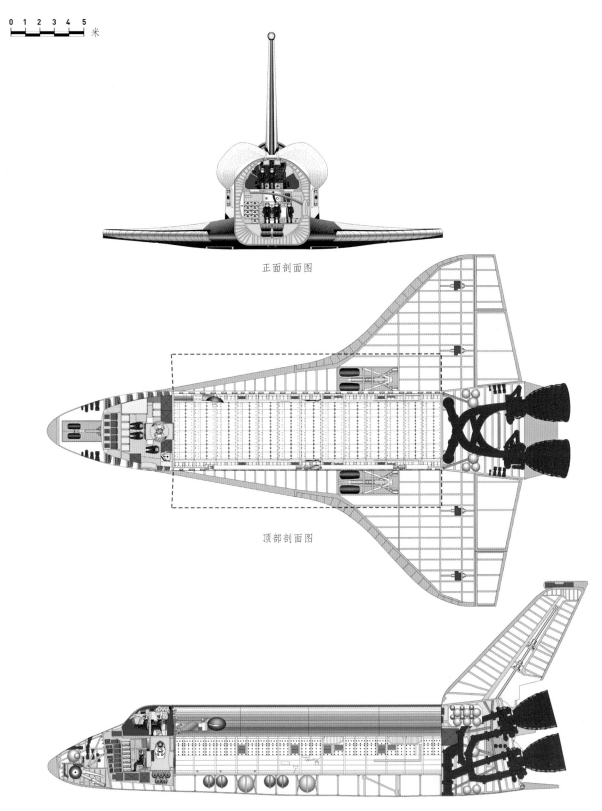

正面剖面图

顶部剖面图

侧面剖面图

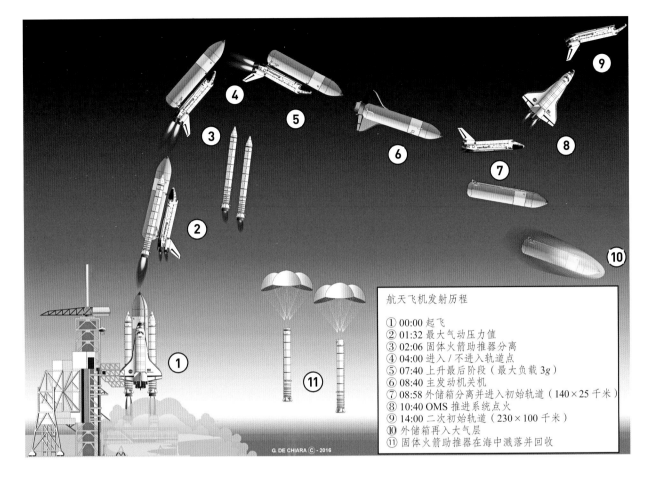

航天飞机发射历程

① 00:00 起飞
② 01:32 最大气动压力值
③ 02:06 固体火箭助推器分离
④ 04:00 进入 / 不进入轨道点
⑤ 07:40 上升最后阶段（最大负载 3g）
⑥ 08:40 主发动机关机
⑦ 08:58 外储箱分离并进入初始轨道（140×25 千米）
⑧ 10:40 OMS 推进系统点火
⑨ 14:00 二次初始轨道（230×100 千米）
⑩ 外储箱再入大气层
⑪ 固体火箭助推器在海中溅落并回收

G. DE CHIARA Ⓒ · 2016

过加利福尼亚州、内华达州、犹他州、亚利桑那州和新墨西哥州的夜空，然后向得克萨斯州方向飞去时，地面目击者看到航天飞机破裂成无数小块，在天空拖过一道弧形的亮光。与此同时，休斯顿地面任务控制中心的控制记录显示，左翼的四个传感器发生故障。从新墨西哥边境向东进入得克萨斯州时，"哥伦比亚"号航天飞机解体坠毁。NASA启动事故应急计划，并任命退役的海军上将哈罗德·格曼（Harold）担任"哥伦比亚"号航天飞机事故调查委员会的主席。

6 个月之后，即 2003 年 8 月，"哥伦比亚"号航天飞机事故调查委员会发布了最终的调查结果：事故原因是外储箱上的一块绝缘泡沫脱落，撞击航天飞机左翼，并击穿了航天飞机外部隔热瓦。在返回地球时，暴露区域过热并融化了机翼的下层铝制结构，导致航天飞机失效，最终酿成惨痛的事故。但是，对于太空运输系统而言，格曼团队也表达了这样一个重要事实：尽管最初做出了雄心勃勃的承诺，但是它根本就不可能像其开发者所预期的那样，成

为一种可靠且效费比高的太空旅行商用客机，这种航天飞机仍然属于一种试验性飞行器，并且总是面临着各种风险和失败。此外，委员会认为航天飞机本身就具有风险且长期服役，因此建议尽快将航天飞机退役。2004 年 1 月，乔治·沃克·布什总统做出回应，决定于 2010 年结束航天飞机的任务。

时隔两年多之后，美国于 2005 年 7 月再次发射航天飞机，即"发现"号（Discovery）航天飞机，此后，这架航天飞机还执行了 22 次飞行任务，其中一次与国际空间站的建造或补给有关。为了履行其职责，NASA 将其飞行计划延长至 2011 年 7 月 8 日，当天，"亚特兰蒂斯"号航天飞机将"拉斐尔"多用途后勤舱送至国际空间站。自此以后，美国的航天飞机时代也走向终结。

"企业"号航天飞机

如果说太空运输系统的火箭技术研究开辟了航天的新时代，那么航天飞机本身就是这个时代最重大的工程壮举

之一。航天飞机轨道器的尺寸与 DC-9 客机相当，长度为 122 英尺（37.2 米），翼展 78 英尺（23.8 米），发射时重约 25 万磅（113440 千克）。60×15 英尺（18.3×4.6 米）的巨大货舱拖着像一列铁路运输货车一样大的物体。50 英尺长（15.2 米）的遥控机械臂不仅可以抓住各种形状和重量的超大有效载荷，还可以敏捷地抓住很小的物体。

令人惊讶的是，"阿波罗"太空舱（上一代人类空间探测的典型代表）和航天飞机轨道器之间并没有真正的技术交叉点。相对于"阿波罗"号载人飞船，航天飞机的设计师在技术上取得了质的飞跃和突破："阿波罗"号载人

飞船中仅仅提供了一些飞行员可选设备，而在航天飞机中则使用了一个真正意义上的驾驶舱和全方位的控制装置；"阿波罗"号载人飞船具有极其狭窄的仪表板和座椅布局，而航天飞机则设置了机长座椅和真正的驾驶舱；他们消除了在海上降落的危险，并实现了精准的跑道着陆。航天飞机轨道器的内部空间与"阿波罗"号载人飞船的内部空间之间的区别或许最能体现明显的技术进步。将尼尔·阿姆斯特朗、迈克尔·柯林斯和巴兹·奥尔德林带到月球的"阿波罗"号载人飞船的指挥舱和服务舱只有 218 立方英尺（6.2 立方米）的可居住区域；而航天飞机宇航员（最

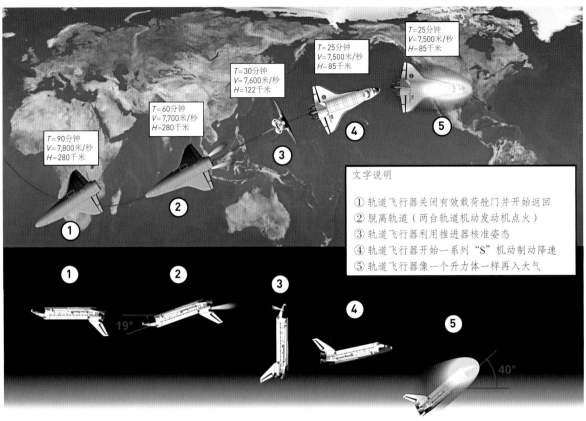

T=90分钟
V=7,800米/秒
H=280千米

T=60分钟
V=7,700米/秒
H=280千米

T=30分钟
V=7,600米/秒
H=122千米

T=25分钟
V=7,500米/秒
H=85千米

T=25分钟
V=7,500米/秒
H=85千米

文字说明

① 轨道飞行器关闭有效载荷舱门并开始返回
② 脱离轨道（两台轨道机动发动机点火）
③ 轨道飞行器利用推进器核准姿态
④ 轨道飞行器开始一系列"S"机动制动降速
⑤ 轨道飞行器像一个升力体一样再入大气

19° 40°

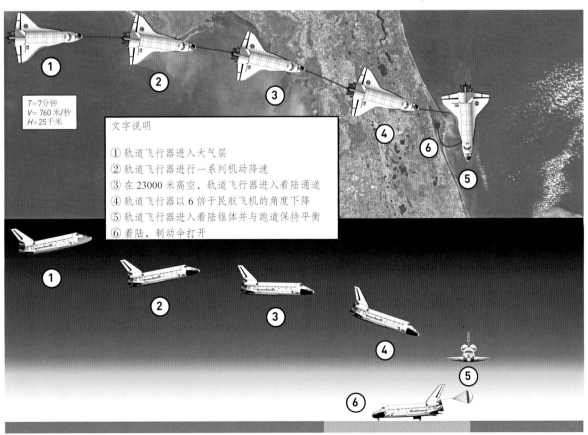

T=7分钟
V=760米/秒
H=25千米

文字说明

① 轨道飞行器进入大气层
② 轨道飞行器进行一系列机动降速
③ 在23000米高空，轨道飞行器进入着陆通道
④ 轨道飞行器以6倍于民航飞机的角度下降
⑤ 轨道飞行器进入着陆锥体并与跑道保持平衡
⑥ 着陆，制动伞打开

"企业"号（Enterprise）航天飞机（OV-101）进近着陆测试构型

0 1 2 3 4 5
米

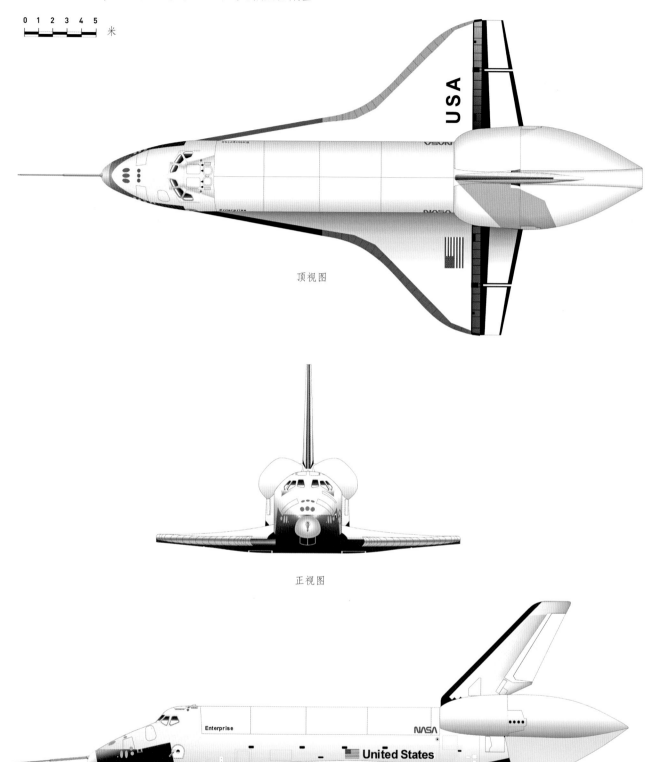

顶视图

正视图

侧视图

多可容纳 7 人）的可居住空间为 2525 立方英尺（71.5 立方米），空间范围包括驾驶舱、中层驾驶舱 / 设备舱以及气闸舱。换句话说，航天飞机轨道器为宇航员提供的空间几乎是以往美国太空运载工具的 12 倍。

1972 年，北美罗克韦尔国际公司获得研制航天飞机的主合同。除了轨道器之外，它将所有部件的研制工作都转包给了其他公司，并且其工程师团队负责研制最为关键的航天飞机。在开始建造之前，NASA 和空军进行了大约 46000 小时的风洞试验，随后，NASA 要求罗克韦尔公司进行一些设计更改。试验数据提出了几项重要的修改：通过减小机翼尺寸和降低机翼重量，减少航天飞机的原始重量；将其原先平面形状改为翼身更为融合的轮廓；并且尽可能将隔热瓦均匀覆盖在航天飞机外部。在设计更改结束时，经测量发现，航天飞机长度比原计划长度短了 3 英尺，并且机头的流线型更好，机头半径变小，翼型轮廓也做了修改。

为了评估航天飞机在大气层中的飞行品质，除了正在制造的两架运行良好的航天飞机外，NASA 还从北美罗克韦尔国际公司订购了一架没有发动机的原型机用于飞行研究。NASA 的领导人起初想把它称为"宪法"号（Constitution），但是有人针对杰拉尔德·鲁道夫·福特总统发起了一次声势浩大的写信活动，呼吁总统说服 NASA 同意采用一个公众更喜欢且更具浪漫色彩的名字："企业"号（Enterprise），它以系列电影《星际迷航》中的"企业"号星舰命名。1976 年 9 月，"企业"号航天飞机首次在加利福尼亚州帕姆代尔的北美罗克韦尔国际公司工厂进行

公开展示，并于 1977 年 1 月底，由一辆平板卡车载着缓慢驶向爱德华兹空军基地的 NASA 德莱顿飞行研究中心附近，全国媒体目睹了这一过程。

在得克萨斯州休斯顿约翰逊航天中心的项目经理迪克·斯雷顿的领导下，德莱顿飞行研究中心的工程师们制定了一项飞行计划，要求"企业"号航天飞机执行 5 次无动力飞行任务，即进近着陆测试（ALT）。他们希望通过这些任务来确定驾驶员对于航天飞机实际飞行品质的印象，同时通过在航天飞机上安装大量仪表来采集有关其特性的数据。该团队需要在这个项目中使用一架巨型运输机：B747 客机或军用 C-5 运输机。因为 B747 客机具有卓越的操控性能，他们决定购买一架型号较旧的 B747 客机，不仅用于进近着陆测试，而且用于将爱德华兹的航天飞机转场至佛罗里达州的肯尼迪航天中心。1977 年 2 月至 7 月，"企业"号航天飞机靠三根支柱固定在 B747 客机上，并与客机进行了 8 次地面试验和飞行试验，从而确定在最终试飞之前两者的综合空气动力学兼容性：在两万多英尺的高度，将"企业"号航天飞机与 B747 客机分离，并允许"企业"号航天飞机滑翔降落在爱德华兹的跑道上。

通过这 5 次进近着陆测试飞行，技术人员发现了航天飞机系统中的一些重要缺陷。第一次发生在 8 月，接下来的两次发生在 9 月，最后一次发生在 10 月，其中两次飞行由"阿波罗"13 号载人飞船的宇航员弗莱德·海斯（Fred Haise）指挥。

在最后一次发射"企业"号航天飞机之前，相关人员

感到压力剧增，因为在前四次飞行中，每组两名宇航员都错过了着陆目标，并报告刹车发生抖动和失灵。1977年10月26日，当海斯再次进入驾驶舱执行第五次飞行任务时，脑子里浮现了过往的很多经历。他对先前飞行中四个错过的目标表示遗憾，并告诉自己要努力让"企业"号航天飞机在跑道上的标记处着陆。他还首次驾驶这种不带常用尾锥的航天飞机，这改变了它的空气动力学特性。由于威尔士亲王查尔斯王子出席了此次活动，海斯甚至可能因为媒体的密集报道而分心。

无论如何，在"企业"号航天飞机与运输机脱离并且由海斯负责控制之后，他开始以一种紧凑的方式来操纵控制装置，此时机头略微朝上，航速有一点儿快。他用驾驶杆调整了航天飞机的下降速率，"企业"号航天飞机的升降副翼出现摆动，从而导致出现俯仰（从头到尾的振荡）。当他对准跑道实施近进时，海斯向机上计算机发出指令来阻止这些动作，但就在他降落时，飞船从地面反弹，跳了起来。当它在接下来的四秒钟内悬浮在空中时，飞船一直在猛烈地震荡。飞行员诱发振荡（PIO）让海斯和他的副驾驶员戈尔登·福勒顿（Gordon Fullerton）大为吃惊。"企业"号航天飞机似乎就要坠毁了，但福勒顿喊道，"嘿，放开。"海斯把手从控制器上移开，飞行员诱发振荡减弱了，他们最终得以安全降落。

由于在这种轨道器的操纵特性中发现了俯仰和飞行员诱发振荡，因此改变了航天飞机发展的进程。经过对YF-12战斗机和海军F-8试验飞机的广泛模拟研究，德莱登飞行研究中心的研究人员意识到，在第5次近进着陆测试飞行中，"企业"号航天飞机的机械控制面对于海斯的计算机输入响应太慢，这部分解释了近乎灾难性的结果。作为一种补救措施，德莱登飞行研究中心的工程师设计了软件过滤器，但是并没有完全抑制轨道器飞行剖面中的飞行员诱发振荡和俯仰倾向。

截至1979年，约翰逊航天中心的航天飞机团队吸取了这些飞行研究经验教训，将德莱登飞行研究中心的修改工作纳入到在建的两个航天飞机轨道器上。

"暴风雪"号航天飞机

"暴风雪"号航天飞机（Buran，俄语中"暴风雪"的意思）在冷战的激烈对抗环境下应运而生。苏联军方领导

人确信美国航天飞机的用途并非NASA所声称的科学研究和太空生理学研究，而是出于掌握苏联瞄准激光器甚至核弹头情报这一目的。因此，为了跟上武器装备的步伐，在1974年和1975年期间，在瓦朗坦·格卢什科的指导下，能源设计局设想了一个至少表面上与航天飞机相似的空天飞机。苏联共产党中央委员会于1976年批准了"暴风雪"号航天飞机项目。当时，美国航天飞机在研制方面取得了很大进展，在20世纪60年代进行了设计研究，然后在1972年获得理查德·尼克松总统的批准。在"暴风雪"号航天飞机项目启动之后，航天飞机开展了全面滑行测试，旨在确定其操纵品质和空气动力学特性。对于美国人开展的工作，苏联时刻保持关注，并对其他相关事件非常感兴趣。为响应美国空军的"动能高飞"助推滑翔军用空天飞机和NASA在20世纪60年代和70年代的升力体研究，苏联人也于1966年启动了自己的升力体项目，名为"螺旋"号（Spiral）飞船，最终在1976—1978年米格105-11亚声速试验机的测试飞行中达到高潮。随着苏联开始研制"暴风雪"号航天飞机，"螺旋"号飞船项目随即结束。

"暴风雪"号航天飞机完成了最后的设计阶段之后，于1980年开始制造工作，这就像航天飞机准备开始日常操作一样。随后在1983年进行了6次比例模型飞行，并于1984年生产了"暴风雪"号航天飞机的全尺寸原型机，配备了4台喷气发动机。美国人在B747客机载机顶部安装轨道器，然后释放轨道器，使其在无动力的情况在滑翔航线进入跑道着陆，然后测试航天飞机的操纵品质，但是苏联没有简单模仿这种方法。苏联的方法是让"暴风雪"号航天飞机测试模型从地面起飞，达到指定的高度，飞行员关闭发动机并实施近进和着陆。"能源"号运载火箭的工程师在1985—1988年期间对"暴风雪"号航天飞机进行了严格的24次任务飞行研究计划，每次都搭载了2名宇航员。

在这个时期出现的航天器和助推器看起来非常像航天飞机，许多人认为苏联人只是模仿了美国的设计。但表面的相似之处掩盖了重要和有意设计的差异。那些怀念"暴风雪"号航天飞机的人将航天飞机视为一个先行者，并将其作为第一次尝试；尽管值得效仿，但也有待修改。他们分析了每架航天飞机的主要特征，并在大多数情况下决定采纳它们的设计，因为它们实在无法得到实质性的改进。

但是在一些关键领域他们做出了重大改进，最终产生了新一代火箭技术。

苏联设计师使用 4 枚液体推进剂火箭（后来成为"天顶"号运载火箭的基础），而不是依靠航天飞机的双固体火箭助推器（毕竟这才是"挑战者"号航天飞机发生事故的根源）。与航天飞机将三个主要发动机固定在轨道器上不同，苏联在一个单独的大型火箭上安装了 4 台主发动机。尽管这种设计无法将任何主要部件回收和再利用，但也使得"暴风雪"号航天飞机能够在发射系统中运输多达 95 吨的有效载荷（而航天飞机货舱中最多只能携带 29 吨

有效载荷）。就像"天顶"号运载火箭从"暴风雪"号航天飞机中分离出来一样，针对苏联航天飞机提出的重型运载火箭方案发现了一个独立但使用寿命较短的方案，那就是"能源"号运载火箭。

"暴风雪"号航天飞机和航天飞机轨道器在大小或质量方面没有明显差异。苏联飞行器的长度为 119.3 英尺（36.37 米），翼展为 78.5 英尺（23.92 米），有效载荷舱长 60.9 英尺（18.55 米），直径为 15.3 英尺（4.65 米）。它的最大重量为 231000 磅（105000 千克）。"能源"号运载火箭由 4 台用作助推器的 RD-170 液氧 / 煤油发动机和 4 台

"暴风雪"号（VKK Buran）航天飞机（OK-1K1）

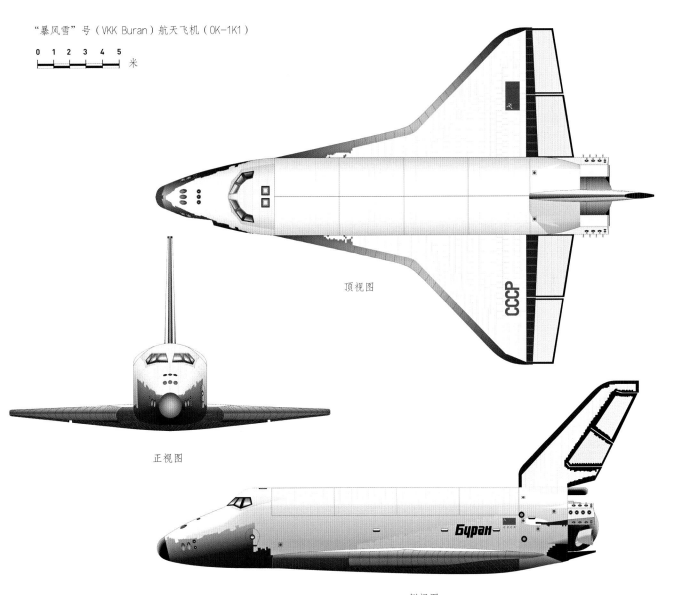

0 1 2 3 4 5 米

顶视图

正视图

侧视图

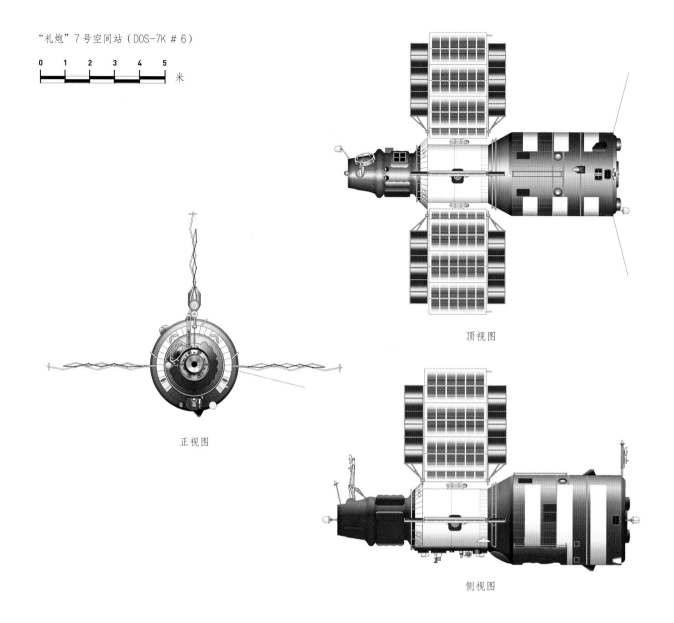

0 1 2 3 4 5
米

顶视图

正视图

侧视图

用于芯级的 RD-0120 液氧 / 液氢发动机组成。

"暴风雪"号航天飞机只进行了一次轨道发射。它于 1988 年 11 月 15 日从哈萨克斯坦的拜科努尔航天发射场起飞，并且在没有宇航员的全自动飞行中，在精确着陆之前完成了两次绕地球飞行的完美任务，这次任务持续了 206 分钟。

尽管取得了成功（首次飞行遇到的特殊情况除外），"暴风雪"号航天飞机依然面临着灭顶之灾。冷战结束不仅导致了 1991 年苏联的解体和苏联航天局活动的中断，而且缺乏资金支持，到 1993 年，"暴风雪"号航天飞机完全从预算中消失了。更重要的是，它之所以被淘汰，部分

原因是它的许多批评者认为它代表了一种以完成任务为目的的技术，这也是对航天飞机的一种惯常诟病。

空间站

"和平"号空间站

20 世纪 50 年代，虽然美国人一直希望建造一个大型的环形空间站，但是，美国对于这些高空居住环境既没有第一次也没有长时间的使用经验。这一点与苏联完全不同。

苏联在这一领域取得的绝对优势地位源于它在月球竞赛中输给了美国。从 1969 年的那一刻起，长期载人航天飞行成为苏联数十年来追求的目标。从 1971 年 4 月到

1977 年 8 月，"礼炮" 1 号和 4 号（民用空间站）与"礼炮" 2 号、3 号和 5 号（军用空间站，又称为"金刚石"）空间站利用这些飞行器运送宇航员，与空间站对接并让宇航员短期居住。之后，"礼炮" 6 号空间站取得了突破，从 1977 年到 1982 年，它克服了在太空长期居住所面临的一系列挑战。

随着罗纳德·里根在担任总统的早期冷战逐渐升级，1983 年战略防御计划和美国空间站于 1984 年获得批准，苏联总书记尤里·安德罗波夫则批准了"礼炮"/"金刚石"号空间站的继任者计划。这个新空间站——"和平"号空间站于 1986 年 2 月入轨，虽然它的结构类似于"礼炮" 6 号和 7 号空间站，但其设计师重新设计了内部结构，将其变成了配备五孔对接装置的核心居住飞行器。"和平"号空间站的初始型号就重达 23 吨，长 43.6 英尺（13.3 米）。

这个基地随着新任务舱的到来而在不断扩大：1987 年 4 月增加的"量子" 1 号功能舱开启了实验舱和转移室的天文观测；"量子" 2 号功能舱 1989 年 12 月抵达，帮助开展舱外活动并提高居住质量（通过添加水再生装置、制氧水解设备、淋浴装置和气闸舱）；1990 年 6 月安装的"晶体"号功能舱提供了材料处理设施（熔炉和生物技术装置），以及最终供航天飞机访问的对接接口；1995 年 5 月发射的"光谱"号功能扩展舱携带了主要与材料科学有关的遥感仪器（俄罗斯和美国）；1996 年 4 月到达空间站的"自然"号功能舱主要用于对地球大气层、陆地和海洋进行遥感，欧盟则对此做出了重大贡献。

到目前为止，它是迄今为止最大的航天器，它的各个工作舱将"和平"号空间站的整体尺寸增加到 62.3 英尺（19 米）长，101.7 英尺（31 米）宽，90.2 英尺（27.5 米）高。它的重量为 285940 磅（129700 千克）。在其十五年的生命周期中，"和平"号空间站可以接待两到四名苏联乘员，他们每两到三个月就能收到一次来自"进步"号再补给飞行器提供的物资补给。它打破了长时间航天飞行的所有纪录，最值得注意的是由瓦列里·波利亚科夫博士创造的纪录，他连续 437 天待在"和平"号空间站内。总而言之，有 28 名工作人员在这里长期居住（与一名乘员到下一名乘员交接期间在空间站停留大约一周的游客不同），并接待了来自 12 个国家的 104 个不同的个人。

像大多数太空飞行器一样，"和平"号空间站遇到了一些问题——在这种情况下，这些问题与其尺寸大小是成比例的。两次碰撞和火灾破坏了其良好的服役记录。一次碰撞发生在 1994 年 1 月，当时"联盟"号 TM-17 型载人飞船的一名宇航员至少两次撞上"晶体"号功能舱，因为他在离轨前对该空间站进行了检查。在下一次撞击之前，还发生了一件不可思议的事情：1997 年 2 月，氧气罐在常规点火期间发生火灾。尽管座舱和"联盟"号载人飞船救生艇内充满了烟雾（最终用空气过滤系统清除），但宇航员戴上防毒面具后完成了灭火工作。第二次碰撞发生在 1997 年 6 月，当时一次遥控对接试验导致货运飞船发生机动翻滚并撞上了"光谱"号功能舱。宇航员听到了空气泄漏的嘶嘶声，立即设法切断了送入受影响区域的电缆，从而阻止了这次泄漏事故。

尽管发生了这些令人痛心的事件，但是"和平"号空间站的设计师、工程师、苏联宇航员和飞行操作团队的经验为国际空间站的成功做出了巨大贡献。

"亚特兰蒂斯"号航天飞机－"和平"号空间站

罗纳德·里根总统于 1984 年 1 月在他的国情咨文中宣布，美国政府计划着手开展一个大规模的空间站项目，他这样做是因为他知道苏联这样一个超级大国在太空长期持续飞行方面的历史比美国更长，经验更丰富。而 NASA 的经验仅限于 1973 年的四次天空实验室空间站任务（在太空中组合飞行了 171 天）。另外，苏联在 20 世纪 60 年

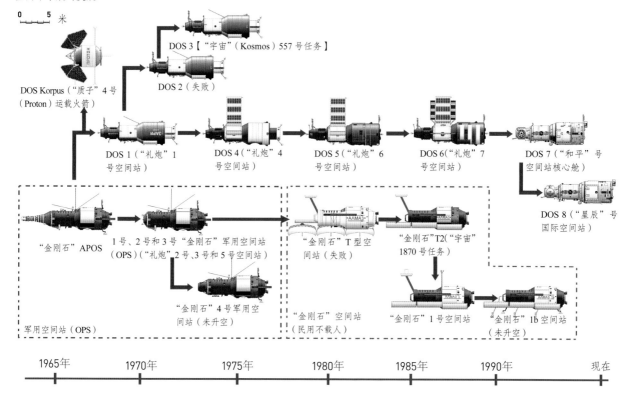

0 5 米

DOS Korpus（"质子"4号（Proton）运载火箭）

DOS 3【"宇宙"（Kosmos）557号任务】

DOS 2（失败）

DOS 1（"礼炮"1号空间站）

DOS 4（"礼炮"4号空间站）

DOS 5（"礼炮"6号空间站）

DOS 6（"礼炮"7号空间站）

DOS 7（"和平"号空间站核心舱）

DOS 8（"星辰"号国际空间站）

"金刚石"APOS

1号、2号和3号"金刚石"军用空间站（OPS）（"礼炮"2号、3号和5号空间站）

"金刚石"4号军用空间站（未升空）

军用空间站（OPS）

"金刚石"T型空间站（失败）

"金刚石"T2（"宇宙"1870号任务）

"金刚石"空间站（民用不载人）

"金刚石"1号空间站

"金刚石"1b空间站（未升空）

1965年　1970年　1975年　1980年　1985年　1990年　现在

代开始着手研制"礼炮"（Salute）1号空间站，并于1971年4月将其发射升空。但美国渴望开发空间站的目的并不仅仅是削弱苏联人的领先优势；部分原因在于"礼炮"2号、3号和5号空间站实际上是为三个秘密军用航天器作掩护，这些军用航天器被苏联人称为"金刚石"1号、2号和3号空间站。作为一个整体，这七个空间站在"礼炮"号的旗帜下（包括"礼炮"6号和7号空间站）开展太空飞行，帮助苏联获得了十五年的试验和实践经验，这种情况直到1986年这一系列空间站结束运行为止。

苏联航天局于1986年用"和平"号空间站取代了"联盟"号载人飞船，并于1986年2月利用"质子"号运载火箭发射升空。与此同时，里根总统的美国空间站计划开始遭到国会的强烈反对，并随着时间的推移而愈演愈烈。在1993年，NASA局长丹尼尔·戈尔丁受到预算紧张的限制，于是他打破传统，向俄罗斯同行提出了一种激进的方法：将两国的人才结合在一个多国空间站中。1975年的"阿波罗－联盟"测试计划已经打造了一种共同合作模式，该项目为合作双方提供了宝贵的技术和组织先例。作为一项广泛协议的一部分，俄罗斯航天局和美国航天局

承诺开展一系列航天飞机－"和平"号空间站会合任务，让美国宇航员能够在俄罗斯空间站内体验长期居住，而俄罗斯宇航员则能够熟悉航天飞机的操作和技术。

虽然航天飞机－"和平"号空间站项目带来了大量有利的宣传，但它也代表了一种开放式的实验舱，利用这种实验舱，两个主要的航天大国可以超越他们之间的竞争本能和文化差异，从而协同开展工作。原始数字说明了其目的的严肃性：该计划持续了4年零4个月，涉及7名美国宇航员和7名苏联宇航员，最后航天飞机共计11次前往"和平"号空间站。

其中，最初的两次飞行任务由"发现"号航天飞机执行。1994年2月3日至11日，这架航天飞机携带第一位苏联宇航员谢尔盖·克里卡列夫完成了60号太空运输系统任务。接下来于1995年2月3日至10日，携带美国和苏联宇航员共同完成了63号太空运输系统任务。此次飞行中，美国宇航员还招待了一位苏联航天计划的老兵——弗拉基米尔·季托夫。这次任务相当于为即将来临的对接计划开展一次预热。在任务期间，"发现"号航天飞机曾靠近"和平"号空间站40英尺（12.2米）范围以内，然后撤退到大

"和平"号空间站（DOS-7K＃7）

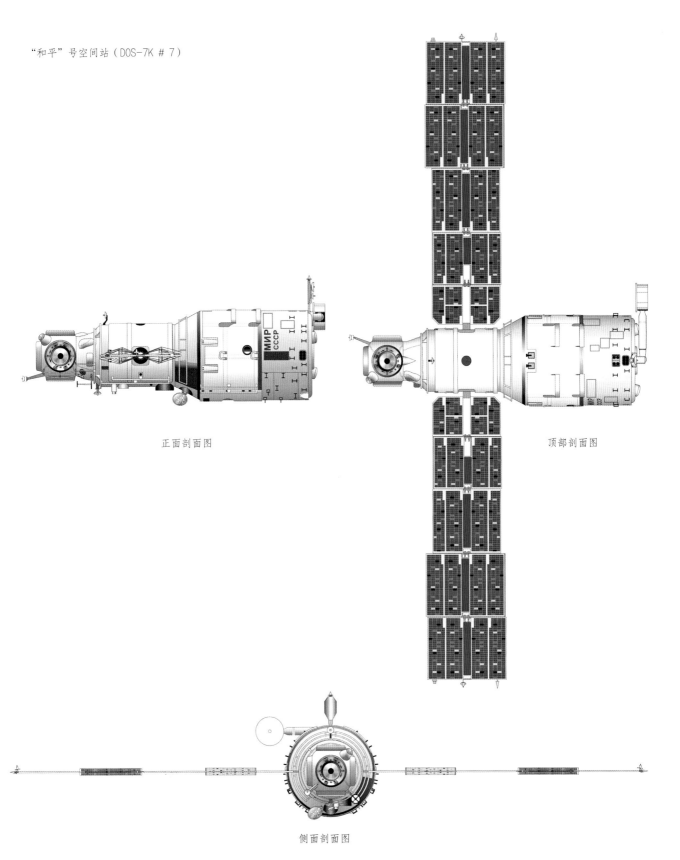

正面剖面图

顶部剖面图

侧面剖面图

0　1　2　3　4　5

米

约 400 英尺（122 米）的位置，并围绕空间站飞行。

出于若干原因，可以说美国人是在一个特殊的时机最早亮相"和平"号空间站的。美国宇航员诺曼·塔加德是第一位在俄罗斯参加训练并搭载俄罗斯火箭（"联盟"号 TM-21 型载人飞船）进入太空的美国人，也是第一位到访"和平"号空间站的美国人。当他离开俄罗斯空间站（执行 71 号太空运输系统任务）时，相比任何其他的美国宇航员，他拥有最长的在太空持续飞行记录：115 天（1995 年 3 月 14 日至 7 月 7 日）。

塔加德搭载"亚特兰蒂斯"号航天飞机返航，这是与俄罗斯空间站对接过的唯一一架航天飞机。第二次与这架航天飞机发生关联是在 1995 年 11 月 12 日至 20 日，目的是执行 74 号太空运输系统任务。随后，1996 年 3 月 22 日至 31 日，"亚特兰蒂斯"号航天飞机再次用于执行 76 号太空运输系统任务。此次任务中，"亚特兰蒂斯"号航天飞机携美国宇航员香农·卢西德抵达目的地。她在空间站停留了 188 天，在搭乘"亚特兰蒂斯"号航天飞机抵达"和平"号空间站上的所有美国宇航员中，她的停留时间最长。并且她的到访也让美国实现了连续两年将宇航员送至俄罗斯空间站的目标。

卢西德于 1996 年 9 月结束了空间站之旅，随后直到 1998 年 6 月，"亚特兰蒂斯"号航天飞机又携带了 5 名美国宇航员登陆空间站，他们分别是约翰·布拉哈、杰里·朗格尔、迈克尔·福奥勒、大卫·沃尔夫以及为这项计划画上句号的安迪·托马斯。

美国宇航员在"和平"号空间站长期逗留期间，他们体验到的不仅仅是日常的居住生活。在朗格尔执行任务期间（1997 年 1 月至 5 月），他见证了任何航天器从未经历过的最严重的火灾，并且经历了当宇航员失去姿态控制时的下跌状态。在福奥勒执行任务期间（1997 年 5 月至 10 月），"进步"号载人飞船的补给飞行器与"和平"号空间站相撞，引起空间站旋转并导致其出现暂时性减压。

最终，当"亚特兰蒂斯"号航天飞机于 1998 年 6 月 8 日最后一次飞离"和平"号空间站时，太空历史的新篇章就此拉开了序幕。截至此时，7 名美国宇航员在轨道上共计度过了 907 天。在这个漫长的停留期间，美国和俄罗斯的航天计划让双方对彼此的机器和技术有了更多的了解，他们还共同应对了各种各样的危机。同时，对于在太空中长期停留所造成的生理影响也有了更深的理解。也许最重要的是，这也增强了双方对两国文化差异的包容性。这些经验在不久以后就有了用武之地；在"亚特兰蒂斯"号航天飞机－"和平"号空间站关闭 6 个月后，俄罗斯的"曙光"号功能舱和美国的"团结"号节点舱完成对接，构成了国际空间站最早的两个部件。

"礼炮" 6 号和 7 号空间站

"礼炮" 6 号和 7 号空间站代表了苏联在 20 世纪 70 年代初豪赌所取得的回报：自从输掉月球竞赛后，苏联通过延长其太空续航能力来引领世界航天技术的发展，从而重新赢回了声誉。但是，这个赌注需要一段时间才能兑现；前 5 个"礼炮"号空间站（民用"礼炮" 1 号和 4 号；以"礼炮" 2 号、3 号和 5 号的名义为掩护的 3 个"金刚石"军事空间站）显现出了一定的潜力，但在它们服役的 6 年（1971 年 2 月至 1977 年 2 月）期间，作为具有长期续航能力的航天器，它们只取得了很小的成功。真正的突破来自"礼炮" 6 号空间站，它于 1977 年 9 月 29 日发射升空，并于 1982 年 7 月 29 日再次入轨。它的成功并不源于"礼炮"号空间站在设计上的彻底转变，而是在于稳定、务实的不断改进。实际上，"礼炮" 6 号空间站与"礼炮" 4 号空间站相比几乎没有结构上的差异。两个空间站均由谢尔盖·科罗廖夫的第一特别设计局建造并由他的继任者瓦西里·米申负责执行，主要改进之处包括在"礼炮" 6 号空间站上增加第二个对接接口，这正是借鉴了弗拉基米尔·切洛梅设计局设计的"金刚石"军事空间站的构型。原先的设计将这一接口置于航天器的前部；米申的工程师在新设计上将这一接口改为布置在航天器的尾部。这一变化对空间站的运行产生了深刻的影响。当"进步"号载人飞船携带物资和燃料抵达空间站或者携带废弃物离开时，"联盟"号载人飞船第一次可以保持停靠（或者与新宇航员一起返回）状态。这使得在空间站永久居住成为现实。

与"礼炮" 1 号和 4 号空间站另外一个不同之处在于，"礼炮" 6 号空间站拥有一个双腔动力装置，这一灵感源于"金刚石"军事空间站。它被称为统一推进系统，可以使空间站的双发动机和控制推进器借助使用的推进剂而运行，这种推进剂名为偏二甲基肼和四氧化二氮。此外，"礼炮" 6 号空间站携带了一台新型望远镜，即 BST-1M 多光谱

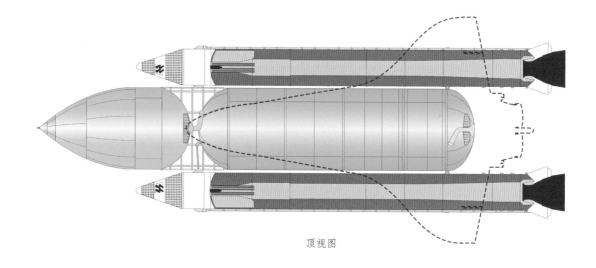

顶视图

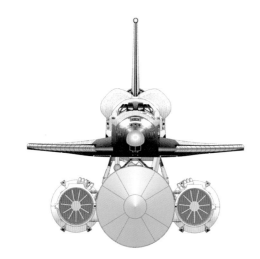

正视图

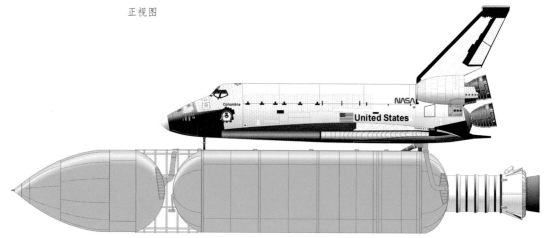

米

侧视图

望远镜，可在亚毫米波、红外线和紫外线下进行观测。

"礼炮"6号空间站承接的载人飞行任务次数之多和在轨时间之长都使其遥遥领先于它的前辈。

在"礼炮"6号空间站的生命周期（1977年9月至1982年7月）内，总计有16个苏联宇航员团队（每个团队有两到三名成员）到访了该空间站。在这一数字中，四分之一的人长期居住在空间站：第一次任务持续了96天，第四次任务接近145天，第七次任务持续了175天。但是，在指挥官理内德·波波夫和飞行工程师瓦列里·留明执行的第八次任务（"联盟"35号载人飞船）期间，宇航员在太空中逗留了长达六个月（1980年4月9日至10月11日）的时间，距离185天只差几个小时。这项任务的完成创造了世界上太空停留最长时间的纪录。

"礼炮"7号空间站（"礼炮"系列的最后一个空间站）于1982年4月19日入轨，原本是起到"礼炮"6号空间站的后援作用。尽管技术人员拆除了BST-1M望远镜并使用X射线检测系统取而代之，它与其前身并没有明显的不同之处。"礼炮"7号空间站在1982年5月到1986年7月期间一直载有宇航员。

一共有12个苏联宇航员团队到访过"礼炮"7号空间站，每个团队有一到三名成员，他们所执行的一半任务均持续了100天甚至更长的时间。1984年2月8日，指挥官列奥尼德·奇兹米、飞航工程师弗拉基米尔·索洛维耶夫和苏联宇航员医生奥列格·阿特科夫抵达这个空间站并一直停留到1984年10月2日，在轨运行时间接近237天，打破了历史纪录；也就是说，他们连续居住时间超过了7个月。当然，这期间空间站也遭遇了各种难题，有一次，因燃料泄漏，不得不展开四次舱外活动进行补救；还有一次，空间站上的所有系统都出现了故障，导致"礼炮"7号空间站在轨道上发生突降。尽管如此，"礼炮"系列空间站最终都证明了其在太空中长期停留的可行性。

随着1986年2月"和平"号空间站的发射，在地球以外长期维持生命方面，苏联航天局占据了无可非议的领先地位。

火箭
航天飞机用火箭技术

航天飞机并没有真正的前身，因为它集航天器、飞机和运载火箭为一体。

在其众多具有突破性的属性中，它的火箭系统可能是最具革命性的。与"土星"5号运载火箭不同的是，航天飞机将其提升动力分为三个不同的来源。它还引入了部分重复利用的概念，通过这个概念，可以实现轨道器在跑道上的着陆，也可以从海洋中打捞出固体火箭助推器（SRB）并送回肯尼迪航天中心。然后，这两个部件经过整修后便可重新投入使用。每次飞行后只需更换航天飞机的外储箱即可。当它在助推阶段结束后（距离地球约70英里）与轨道器分离时，它就会穿过大气层，那些没有燃烧完毕的碎片便沉入海底。

在航天飞机升空过程中，两侧的固体火箭助推器在发射过程中率先启动。在倒计时6.6秒时，它们开始启动并迅速燃烧，提供了航天飞机所需总推力的71.4%。它们在大约130秒时切断推力，并且在大约28英里（45千米）的高度处分离，之后经过大约4分钟的弹道下降。在坠入海洋之前，每个固体火箭助推器都打开了3具降落伞。回收船通常会在沿发射方向约140英里（225千米）处发现它们。此时，气势宏伟的固体火箭助推器位于149英尺（或45.46米）的高度，每个重达130万磅（589690千克），仅固体推进剂（高氯酸铵、铝、氧化铁、聚合物黏合剂和环氧树脂固化剂）的重量就达到了110万磅（503950千克）。两个助推器提供了总计530万磅的推力。

固体火箭助推器通过快速爆发的动力将太空运输系统从发射台送上太空并维持其飞行，与之不同的是，嵌入轨道器后部的3架航天飞机主发动机（SSME）则提供了8.5分钟（航天飞机有动力飞行的持续时间）的持续推力。这种缓慢且长时间燃烧产生的推力使航天飞机在抛投固体火箭助推器后入轨所需的6分钟内，从每小时3000英里（每小时4828千米）加速到每小时17000英里（每小时27358千米）。其推进剂由低温液氢和液氧以6∶1的比例组成。总体而言，3台航天飞机主发动机为航天飞机的发射增加了11250亿磅的推力。

最后，航天飞机的火箭系统依赖于一个巨大的外储箱（高154英尺/47米，直径25.5英尺/8.5米），它不仅可以作为航天飞机主发动机动力装置的液体燃料容器，而且还可以作为航天飞机主发动机动力装置的结构支柱，吸收2个固体火箭助推器和3台航天飞机主发动机的总推力

"阿里安"（Ariane）运载火箭 44-L
（V-150，2002 年 4 月 16 日）

0 1 2 3 4 5 米

负载荷。其内部由 3 个隔舱组成：位于前部的隔舱存储液氧；尾部隔舱存储液氢；以及一个连接两者的领口形状的内储箱。由于它们的重量差异很大，存储较轻液氢的隔舱大小是存储液氧隔舱的 2.5 倍。整个外储箱的外部覆盖了 1英寸（2.5 厘米）厚的喷涂聚异氰脲酸酯泡沫，它可以让推进剂保持在适宜的温度，同时防止气动加热和结冰现象。

尽管航天飞机的火箭系统出现了历史性的创新，但事实证明它远未达到设计师的预期。虽然航天飞机的早期支持者认为可重复使用的火箭技术是实现轨道访问的关键（考虑到经济可承受性），但其成本仍然高得惊人：根据 NASA 的计算，仅在前 20 次飞行任务中，美国为每次任务支付了 2.57亿美元。到 1990 年，这一数字增长到 2.86 亿美元。

这些倡议者中的许多人还认为，航天飞机拥有广阔的前景，可以像商业航班一样执行频繁、可预测的飞行。但技术复杂性和频繁的维护和维修不仅扰乱了航天飞机的服务，而且还会产生更高昂的费用支出。

提到航天飞机，最令人失望的恐怕是涉及它的两起致命事故。1986 年的"挑战者"号航天飞机和 2003 年的"哥伦比亚"号航天飞机事故共造成 14 人死亡，这两起事故不仅破坏了太空运输系统的声誉，并且在很大程度上导致其在 2011 年的停止继续服役。

"阿里安" 4 号运载火箭

1958 年，作为回应苏联发射"伴侣"号人造卫星的挑战，美国发射了"探险者" 1 号卫星并成立了 NASA。同年，一名意大利和一名法国科学家向欧洲各国政府提议建立一个以欧洲核子研究组织（CERN）为蓝本的空间科学机构。两年后，来自十个欧洲国家的代表组成了一个研究太空探索合作的委员会。根据委员会的报告，欧洲大国将于 1964 年创建两个空间机构，把火箭与航天器的发展区分开来，它们分别是欧洲发射发展组织（ELDO）和欧洲航天研究组织（ESRO）。这两个机构于 1975 年合并成为欧洲航天局，联合了 11 个国家的共同力量，这些国家包括比利时、丹麦、德国、法国、爱尔兰、意大利、荷兰、西班牙、瑞典、瑞士和英国。加拿大于 1978 年成为合作国。

成员国预测了欧洲航天局的需求，因此于 1973 年 7月授权开发一枚普通火箭（"阿里安"（Ariane）1 号运载火箭），由以法国国家空间研究中心（法语简称 CNES）

著称的法国航天局来监督其管理工作。法国国家空间研究中心与一家法国国有航天制造公司，即法国宇航公司（Aerospatiale）合作设计并制造这枚早期的运载火箭。共有 36 家航空航天公司和 13 家银行与法国国家空间研究中心于 1980 年联合组建了一家名为阿里安太空（Arianespace）的卫星发射和销售公司，在火箭完成组装和测试后，欧洲航天局便会将其转移到这家公司。

"阿里安" 1 号运载火箭是一枚三级火箭，配备了液体推进剂助推器，长 154 英尺（47 米），搭载 4080 磅（1850千克）的有效载荷于 1979 年 12 月 24 日首次升空。后来又陆续发射 10 次（8 次成功），直到欧洲航天局在 1986 年宣布其退役。"阿里安" 2 号和"阿里安" 3 号运载火箭拥有与"阿里安" 1 号运载火箭相同的基本结构，但它们之间仍然存在一些区别。首先，只有于 1984 年投入使用的"阿里安" 3 号运载火箭拥有两个固体推进剂捆绑式助推器。其次，和"阿里安" 2 号运载火箭一样，"阿里安" 3 号运载火箭比"阿里安" 1 号运载火箭长 6.5 英尺（2 米）。最后，两者的有效载荷搭载能力都比"阿里安" 1 号运载火箭大："阿里安" 2 号运载火箭的有效载荷为 4552 磅（2065 千克）；"阿里安" 3 号运载火箭的有效载荷为 5688 磅（2580 千克）。

"阿里安" 4 号运载火箭在很大程度上依赖于"阿里安" 1 号、2 号和 3 号运载火箭的技术、设备和经验，为了寻求更大的升力，其设计师在原先设计的基础上增加了一些功能，使"阿里安" 4 号运载火箭成为 20 世纪 90 年代欧洲的主力火箭。

欧洲航天局于 1981 年考虑建造"阿里安" 4 号运载火箭，并于次年获得批准。这种火箭于 1988 年完成首飞，和其姊妹火箭相比，它在性能上有了明显的提升。欧洲航天局的工程师延长了其第一级和第三级，加强了整体结构，并增加了双星发射外支架结构（SPELDA）双发射系统（可以满足同时发射两个航天器），采用了新型推进系统舱布局并安装了新型航空电子设备。最大的变化来自捆绑式助推器，可在五种型号上交替使用固体或液体推进剂，这五种型号分别是 42L、44L、42P、44P 和 44LP。40基本型不使用助推器。有了这些措施，"阿里安" 4 号运载火箭的能力远远超过了早期的"阿里安"运载火箭。它的高度超过 192 英尺（58.4 米），直径为 12.4 英尺（3.8 米），它能够将重达 16756 磅（7600 千克）的物体送入近地轨道。它重达（取决于不同的衍生型号）103.6175 万磅（47万千克），并且能够产生约 140 万磅的推力。它的第一级包含四台液体推进剂"海盗"5 号发动机（由肼-四氧化氮混合物作为燃料）以及两个或四个（根据需要）捆绑式助推器。第二级使用与第一级相同的推进剂，为一台"海盗"4 号发动机提供动力。第三级包含一台 HM7B 发动机（由低温液氧和液氢作为燃料）。

　　"阿里安"4 号运载火箭的服役期始于 1988 年，结束于 2003 年。在其服役的 15 年期间，共计发射了 117 次，只有三次失败，分别为 1990 年 2 月、1994 年 1 月和 1994年 12 月。从 1995 年 3 月开始到 2003 年 2 月结束，它成功完成了连续 74 次的飞行任务。它搭载的货物各不相同，但它帮助多个国家将多枚通信卫星送入轨道，例如 1992 年 2月为沙特阿拉伯发射的"阿拉伯星"-1C（Arabsat-1C）卫星、1992 年 9 月为西班牙发射的"西班牙卫星"（Hispasat）以及 1995 年 3 月为巴西发射的"巴西卫星"（Brasilsat）。

　　"阿里安"4 号运载火箭也将执行科学和军事任务的飞行器送上太空，包括 1992 年 8 月发射的 NASA 与法国国家空间研究中心合作开发的"托佩克斯/波塞冬"（TOPEX/Poseidon）海洋地形飞船和 1999 年 12 月为法国发射的用于情报收集的"克莱芒蒂娜"（Clementine）环月轨道探测器。总体而言，在其使用周期内它的发射数量占全世界商业卫星发射总量的 50%。

　　拥有全新的设计且功能远超其前身的"阿里安"5 号运载火箭于 1996 年 6 月完成首次发射。

"能源"号运载火箭

　　苏联的解体和冷战的结束对俄罗斯的太空野心带来了极具破坏性的挑战。在此之后，俄罗斯试图将计划经济突然转变为市场经济体系，这使得俄罗斯的经济遭受重创。在政治和经济动荡的连续冲击下，俄罗斯政府不得不减少对太空计划的资金投入，并且尽量缩减规模庞大的项目，如"暴风雪"号航天飞机（一种具有航天飞机特点的空天飞机）以及它的运载工具——能源（Energia）号运载火箭。与"暴风雪"号航天飞机一样，早在苏联解体和未来俄罗斯与美国建立太空伙伴关系之前，"能源"号运载火箭项目就开始了。这两种航天器均始于 1976 年，当时正处于冷战高峰时期，苏联军事策划者确信（尽管 NASA

"能源"号运载火箭

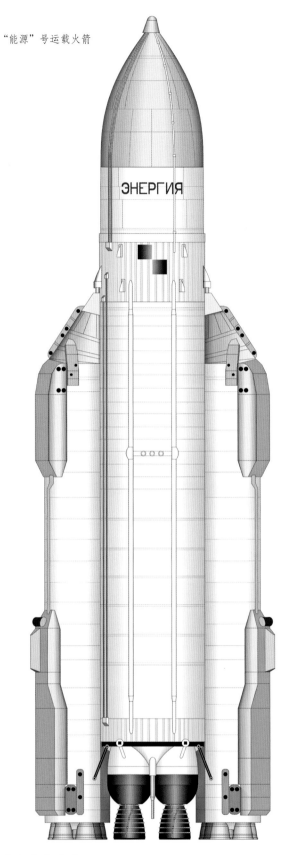

0 1 2 3 4 5 米

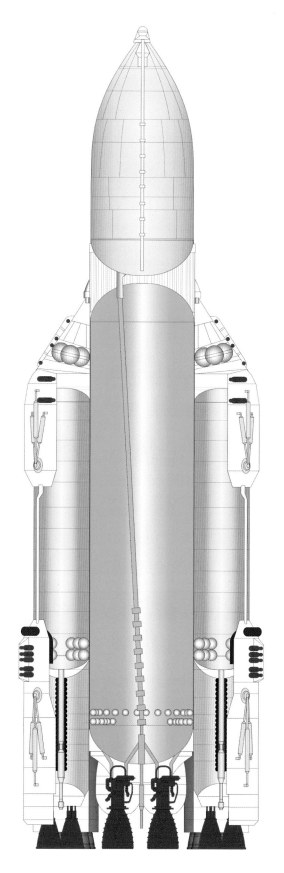

的声明与之相悖），计划中的航天飞机可以作为激光武器或核弹头的潜在发射系统。这一假设使苏联航天计划志在建造属于自己的航天飞机，并配备了比美国航天飞机更强大的火箭系统。

"能源"号运载火箭项目的启动时间大致与强大的 N1 运载火箭（旨在将宇航员运送到月球）被取消的时间相吻合。实际上，它是苏联对 NASA 发射的"土星"5 号运载火箭的回应。遗憾的是，N1 运载火箭一败涂地。1966 年，恰逢首席设计师谢尔盖·科罗廖夫逝世，经过匆忙的测试后，N1 运载火箭遭遇了四次发射失败，其中第二次发射失败造成史上最严重的非核爆炸事故之一。尽管起初并未将"能源"号运载火箭视为 N1 运载火箭的继任者，但"能源"号运载火箭最终起到了更大的作用。除了作为"暴风雪"号航天飞机的二级助推器外，其设计师还将其配置为独立的三级火箭，能够将各种有效载荷发射入轨。

无论是将"暴风雪"号航天飞机还是其他货物送至太空，"能源"号运载火箭在尺寸或能力上并未远远落后于 N1 运载火箭。它体型巨大，高 318 英尺（97 米），直径 25.4 英尺（7.75 米），重达 5565700 磅（2524600 千克）。它由 8 台火箭发动机提供动力：4 个助推器中每个均配备 1 台 RD-170（液氧 / 煤油）发动机，以及 4 台用于芯级火箭的 RD-120（液氧和液氢）发动机。

"能源"号运载火箭于 1987 年 5 月 15 日完成首次飞行，它载有"极地"号（Polyus）军用航天器，其第三级是从已取消的"和平"号空间站太空舱中借用而来。它的前两级表现良好，但上面级未能将其发射入轨，从而导致"极地"号航天器坠入海中。"能源"号运载火箭于 1988 年 11 月 15 日再次升空，这次搭载了一架不载人的"暴风雪"号航天飞机。它绕地球飞行两圈并在太空中停留 206 分钟后，在哈萨克斯坦的拜科努尔航天发射场自动着陆。

尽管取得了初步成功，但政治现实问题让"能源"号运载火箭在真正发挥作用之前便遭到了扼杀。

1991 年苏联解体以及随之而来的普遍经济滑坡严重削减了用于太空活动的经费。到 1993 年，"暴风雪"号航天飞机和"能源"号运载火箭（也许是俄罗斯有史以来最雄心勃勃的太空项目）因预算不足被取消。

即便如此，仍然存在一丝乐观情绪。为了将这项计划继续下去，"能源"号运载火箭的工程师们提出了一种比较小型的"能源"号M型运载火箭方案，在等待"能源"号运载火箭全面回归时，将其作为替代型号。虽然与之前的型号相比其推力相对较小（在芯级，它使用2台RD-170发动机而不是4台发动机，1台RD-120发动机而不是4台发动机），"能源"号M型运载火箭仍然是当时比较大型的运载火箭之一。但在1995年，它也沦为财政削减的受害者。它命运的终结，和"暴风雪"号航天飞机、"能源"号运载火箭一样，标志着俄罗斯航天计划进入一个转折点。面对俄罗斯经济衰退的现实，俄罗斯航天计划的领导人不得不试图与美国改善关系，转而跨入一个新的

阶段。20世纪90年代，两个曾经的竞争对手联合起来开发国际空间站，这种协作方式成为一种全新的合作模式。

无人宇航器
"卡西尼–惠更斯"号土星探测器

"卡西尼–惠更斯"计划是NASA与欧洲航天局联合开发的一个用于探索土星的项目，它是17个国家的合作成果。其中，"卡西尼"号轨道航天器由来自NASA下属的喷气推进实验室的一支美国团队设计并建造；"惠更斯"号探测器由欧洲空间技术研究中心负责建造。意大利航天

"卡西尼"号探测器

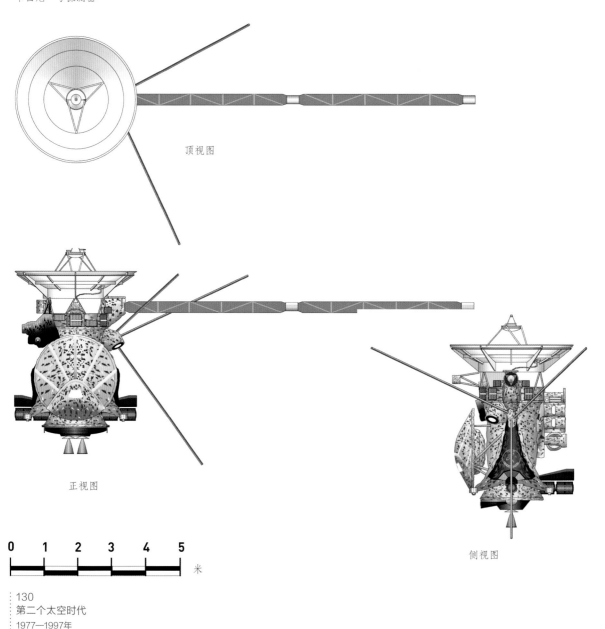

顶视图

正视图

侧视图

0 1 2 3 4 5
米

局（ASI）则提供了"卡西尼"号航天器所需的几种科学仪器，大部分为无线电系统和高增益天线。

这个探测器的名称是为了纪念意大利天文学家让－多米尼克·卡西尼（1625—1712年）和荷兰科学家克里斯蒂安·惠更斯（1629—1695年），他们分别证实并发现了土星环的存在。确切地说，"卡西尼－惠更斯"号土星探测器的任务集中在土星系统上，包括这颗行星、它的光环和它的8个主要卫星。

关于"卡西尼－惠更斯"号土星探测器的大部分描述都涉及其庞大的质量和尺寸：它是那个时候发射到外太空最重的（12593磅或5712千克）物体。

它高22英尺（6.7米），宽13英尺（4米）。尽管体型庞大，但它看起来并不讨人喜欢：就像一只金色的巨大昆虫，附着在一个巨大的碟形天线的一端。它需要"大力神ⅣB—半人马座"运载火箭的重载能力，这是美国最强大的一次性运载火箭，能够产生340万磅的推力。在发射台上，其整个组合体拔地而起高达184英尺（56米）——可以比肩一栋20层的建筑物。

这个航天器极具复杂性，且重量重（就像一只非洲象），飞行距离超长（20亿英里/32亿千米），这些都使得这个项目格外艰难。此外，当"卡西尼"号航天器环绕土星飞行时，这些因素都不能促成"惠更斯"号土星探测器的联合任务，即下降到土星大气层并在土卫六的表面降落。

"卡西尼－惠更斯"号土星探测器于1997年10月15日升空，1998年4月和1999年6月两次掠过金星，利用金星引力获得加速。接着于1999年8月掠过地球，2000年12月到达木星，最后于2004年7月抵达土星。当时它的发动机开始点火减速并将其送入土星轨道。

随着"卡西尼"号探测器正常入轨之后，欧洲航天局的团队准备发射"惠更斯"号土星探测器来执行抵达土卫六的任务。2004年12月25日，控制人员发射了一个直径约9英尺（2.7米）、重770磅（350千克）的翻盖式航天器，也就是"卡西尼"号探测器，它以每小时13400英里（21563千米/小时）的速度进行了为期三周的自主下降，直到降至土卫六的表面。当探测器探测到包围土卫六的大气层时，三个降落伞打开，接着它便在氮气重重的大气中漂流了两个半小时。在其下降并靠近土卫六期间，"惠更斯"号土星探测器上安装的6个仪器拍摄了超过一千张图像，从上至下对土卫六厚厚的大气层进行了采样，测量了风力和温度，并在其穿透阴霾和云层时绘制了土卫六表面的图像。2005年1月14日，"惠更斯"号土星探测器安全降落土卫六，并继续通过"卡西尼号"轨道器连续70分钟向地球播报数据。

"惠更斯"号土星探测器这一杰作不仅是对工程学和科学的致敬，也是"卡西尼"号探测器长期而富有成效的职业生涯中的高光时刻。这项为期四年的初始任务于2008年7月结束。在此期间，"卡西尼"号探测器绕土星飞行大约75圈，绕土卫六飞行44圈，关注点主要放在土星、它的环形系统、冰冷的卫星以及磁层上。然后在2008年7月至2010年10月进行的第一项扩展任务（"卡西尼"春分任务）中，这个航天器共计27次掠过土卫六，以及7次掠过冰冷且地质活跃的"恩克拉多斯"（Enceladus）卫星。最后，计划于2010年10月至2017年9月进行的"卡西尼"冬至任务期间，除了调查土星环和其卫星所受到的季节性影响，还掠过土卫六56次，掠过"恩克拉多斯"12次。由于多次执行飞行任务，"卡西尼"号探测器还发现了7个新的卫星，它们分别是土卫三十二（Methone）、土卫三十三（Pallene）、土卫三十四（Polydeuces）、土卫三十五（Daphnis）、土卫四十九（Anthe）、土卫五十三（Aegaeon），以及临时命名的S/2009 S 1卫星。

"卡西尼"号探测器发现之旅的最后阶段止于2017年夏末，当时它通过一次受控下降进入土星的大气层。截至那个时候，它的12种仪器聚集了超过13年的数据流，向人类揭示了种种迄今未知的事实，比如关于这个巨大的气态行星及其光环、庞大的土卫六及其厚重浓郁的大气层、寒冷且拥有丰富间歇泉的"恩克拉多斯"卫星以及整个土星系统。

"哈勃"太空望远镜

早在人类进入太空时代之前，巨型空间站的概念就已经生根发芽，与之同步的还有一个关于巨型望远镜的想法，它能够围绕地球轨道运行避免大气层的干扰。早在1946年，普林斯顿大学的天体物理学家莱曼·斯皮策就提出了这种观测宇宙的全新方式，还得到了哈佛大学史密森天文物理观测馆主任弗雷德·惠普尔博士的进一步论

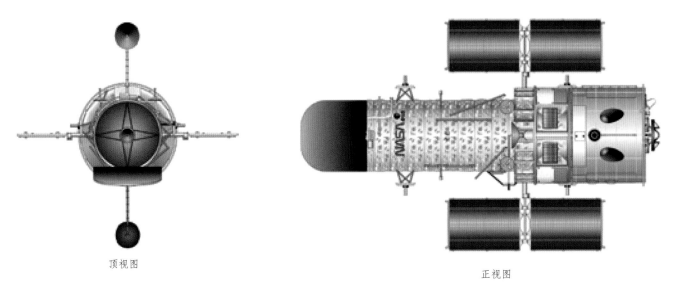

顶视图

正视图

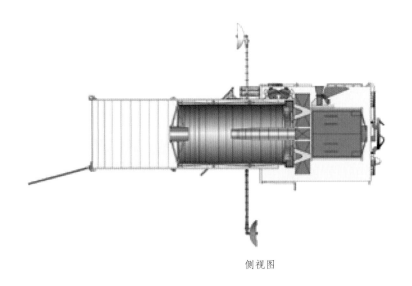

侧视图

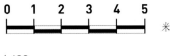

米

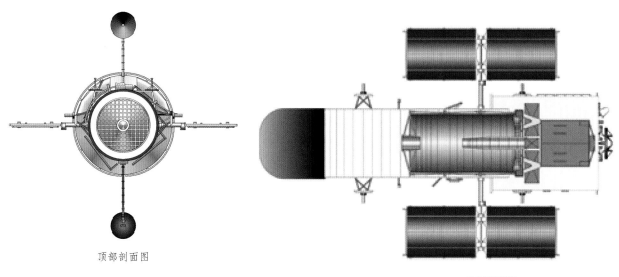

顶部剖面图

正面剖面图

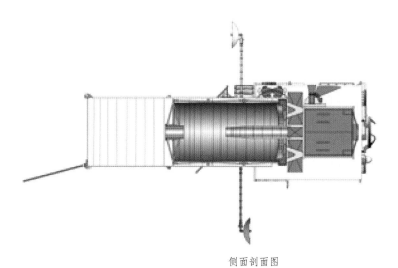

侧面剖面图

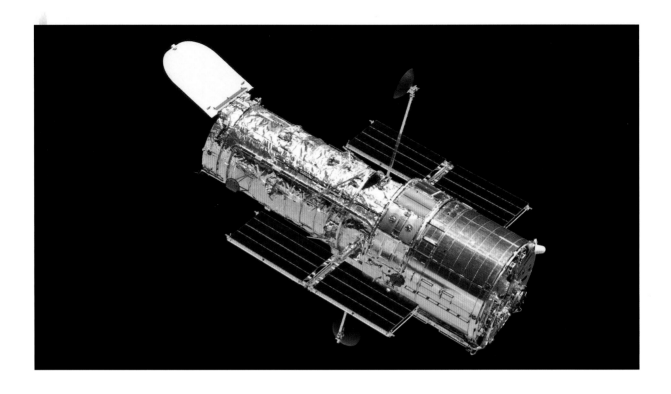

证。在1959年举行的美国国会听证会上，为美国人民所熟知的太空探索倡导者和先驱惠普尔谈到了这种大型望远镜，它可以不受任何固定点束缚，带给人类诸多好处。6年后，美国国家科学院空间科学委员会主张在强大的"土星"5号运载火箭上搭载一个天文台。NASA采纳了这个建议，在1973年的天空实验室空间站任务中安装了"阿波罗"太空望远镜。但要实现斯皮策和惠普尔的梦想，即安装一个全面的太空观测台，还需要几十年的时间来说服各方并做好准备工作，比如大量的资金支出，以及掌握与太空时代最伟大的工程项目相匹配的复杂技术。

第一个项目被称为"哈勃"太空望远镜（Hubble Space Telescope, HST），这一命名与其重要性相匹配。它是为了纪念位于加利福尼亚州帕萨迪纳北部圣加布里埃尔山脉的穆恩威尔逊天文台主任爱德温·鲍威尔·哈勃（1889—1953年）。哈勃先生开展的天文观测工作改变了人类20世纪的宇宙观。他不仅验证了阿尔伯特·爱因斯坦关于宇宙膨胀的理论，而且还证明了宇宙不只有一个，而是一个巨大的星系，他为此还开发了一套分类系统。

"哈勃"太空望远镜的设计工作始于20世纪70年代，但因资金不稳定而导致设计放缓，1978年，NASA对这个项目给予了坚定的支持，工作人员便加快了节奏。其工

程师计划建造了一个拥有前所未有的尺寸和能力的航天器：一个银色罐状物体，长43英尺（13米），直径14英尺（4.2米，相当于有轨电车的尺寸），重13.3美吨（12.1吨）；在它的核心位置设有一个巨大的94英寸（239厘米）长的主镜，它能够利用其精确的公差，对恒星、银河系和150亿光年之外的河外星系开展无与伦比的光视觉观测。

然而，残酷的现实最终让这台非凡的机器黯然失色。1983年初，NASA局长詹姆斯·贝格斯向国会承认项目进度延迟，并面临严重的成本超支问题。众议院和参议院同意提供更多资金，但条件是贝格斯要尽可能削减开支并收紧"哈勃"太空望远镜项目的管理经费。这些要求实际上对这个项目起到了催化作用：NASA的戈达德太空飞行中心承担了对"哈勃"太空望远镜的整体管控，此外还负责监督约翰斯·霍普金斯大学的空间科学望远镜研究所，这家研究所负责该项目的科学运作；位于加利福尼亚州桑尼维尔的总承包商洛克希德导弹和空间公司（Lockheed Missiles and Space Company）也开始加快建造速度。同时，NASA与欧洲航天局签署了一项协议，允许他们的科学家与其共享望远镜的使用权。然而，"哈勃"太空望远镜的支出继续攀升，最终高达20多亿美元。

虽然洛克希德公司的技术人员制造了"哈勃"太空望

远镜并进行了地面测试，但是这台望远镜却失去了进入太空的唯一途径。1986年1月的"挑战者"号航天飞机失事让航天飞机机队面临全面停飞的窘境，使这台近乎完工的仪器被束之高阁。这种情况一直延续到1990年4月24日，当时，"发现"号航天飞机执行31R号太空运输系统任务，终于将这个笨重的航天器送入预定轨道——这也许是当时，甚至是迄今以来航天飞机运载的最重要的非人类货物。在发射之前，休斯敦的宇航员和任务规划人员经历了无数次的演练，只是为了等待"哈勃"太空望远镜成功入轨并履行其使命这一重要时刻的到来。这一时刻终于来临，美国人民焦急地观看着天文学家斯蒂芬·霍利利用航天飞机的加拿大机械臂抓住"哈勃"太空望远镜，将这个巨大而精致的机器从货舱中移出，然后将它释放进入太空。

这一切似乎顺利得让人感到意外，但是这种顺利在不到一个月后开展望远镜首次观测时便戛然而止。当时，NASA的领导人不得不承认这一难以想象的事实，那就是"哈勃"太空望远镜无法聚焦远处的天体，尤其是恒星。调查人员将这个问题追溯到洛克希德公司的一家分包商，原来他们无意中将错误的数据输入计算机控制的用于支撑"哈勃"太空望远镜主镜的设备，从而导致望远镜出现变形。不仅如此，"哈勃"太空望远镜还在轨道上发生了振荡，这是由于当它进出地球的阴影时，太阳能电池阵列出现加热和冷却的现象，从而扰乱了它的天体指向系统。

在"哈勃"太空望远镜首次发射3年零8个月之后，1993年12月2日，"奋进"号航天飞机（执行61号太空运输系统任务）搭载7名宇航员入轨维修"哈勃"太空望远镜以使其恢复正常功能。宇航员预计这将是一项危险的任务，如果他们失败了，没有人会因为缺乏准备而责备他们。他们在约翰逊航天中心针对一些部件进行了详尽的演练，其中包括光学矫正系统、一套全新的计算机、广角行星相机的替代品以及新的太阳能电池帆板等。之前开展的舱外活动从没有持续如此长的时间，也没有像这项任务一样具有如此高的风险。

当航天飞机用加拿大机械臂抓住这一高耸的航天器并将其直立锁定在航天飞机的有效载荷舱内之后，宇航员于12月4日至8日使用了两百多个总重达14400磅（6530千克）的工具对这个航天器开展了长达5天的维修攻坚战。其结果赢得了全世界的关注。自"伽利略"木星轨道探测器以来，它或许比任何天文仪器更具有影响力。对"哈勃"太空望远镜的视野校正吸引了公众的兴趣，一部分原因在于其重新复活的戏剧性，另一部分原因在于其在互联网上的热度。此外，大部分关于宇宙的主流正统思想也迅速得到了纠正。

在第一次维修任务取得巨大成功的鼓舞下，1994年2月、1999年12月和2002年3月又增加了三次维修任务。他们将"哈勃"太空望远镜的观测范围从可见光扩展到近红外光，更换了六个陀螺仪中的四个，并安装了新型太阳能电池板和用于观测的先进摄像机。2009年5月最后一次前往"哈勃"太空望远镜之旅需要五次太空行走，这可能是所有任务中最雄心勃勃的一次：宇航员安装了宇宙起源摄谱仪和三型宽视野摄像机，修复了太空望远镜成像光谱仪和用于观测的先进摄像机，并增加了一台新的科学计算机。

"哈勃"太空望远镜在其发射后的第28年仍继续服役。在其漫长的服役生涯中，它深入到宇宙的一个小领域，称为"'哈勃'深空"，观测了大约3000个星系（有些寿命长达100亿年），从而寻找宇宙形成时期的线索。它观测到了迄今为止最遥远的恒星爆炸现象，这是一颗在大约100亿年前引爆的超新星（观测结果表明重力减缓了大爆炸后宇宙的膨胀过程）。"哈勃"太空望远镜能够辨别在某些星系中心观测不到的灾难性事件，最后发现它们是超级巨大的黑洞，能够吞噬光线并使其隐形。太空望远镜还将行星的形成和与一些年轻的恒星相关的薄饼状圆盘联系起来，这一频率表明行星的产生是一种经常性现象。最后，"哈勃"太空望远镜使天文学家能够计算出宇宙的年龄，即在120亿到140亿年之间。

"哈勃"太空望远镜将会继续向地球回传图像，直到它的仪器失灵为止。同时，作为"哈勃"太空望远镜的继任者，詹姆斯·韦伯太空望远镜在2021年开始服役（结合最新消息，该望远镜在2021年12月成功发射）

"康普顿"伽马射线天文台

20世纪80年代，在NASA规划大型轨道天文台计划期间，它根据所覆盖光谱部分的不同为每个望远镜分配了一项任务："哈勃"太空望远镜——可见光；"钱德拉"太空望远镜——X射线；"斯皮策"太空望远镜——红外线。顾名思义，伽马射线天文台则覆盖了其指定的波段。

在"哈勃"太空望远镜升空大约一年之后，1991 年 4 月 5 日，"亚特兰蒂斯"号航天飞机在执行 37 号太空运输系统任务中携带这个天文台入轨。不久后，NASA 将它命名为"康普顿"伽马射线天文台。它成为太空中第二大天文台。这一命名是为了纪念芝加哥大学的物理学家阿瑟·康普顿，他于 1927 年与查尔斯·汤姆逊·里斯·威尔逊共同获得了诺贝尔物理学奖，因为他们解释了 X 射线波长与金属中的电子碰撞时的变化（证明电磁辐射作为波浪和粒子的存在形式）。这一发现对于利用"康普顿"仪器观测伽马射线做出了重大贡献。

"康普顿"伽马射线天文台的成功之路并非一帆风顺。当"哈勃"太空望远镜将模糊的图像传回地球时，NASA 的声誉大受影响，仅仅一年之后又再次出现这种尴尬局面，这样会在媒体上造成负面影响，并且有可能影响 NASA 未来能否获得充足的资金支持。随着航天飞机上的宇航员卸下这个 17 吨（34440 磅，15623 千克）重的庞然大物（除了后来的"钱德拉"惯性上面级组合体之外，这是航天飞机能够承载的有效载荷极限），"康普顿"团队感到十分紧张。地面测试证实望远镜的太阳能电池帆板存在问题，他们对此感到很担心。令人惊讶的是，这一展开过程并没

"康普顿"伽马射线天文台（GRO）

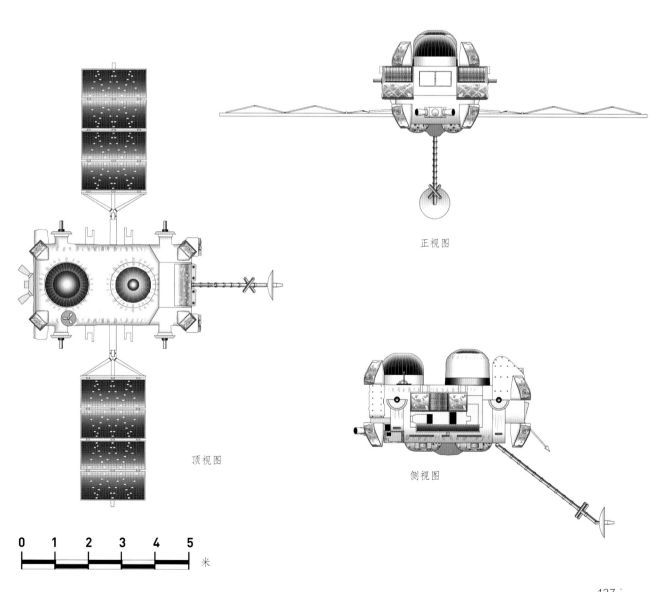

正视图

顶视图

侧视图

0 1 2 3 4 5

米

"伽利略"（Galileo）木星轨道探测器
高增益天线（HGA）已部分打开

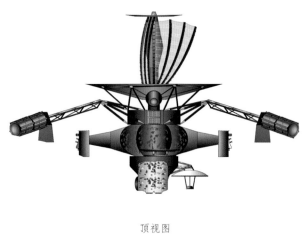

顶视图

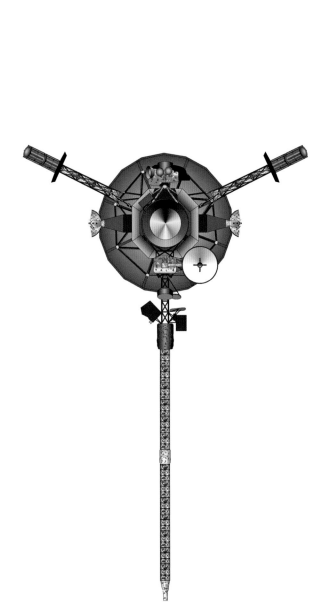

正视图

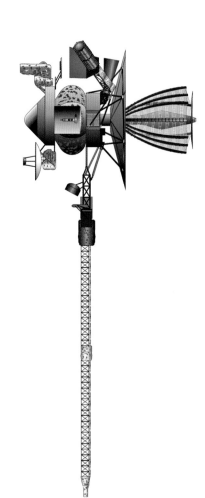

侧视图

0　1　2　3　4　5
米

有出现意外。然而，通常可靠的高增益碟形天线（是必不可少的，因为它可以将科学数据发回地球）却未能展开。任务控制人员尽可能尝试移动它，甚至用加拿大机械臂来推动它，但都没有任何效果。因此，宇航员杰伊·艾普特和杰瑞·罗斯穿上宇航服并进行了一次计划外的太空行走。由于高增益碟形天线本身似乎没有受损，罗斯获准开展这项体力活。他用右手支撑着自己，在支撑天线的吊杆上猛推了两次；推了三到四次之后，它开始松动；再试了两次之后，天线就开始张开了。然后罗斯和艾普特走到了吊杆的远端，用手完全打开天线并将其锁定。随后，宇航员在太空中释放了"康普顿"伽马射线天文台。

新型太空望远镜和"哈勃"太空望远镜一样功能强大，它开始执行扫描伽马射线活动的任务，伽马射线活动是已知的最高能量光，但相对罕见；更为罕见的是它会猛烈爆发。但是，利用新型太空望远镜的四种仪器——爆炸和瞬变来源实验（BATSE）；定向闪烁光谱仪实验（OSSE）；成像"康普顿"望远镜（COMPTEL）；高能伽马射线实验望远镜（EGRET）——"康普顿"伽马射线天文台能够实现比以往的伽马射线任务高10倍的探测灵敏度。

由此产生的观测结果有助于推翻关于宇宙的一些基本假设。例如，爆炸和瞬变来源实验提供的证据表明，伽马射线的发射不仅发生在银河系中，正如先前所怀疑的那样，而是存在于整个宇宙中，甚至最遥远的地点，通常还伴随着大质量恒星的消亡或各种黑洞。高能伽马射线实验望远镜发现了一个由超大质量黑洞占主导地位的新型活动星系，这个星系是大量伽马射线爆发的来源，其功率超过1亿电子伏特。根据"康普顿"伽马射线天文台提供的数据，科学家认为伽马射线放电代表了宇宙中最强烈的爆炸。"康普顿"伽马射线天文台持续工作了九年多时间。任务控制中心于1993年进行了一次轨道重新启动机动，使其寿命延长了五年，这就大大超过了其最初的设计航时。但是当控制陀螺仪于1999年末失效时，项目管理人员决定于2000年6月通过在太平洋上空的一次大气再入操作来结束它的使命。同时，在其使用寿命期间，"康普顿"伽马射线天文台共记录了超过2600次伽马射线爆发。

"伽利略"木星轨道探测器

在探测行星的过程中，一次初步的成功经常会引发一系列探测活动，每次探测都会比之前的探测更加完善。按照这种思路，"先驱者"10号和11号探测器的飞行任务充当了科学家的驱动要素，旨在更多地了解位于火星和小行星带之外的神秘行星。"先驱者"10号探测器首次与木星接触，于1973年12月抵达离木星最近的位置，然后飞往土星。接下来是"先驱者"11号探测器，它在一年之后到达最靠近木星的位置，然后也前往土星进行探测。后续的探测活动继续与木星相遇，当"旅行者"1号和2号探测器共同观测太阳系的四个气态巨行星时，这些探测器首先于1979年靠近木星，然后经过土星、天王星和海王星。然而，这些任务只会引起研究人员的兴趣。就在这些航天器到达目的地之前，NASA的规划者设想了一个探测器，它不仅能够围绕这些巨大的行星之一飞行，而且能够穿越其气态内部空间飞行。NASA称它为木星轨道探测器，国会于1977年批准了这个项目。但事实证明，获得批准比实际实现这种能力提升要容易得多。

根据设想，这个航天器由两部分组成：一个是由喷气推进实验室设计和制造的轨道器，另一个是由休斯飞机公司提供的探测器。到1981年，NASA已经为这个项目投入了3亿美元。

为了减少木星轨道器过长的往返时间，喷气推进实验室只能利用通往其目标的一条直接航线，使用航天飞机完成发射任务，然后在轨道上使用全新的由三部分组成的惯性上面级（简称IUS，空军最初将其作为"大力神"导弹的两级助推器）进行二次点火实现这一目标。由于NASA在等待动力更强劲的惯性上面级，因此这个计划的成本还在不断攀升，到20世纪80年代中期达到约6.5亿美元。更糟糕的是，空军放弃了当时正待开发的惯性上面级，这就让NASA别无选择，只能转向动力更强大的"半人马座"运载火箭上面级。但这条路也在1986年"挑战者"号航天飞机失事之后行不通了，当时，为了保护未来的宇航员，NASA禁止从航天飞机上发射不稳定的"半人马座"运载火箭。

这个决定只能让这个计划使用标准的两级惯性上面级，但是这种上面级没有足够的推力将航天器直接送达木星。幸运的是，喷气推进实验室开发了一种解决方案。为了在飞行期间收集能量，项目工程师设计了一个涉及金星和地球飞行的重力助推计划，随后飞行器前往木星。不幸的是，喷气推进实验室没有使用最初的三年半飞行计划，其提出的解决方案需要飞行六年才能抵达目标。还有一个因素可能会阻碍这个计划的实施，那就是有人以航天器两个放射性同位素热电源中携带的22千克二氧化钸可能对环境安全构成威胁为由提起了一场法律诉讼（最终被驳回），而这种发电机负责为航天器供电。

最后，在提出这一方案13年后，NASA宣布将1989年10月或11月作为木星项目的发射时间窗口——计划成本增加到约13亿美元。现在这个项目更名为"伽利略"，旨在纪念著名的意大利数学家和天文学家伽利略（Galileo）。"伽利略"木星轨道探测器于1989年10月18日利用"亚特兰蒂斯"号航天飞机入轨。在两级惯性上面级的推动下，飞往金星，绕地球飞行两圈，然后在1992年12月转向木星——同时观测两颗小行星（Gaspra和Ida）以及苏梅克 - 列维彗星。

"伽利略"木星轨道探测器于1995年12月7日抵达木星。这个探测器类似于每侧都有把手的碗，它从低增益天线顶部到探测器底部的长度为20.2英尺（6.15米），重量（发射时）约5648磅（2562千克）。"伽利略"木星轨道探测器是第一种通过其自身的一部分缓慢旋转和由陀螺仪引导的非旋转部分来实现稳定的航天器。在它携带的11种仪器中，轨道器的旋转部件装有研究带电粒子、磁场、宇宙和木星尘埃的设备；非移动部分包含需要固定位置的仪器，例如摄像机和光谱仪。

"伽利略"木星轨道探测器的高度仅为34英寸（86厘米），重约750磅（339千克）。一旦到达木星，控制人员就会释放它，它在无动力的情况下飞行了五个月（在此期间，轨道器与木卫一和木卫二的飞行航线交叉，并且非常靠近这颗行星本身）。1995年12月7日，"伽利略"木星轨道探测器到达木星，探测器以每小时106000英里（170000千米/小时）的速度飞行，激活了空气动力学制动装置，开启了它的8英尺（2.5米）降落伞，当深入木星大气层时，探测器还持续传输了近一个小时的数据。"伽利略"木星轨道探测器受到气溶胶保护，隔离了下降过程中产生的热量，但高温最终破坏了它的电子设备，因此无法继续工作。但在坠毁之前，它发送了有关阳光、温度、压力、风、闪电和大气成分的数据。

大约一个小时后，轨道器启动了主发动机并进入木星轨道。它的第一次绕木星飞行花了七个月时间，随后又进行了34次绕木星飞行，最后一次始于2002年11月。在飞行期间，它飞越了木卫二11次、木卫四8次、木卫一7次、木卫三6次、木卫五1次。主要任务持续到1997年12月，之后"伽利略"木星轨道探测器开始其第一次延期任务，这是一次为期两年的飞行，专门用于对木卫二、木卫一和木星进行距离更近的观测。之后，2000年到2003年的"千禧年任务"飞越了木星的主要卫星，测量了行星的磁层（与"卡西尼"号探测器一起前往土星期间完成测量），卫星飞越木卫五，最后，于2003年9月21日故意撞向木星中心位置，在与木星密集的大气层摩擦后被烧毁。

在探测木星的八年期间，"伽利略"木星轨道探测器获得了几项重大发现。它发现木星的雷击比地球雷击强1000倍。它发现有证据表明液体海洋流入木卫二的冰面下方，木卫三和木卫四也是如此。研究人员还发现木卫三、木卫二和木卫一都拥有金属内核。在太阳系的所有其他卫星中，木卫三像地球一样产生磁场。木卫一展示的火山活动比地球的能量高出100倍。科学家们推测，当行星际流星体坠入其四个小型内部卫星时，木星的环形系统是尘埃散落形成的。

正如"伽利略"木星轨道探测器追随"先驱者"10号和11号探测器，以及"旅行者"1号和2号探测器追逐木星一样，2016年，"朱诺"号木星轨道探测器抵达木星，旨在进一步地完善前辈的探测工作。

"乔托"哈雷彗星探测器

1986年标志着国际航天飞行进入一个十字路口。从某种意义上说，它意味着太空领导权开始进入再次平衡阶段，在"阿波罗"计划取得成功期间和之后，这一阶段是美国占据主导地位，之后是NASA、俄罗斯航天局和欧洲航天局三足鼎立之势。

随着中国航天计划的兴起，这种关系变成了一种四足鼎立的态势。

这种重新调整始于1986年1月，当时美国人经历了迄今为止最严重的太空事故："挑战者"航天飞机及其7名宇航员在升空后不久因发生猛烈爆炸而死亡，美国航天飞机因此关停32个月，导致无法将宇航员送上太空。但是，由于美国计划遭受了最严重的挫折，同年3月，苏联发射了当时世界上最大的空间站——"和平"号空间站，苏联人用15年的时间，获得了关于长期载人航天飞行的宝贵知识。在"和平"号空间站首次亮相的同一个月，欧洲人通过"乔托"（Giotto）哈雷彗星探测器开展了首次深空探测，自此进入国际舞台，目标直指哈雷彗星。早在公元前239年就有人首次记录了哈雷彗星，并将它描述为"划过夜空最耀眼最美丽的星星"，并且自那以后每75周年回归一次，哈雷彗星代表的可能是用肉眼可见最引人注目的天文事件。在这次飞行中，"乔托"哈雷彗星探测器与彗星实现了第一次亲密接触——实际上，这次接触的不是普通彗星，而是最著名的彗星。

"乔托"哈雷彗星探测器的名字来源于意大利文艺复兴时期早期的画家乔托·迪·邦多纳，而这个项目可以揭开自古以来一直吸引人们的一个谜团。1301年，哈雷彗星给乔托留下了深刻的印象，以至于他在《三博士来朝》（Adoration of the Magi）这幅画中将哈雷彗星重塑为伯利恒之星。

尽管取得了非凡的成就，但是，"乔托"哈雷彗星探测器的外表毫不张扬，它只是一个深蹲形圆筒，中间有一条宽阔的太阳能电池帆板。在这个舱段下方，一个圆形托盘装有科学设备，在航天器的最底部，技术人员安装了一个保险杠罩，旨在保护"乔托"哈雷彗星探测器免受哈雷彗星尘云碎片的伤害。在顶部，欧洲航天局工程师安装了一个高增益天线盘。它只有5英尺（1.6米）高，直径近6英尺（1.8米），在发射时重2116磅（960千克），而当它到达目的地时仅有1190磅（540千克）。

在1985年7月搭载"阿里安"1号运载火箭发射升空后，"乔托"哈雷彗星探测器经过超过9300万英里（1.5亿千米）的艰苦跋涉，终于在大约8个月后接近目标。在

"乔托"哈雷彗星探测器

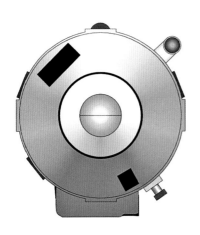

正视图

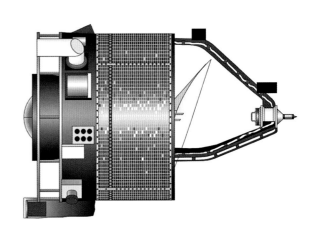

侧视图

0 1
米

与哈雷彗星最接近的 2 个小时内，它从大约 12000 次尘埃撞击中幸存下来。"乔托"哈雷彗星探测器于 1986 年 3 月 13 日离彗核约 370 英里（596 千米）时达到了最接近的点，但就在那之前，一颗重约 0.035 盎司（1 克）的彗星撞击了这个航天器，导致它旋转并暂时停止广播。尽管如此，欧洲航天局团队很快与它恢复了联系。

"乔托"哈雷彗星探测器拍摄的彗星图像显示存在一个不规则的星体，长约 9.3 英里（15 千米），宽 4.3 ~ 6.2 英里（7 ~ 10 千米）。其他测量结果发现，水占哈雷彗星喷出的分子的 80%（以每秒约 11 吨的速度喷出）。尘埃测量表明，哈雷彗星以每秒 3.3 吨的速率喷出 7 种不同的射流，其由大量的氢、碳、氮和氧组成。

经过长时间的休眠，"乔托"哈雷彗星探测器收到欧洲航空安全局的唤醒指令并再次开始执行任务：1992 年 7 月 10 日，它完成了一次 1.553 亿英里（2.15 亿千米）的旅程，穿过了葛里格—斯克杰利厄普彗星，完成了迄今为止世界上最近的一次彗星飞越——距离彗核仅 62 ~ 124 英里（100 ~ 200 千米）。

在 2061 年哈雷彗星下一次靠近地球时，世界各地的人们将再次惊奇地看到它，因为哈雷彗星总是让人吃惊；但是有了"乔托"哈雷彗星探测器的观测，人们也能够更好地了解它。

"尤利西斯"太阳探测器

就像同名的神秘希腊国王一样，在特洛伊沦陷之后，在"地中海"的未知区域游荡了十年之后，"尤利西斯"（Ulysses）太阳探测器也开始了一段对未知领域史诗般的冒险。当它的旅行在 2009 年 6 月结束时，其飞行时间几乎是希腊传奇英雄的两倍。

欧洲航天局和 NASA 合作，利用现代化的"尤利西斯"太阳探测器研究太阳及其两极，同时推断其他恒星的情况。研究人员不仅想了解更多有关太阳周围环境的信息，还想了解太阳对日光层的影响。"尤利西斯"太阳探测器的任务规划者希望阐明诸如太阳风和宇宙射线的起源、高能粒子的运动、伽马射线爆发的来源、行星际和星际尘埃的性质以及太阳磁场的属性等未解之谜。由于太阳以 11 年为周期运行，其活动从相对静止到高度活跃，"尤利西斯"太阳探测器还评估了这些太阳季节对周围空间环境的影响。

欧洲航天局和 NASA 根据各方提供的仪器套件划分了"尤利西斯"太阳探测器的任务。欧洲航天局专注于探测磁场、高能粒子、宇宙尘埃和引力波的设备；美方则专注于研究太阳风、低能离子和电子、宇宙射线、太阳粒子和伽马射线爆发。这个卫星的 10 部仪器中有一半来自欧洲航天局下属的各个成员国，另一半来自 NASA。

"挑战者"号航天飞机失事导致 4 年延迟之后，1990 年 10 月 6 日，NASA 才利用"发现"号航天飞机（41 号太空运输系统）将"尤利西斯"太阳探测器发射升空。喷气推进实验室提供任务控制系统；欧洲航天局负责设计并制造航天器。"尤利西斯"太阳探测器基本上是一个正面安装了高增益天线的盒子，它的尺寸为 10.5×10.8×6.9 立方英尺（3.2×3.3×2.1 立方米），重 820 磅（370 千克）。

"尤利西斯"太阳探测器开始了它的木星之旅。在惯性上面级和有效载荷辅助模块的推动下，它以航天器的最大速度向外飞行，直到抵达木星为止。它于 1992 年 2 月到达木星，在完成一次飞越之后，使用重力助推摆动到太阳的大椭圆极轨道。"尤利西斯"太阳探测器于 1994 年和 1995 年首次飞越太阳的两极，每次飞越通常需要 3 ~ 4 个月时间。它的主要任务于 1995 年 9 月结束，但欧洲航天局和 NASA 决定延长其服役时间。它在 1996 年观测了百武彗星的彗尾，并在 2000 年、2001 年和 2007 年、2008 年再次飞过太阳的两极。

"尤利西斯"太阳探测器观测到许多引人注目的现象。在测量了星际气体中氦同位素的丰度（以前从未实现过）之前，许多研究人员得出的结论是宇宙在最终崩溃时缺乏足够的物质来摧毁自身。此次任务还发现日光层中的磁场（缺乏内聚模式）要比之前想象得更复杂；但让人感到矛盾的是，太阳就像一个简单的磁棒一样运行，每 11 年完成一次磁极的逆转变化。

在"尤利西斯"太阳探测器第三次飞越太阳两极后不久，其管理者准备结束这个项目。由于航天器在远离太阳的椭圆轨道上运行，因此它不依赖太阳能，而是依靠核动力放射性同位素热电源来发电。在执行任务近 20 年后，放射性同位素热电源停止工作，关闭了加热器，并导致燃油管路冻结。任务控制中心于 2009 年 6 月关闭了"尤利西斯"太阳探测器。

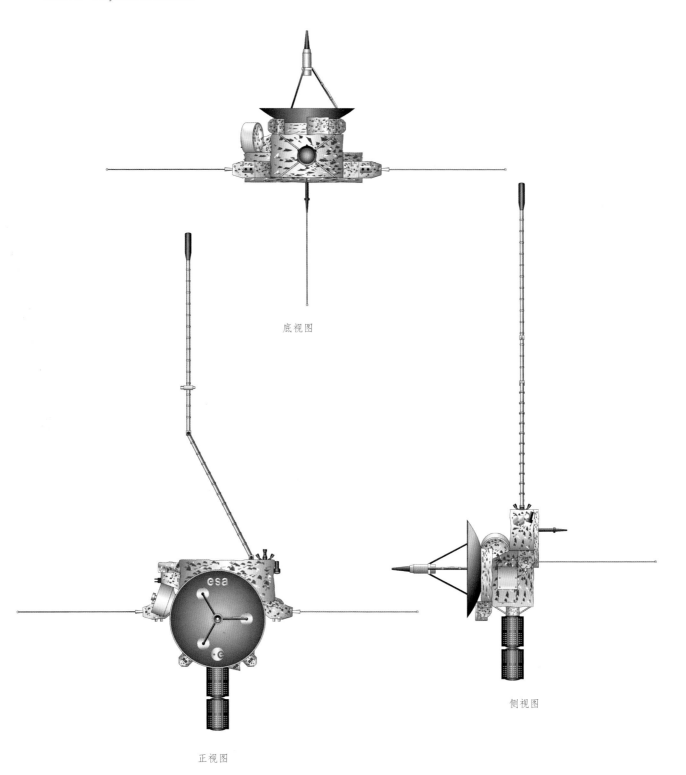

底视图

正视图

侧视图

0　　　　1　　　　2
米

处于十字路口的空间探测活动

1997—2017 年

太空舱
"猎户座"多功能载人飞船("猎户座"飞船)

2003年2月1日,"哥伦比亚"号航天飞机在返回途中爆炸后,布什政府听取了"哥伦比亚"号事故调查委员会的主要建议之一:航天飞机在完成国际空间站的组装后将退役。2004年1月,乔治·布什总统宣布2010年为航天飞机服役的最后一年。取而代之的是,他提出了一项名为"空间探测愿景"的复杂且雄心勃勃的计划,该计划在某种意义上至少超越了航天飞机,将研制低地球轨道航天器。布什称之为乘务舱,发射能够将宇航员送入深空的飞行器。总统为航天飞机的继任者提供了一个时间表:2014年开始试飞,2020年之前开展登月任务。除此之外,他大谈月球是人类最终登陆火星的平台。

布什演讲的乐观情绪很快就遭到阿富汗和伊拉克反恐战争带来的严峻预算这一现实情况的当头棒喝。NASA发现自己不得不削减总统的宏伟计划,并用历史悠久的硬件系统取代昂贵的新技术。"星座计划"需要两个独立的发射器:"战神"1号运载火箭,源于航天飞机固体火箭助推器的火箭;"战神"5号运载火箭,由5台RS-68发动机(如"德尔塔"4型导弹上的发动机)提供动力,由一个巨大的外部燃料储箱提供燃料,并辅以另外2台固体火箭助推器。"战神"1号和5号运载火箭都使用了"土星"运载火箭的J-2第二级。

"星座计划"的决策者选择了一个航天器,也就是"猎户座"(Orion)多功能载人飞船指挥舱和服务舱,其目的是将宇航员运送到地球轨道以外。与"战神"1号和5号运载火箭一样,"猎户座"多功能载人飞船从过去汲取了大量经验。它具有类似于"阿波罗"号载人飞船指挥舱和服务舱的锥形圆柱轮廓,只是更为宽敞。它可以携带6名宇航员进入国际空间站,4名登陆月球。在执行探月任务期间,它使用了与"阿波罗"号载人飞船相同的月球轨道交会架构:当"猎户座"多功能载人飞船绕月球轨道运行时,一个着陆器与它分开,首先在月球表面着陆,在那里最多停留7天,然后(使用其上面级)与"猎户座"多功能载人飞船重新会合,最后踏上返程之旅。返回地球的过程与"阿波罗"号载人飞船既有相似之处,也有很多不同之处。在与服务舱分离之后,"猎户座"多功能载人飞船的指挥舱利用降落伞降落,但不是在海上降落,而是利用制动火箭和安全气囊垫帮助航天器下降到美国西部的地面着陆。

NASA "猎户座"多功能载人飞船(MPCS)
欧洲服务舱(ESM,欧洲航天局服务舱)

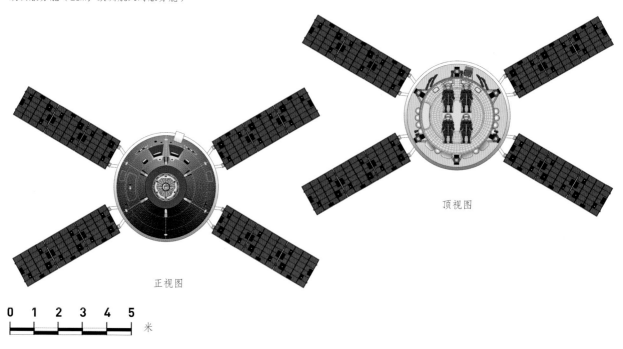

正视图

顶视图

0 1 2 3 4 5
米

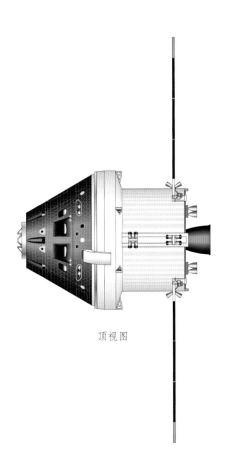

顶视图

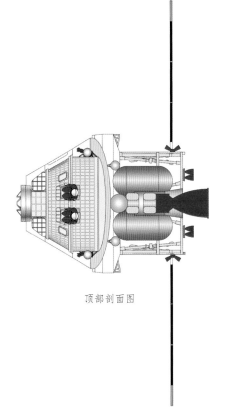

顶部剖面图

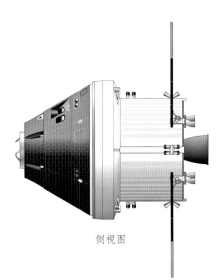

侧视图

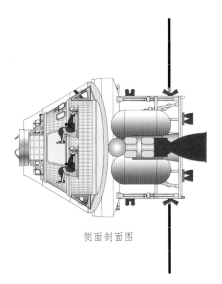

侧面剖面图

太空探索技术公司"天龙"2号载人飞船

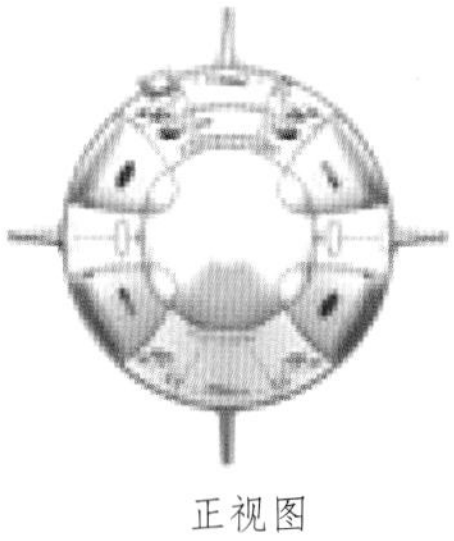

正视图

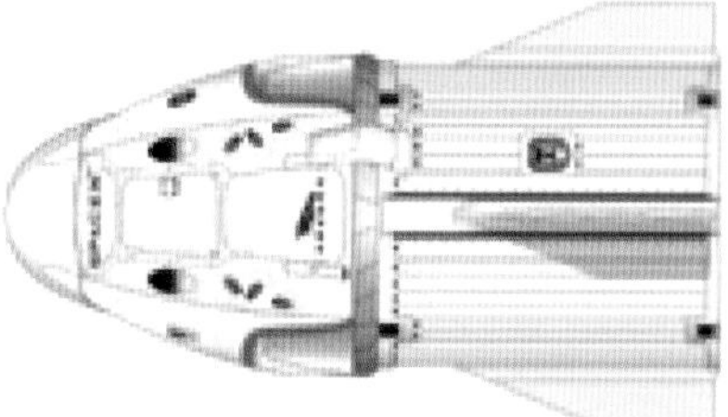

顶视图

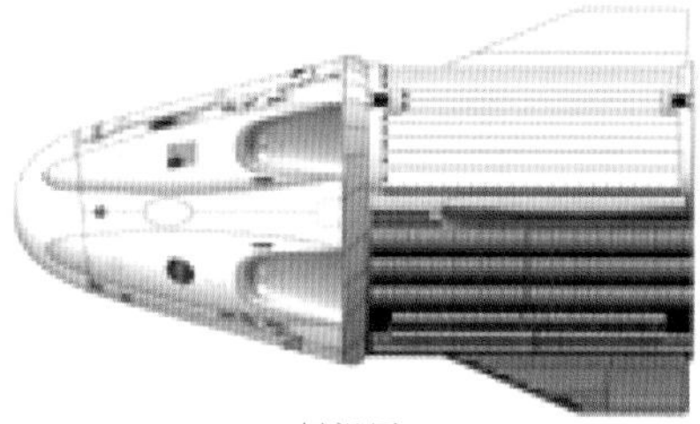

侧视图

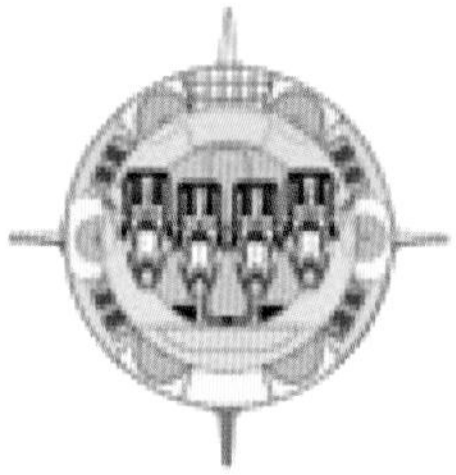

正面剖面图

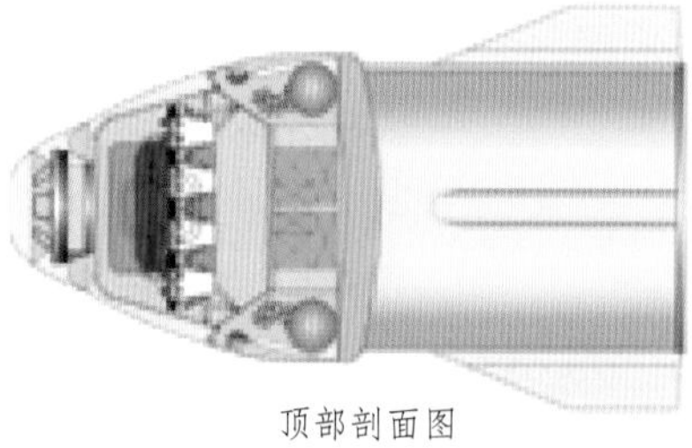

顶部剖面图

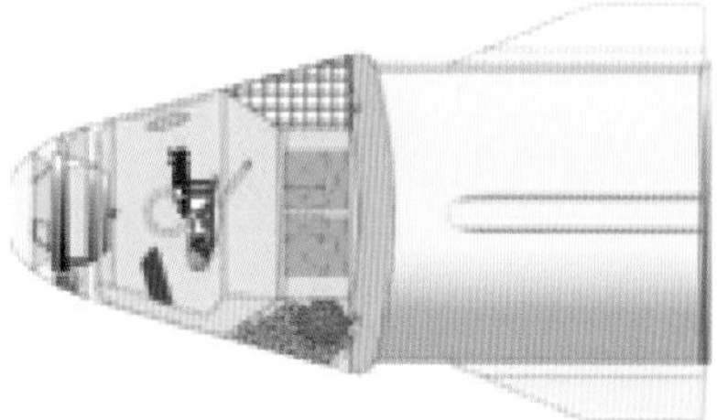

侧面剖面图

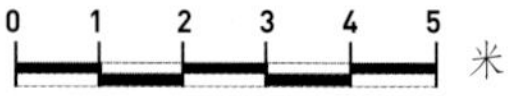

0 1 2 3 4 5 米

在 2006 年的前 7 个月，3 家航空航天公司——洛克希德·马丁公司作为一方，诺斯罗普·格鲁曼公司和波音公司作为另一方开始竞标"猎户座"多功能载人飞船太空舱项目。NASA 于 2006 年 8 月 31 日以 61 亿美元的价格向洛克希德·马丁公司授予了主合同。但随着 2008 年巴拉克·奥巴马当选美国总统，前总统布什的航天计划目标发生了变化。奥巴马总统于 2010 年 4 月在肯尼迪航天中心的一次演讲中概述了他的计划，其中包括对小行星、月球甚至火星的载人探测任务。奥巴马还取消了"星座计划"，但"猎户座"多功能载人飞船得以幸免。为了替换"战神"系列运载火箭，他提出了一种技术更先进的，最终被称为太空发射系统的运载火箭。政府撤回了与洛克希德·马丁公司的合同，但与之签署了一项持续到 2020 年的新合同，并要求该公司建造"猎户座"多功能载人飞船来执行 3 次太空任务。

"猎户座"多功能载人飞船的指挥舱和服务舱与"阿波罗"号载人飞船大不相同。它长 26.5 英尺（8.1 米），直径 16.5 英尺（5 米），比"阿波罗"号载人飞船短约 10 英尺，宽 4 英尺。但更重要的是，它提供了总共 691 立方英尺（19.5 立方米）的加压空间，而"阿波罗"号载人飞船的内部空间为 366 立方英尺（10.4 立方米），因此"猎户座"多功能载人飞船的内部空间差不多是"阿波罗"号载人飞船的两倍。"猎户座"重 56985 磅（25848 千克），比"阿波罗"号载人飞船轻约 10000 磅（4500 千克）。此外，和"星座计划"相关的"猎户座"不同，其后续型号降落在海上而不是陆地上。"星座计划"构型需要三种不同的"猎户座"多功能载人飞船型号来完成各种任务，NASA 要求洛马公司在一个多功能设计方案中建造新的"猎户座"多功能载人飞船，以适应所有的突发事件。

"猎户座"多功能载人飞船的测试始于 2008—2014 年，在此期间，针对任务中止系统和降落恢复开展了一系列试验。在 2014 年 12 月 5 日，第一次轨道发射：一枚"德尔塔"4 号重型火箭搭载"猎户座"多功能载人飞船绕地球两圈，持续时间约 4.5 小时。它达到了 3600 英里（5800 千米）的高度，然后降落在太平洋。工程师们评估了航天器的降落伞、分离设备、计算机和隔热罩。

在这次飞行之后，下一次任务预计将进行为期 7 天的不载人往返登月活动，随后计划在"猎户座"多功能载人飞船上搭载第一批宇航员，到 2025 年，NASA 预计将派遣宇航员前往附近的小行星进行探测。

恢复以载人为中心的深空探测任务（自 1972 年"阿波罗"17 号载人飞船后，NASA 就再也没有尝试过此类任务）所需费用必然不菲。仅"猎户座"多功能载人飞船的成本（至 2023 年）估计总计达到 20.4 亿美元，这一数字还不包括仍在开发中的太空发射系统运载火箭的庞大支出。

"天龙"号载人飞船

在"哥伦比亚"号航天飞机失事后，乔治·布什总统及其政府在 2004 年决定取消航天飞机计划，美国空间探测的未来出现了不确定性。不难猜想，航天飞机于 2010 年退役的计划让 NASA 无法再将宇航员送入轨道。

航天领域的各大公司迅速反应，旨在争夺 NASA 轨道业务的机会——重点包括但不限于向国际空间站提供物资，并最终向空间站运送宇航员。其中，位于加利福尼亚州霍桑市的太空探索技术公司（由企业家埃隆·马斯克创建）脱颖而出并占据了早期的领先地位。太空探索技术公司于 2004 年开始研制名为"天龙"（Dragon）号载人飞船的太空舱，其"猎鹰"（Falcon）1 号运载火箭也于 2006 年首次飞行。

就在奥巴马总统邀请各公司竞争航天合同后仅仅 8 个月，"天龙"号载人飞船便首次亮相，并利用太空探索技术公司更新更强大的"猎鹰"9 号运载火箭发射升空。2012 年 10 月，"天龙"号载人飞船成为第一艘与国际空间站对接的私营公司航天器，它为空间站运送物资，再通过海上降落的方式将货物运回地球。NASA 与太空探索技术公司签署协议，在 2017 年内执行 15 次国际空间站货运任务，从 2019 年到 2024 年期间至少再增加 6 次。NASA 同意向太空探索技术公司支付大约 28 亿美元用于购买这些服务。虽然 NASA 是太空探索技术公司一个大客户，但只是众多客户代表之一；该公司在 2006 年 6 月至 2017 年 7 月期间共进行了 42 次发射，其中有 10 次是帮助 NASA 为国际空间站提供补给。

"天龙"号载人飞船的工程师们在设计这些新型航天器时，非常重视灵活性。除了最初的运输型号，他们还开发了一个几乎完全相同的载人舱版本（"天龙"2 号飞船，最多可搭载 7 名乘客），太空探索技术公司准备将其用于

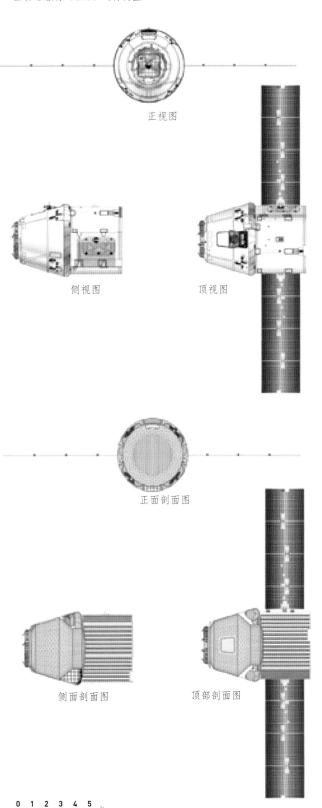

太空探索技术公司（Space X）"天龙"号飞船商业补给服务（CRS）飞行构型

正视图

侧视图　　　　顶视图

正面剖面图

侧面剖面图　　　顶部剖面图

0 1 2 3 4 5 米

波音商业星际飞船（Starliner）
（CST-100 载人飞船）

正视图

顶视图

侧视图

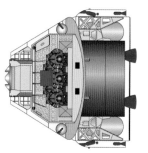

0 1 2 3 4 5 米

正面剖面图

顶部剖面图

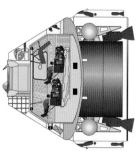

侧面剖面图

0 1 2 3 4 5 米

承担国际空间站的货物运输任务，旨在测试载人航天器的零部件，为飞行做准备。第三种非常相似的衍生型号"天龙实验室"将作为技术示范和科学实验的载体。

"天龙"号载人飞船的两个部分包括一个钟形太空舱，舱内有 388 立方英尺（11 立方米）的加压货舱。在它的底部设有多台推进器、一个导航和控制舱以及一个隔热罩。第二部分位于航天器下方，有一个圆柱形非加压舱，内有太阳能电池板，可提供 494 立方英尺（14 立方米）的非增压有效载荷。总体而言，"天龙"号载人飞船重 13228 磅（6000 千克），长 23.6 英尺（7.2 米），直径 12 英尺（3.7米），内部空间为 882 立方英尺（25 立方米）。

2014 年，在 NASA 的支持下，太空探索技术公司获准实施"天龙"2 号载人飞船项目。该公司将获得 26 亿美元用于开发航天器，这款航天器将载有 1 名宇航员，通过试飞进行验证，之后将搭载 2 ~ 6 名宇航员前往国际空间站，首次发射时间预定于 2018 年。

这项协议代表了美国航天飞行的一个新时代。如果取得成功，它将结束 NASA 七年来完全依靠俄罗斯运载火箭将美国宇航员送上太空的历史，并开启一段 NASA 放手让私营公司将美国宇航员送上太空的新时代。

CST-100 载人飞船

2010 年，在响应奥巴马总统提出的商业公司竞标国际空间站的运输服务时，太空探索技术公司面临着激烈的竞争。其他相对较小的公司，如轨道科学公司和杰夫·贝佐斯的蓝色起源公司也在竞争这些 NASA 合同。但在所有这些羽翼未丰的竞争对手面前，航天巨头正雄心勃勃地计划建造自己的航天器发射器组合。

波音公司在这场竞争中一开始便具有很大优势。它（或它兼并的公司）不仅拥有"阿波罗"号载人飞船、航天飞机和国际空间站建造的丰富经验，而且它不需要开发新的运载火箭。由于它与洛克希德·马丁公司于 2006 年建立了被称为"联合发射联盟"的合作关系，波音公司有权使用洛克希德公司久经考验的"宇宙神"5 号运载火箭。自 2002 年投入使用以来，"宇宙神"5 号运载火箭提供了核心助推器的重型提升能力，它最多可以使用 5 台捆绑式固体火箭发动机和 1 个"半人马座"运载火箭第二级。

波音公司于 2011 年向奥巴马总统的商业发射邀请

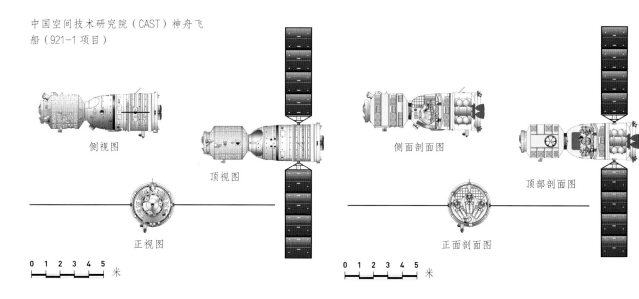

中国空间技术研究院（CAST）神舟飞
船（921-1项目）

侧视图

顶视图

正视图

0 1 2 3 4 5
米

侧面剖面图

顶部剖面图

正面剖面图

0 1 2 3 4 5
米

做出回应，提出了一种类似"阿波罗"号载人飞船形状的太空舱测试模型，并称为"宇航员太空运输系统"（CST）-100商业星际飞船。

2011年10月，CST载人飞船在NASA艾姆斯研究中心进行了风洞试验。第二年，波音公司在降落测试中使用了降落伞和安全气囊，这是一个关键里程碑事件，因为与"水星"号、"双子星座"号和"阿波罗"号载人飞船不同，这个航天器降落在地面而不是水面。2012年，NASA和波音公司就CST载人飞船的基本布局达成一致，2014年波音公司首次公布了这个飞船的全尺寸模型，包括完整的内部布局。

波音公司承诺其提供的备选方案具有高效率和先进性。由于避免了火箭残骸溅落，波音公司工程师们声称这种载人飞船可重复使用多达10次。它的外壳由轻质非焊接蜂窝结构组成，其他功能包括自动对接、7人一组的空间（NASA首选5名乘员加货物的构型），用人工驾驶作为备份的自动控制装置，以及源自波音公司商用飞机舒适的LED客舱照明设备。CST载人飞船长16.5英尺（5.03米），最大直径为14.8英尺（4.5米）。

尽管在项目开始时对一些里程碑事件做出了承诺，但是，由于之后开展项目面临很多困难，这就要求进行技术和程序调整。最初的时间表预计在2013年进行一次发射台任务中止测试、2014年开展一次不载人的入轨飞行和两次载人飞行试验，以及在2015年将宇航员送往国际空间站。发射台任务中止测试一直等到2017年10月才进行，入轨

飞行测试直到同年12月才进行，而国际空间站的任务（有1名宇航员和1名波音公司试飞员）直到2018年2月才开始执行。这些事件之所以推迟是因为波音公司需要减轻太空舱的质量，解决在"宇宙神"5号运载火箭搭载CST-100载人飞船进行发射和上升测试时发现的空气动力学问题，并完成由NASA提出的新要求所带来的软件修改事宜。

波音公司继续以2014年9月NASA提供的42亿美元经费为基础开展工作；太空探索技术公司当时得到约28亿美元的经费支持。无论是这些公司还是其他公司占据上风，NASA高层都期待着他们能够提供一些成果。最终，胜出者将使NASA摆脱运送宇航员的困境，这种状况自2011年航天飞机退役以后就一直困扰着这个机构。

神舟飞船

通过近年来的一系列成功来判断，中国的载人航天飞行计划似乎异常连贯和专注。即便如此，它仍然像所有航天大国一样需要应对政治潮流和预算优先事项。因此，早在1968年中国就开始了一项名为"曙光"的载人计划，预计于1973年前实现中国航天员进入太空。但由于各种条件不足使得"曙光"计划最终以失败而告终。在20世纪70年代的剩余时间里，低层级的活动一直持续到1980年，由于削减成本，所有工作都停止了。

中国国家航天局（CNSA）在20世纪80年代中期接过了这个接力棒，当时中国看到其他国家取得了巨大进步，其中最显著的是美国拥有"自由"号空间站、战略防

御计划和航天飞机；以及苏联和俄罗斯的"和平"号空间站和"暴风雪"号航天飞机。在考虑了诸如可重复使用的飞行器和空天飞机等更先进的技术之后，中国政府于1992年决定开发一种模仿历史悠久的"联盟"号航天器的太空舱，配以长征2F火箭的衍生型号作为运载火箭，加以升级后用于载人航天。俄罗斯支持中国的努力，向20名中国工程师提供奖学金，甚至更直接地同意向中国国家航天局转让技术并传授宇航员培训技能。

在20世纪90年代，这种新的太空舱经过一系列设计、制造和地面测试后，进入了第二阶段。从1999年11月开始，这种太空舱依靠现有的长征二号F运载火箭进行了4次不载人飞行。尽管当时将飞船命名为神舟号（"神仙之舟"），但初始测试时，它只有服务舱这一个单元功能完备；尚未完成的轨道舱只是作为一个模型入轨。神舟一号飞船升空后，2001年1月，神舟二号飞船搭载着一条狗、一只猴子和一只兔子飞往太空，测试生命保障系统。是否收回神舟二号飞船还不确定。神舟三号飞船于2002年3月携带一名航天员模型升空，评估太空飞行对人体生理机能的物理影响。2002年12月的神舟四号飞船代表了即将

进行的载人飞行的全面演练，其中一名宇航员在倒计时期间进入了太空舱。该任务按计划进行，为第一位中国航天员进入太空扫清了障碍——此时距离中国初次讨论载人航天计划已经过去了整整35年。

安装在长征二号F运载火箭顶部的航天器看起来与"联盟"号载人飞船异常相似，只是更大而已。与俄罗斯飞行器一样，它由三个主要部分组成：前部为一个轨道舱（"联盟"号载人飞船为球形；神舟飞船为半球形）；中部为一个钟形返回舱；尾部为一个圆柱形服务舱。神舟飞船重17284磅（7840千克），长度超过30英尺（9.25米），直径超过9英尺（2.8米），其太阳能电池阵列的宽度为55.7英尺（17米）。

随着神舟五号飞船的发射，中国和美国、俄罗斯一起成为世界上有能力将人类送上太空的国家。中国航天员杨利伟于2003年10月15日升空。他在成功着陆前21小时绕地球飞行了14圈。中国随后又执行了6次神舟飞船任务，其中宇航员人数、入轨时间和任务复杂性都迅速增加——实质上是将几十年的太空成就压缩到11年完成。在2005年10月12日神舟六号飞船发射期间，两位中国

"联盟"号（Soyuz）7K-MS型载人飞船（"联盟"号MS型载人飞船）

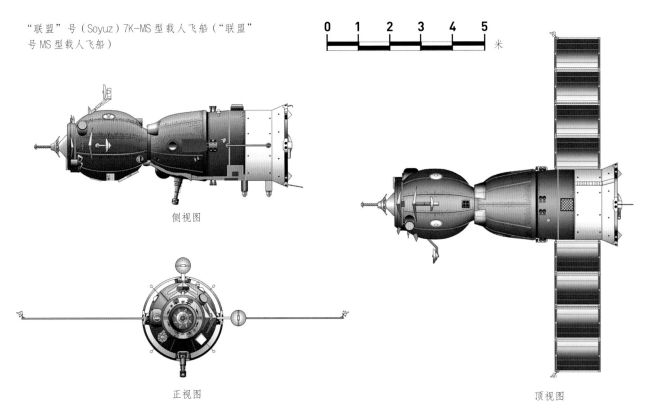

侧视图

正视图

顶视图

航天员开始了为期5天的旅程，在此期间他们首次在神舟飞船的轨道舱内居住。2008年9月25日，神舟七号飞船携带3名宇航员进行为期3天的飞行任务，期间两人进行了太空行走。

几年后中国的载人航天飞行计划获得了第二批突破。在神舟八号飞船执行任务期间，刚刚发射的中国空间站天宫一号目标飞行器于2011年11月3日在自动交会对接期间接待了两个测试假人的访问。2012年6月18日，神舟九号飞船上的3名宇航员——两男一女进入天宫一号目标飞行器，并在其中生活居住了11天。神舟十号飞船还搭载着2名男性宇航员和1名女性宇航员抵达空间站。从2013年6月13日开始，他们在空间站花了12天时间开展科学和技术实验，还进行了人体生理学的相关研究。最后，2016年10月16日，神舟十一号飞船搭载两名宇航员到新的天宫二号空间实验室，耗时33天完成任务，创造了中国航天员在太空长时间逗留的纪录。

尽管在载人航天飞行前经过了漫长的酝酿期，但中国的航天计划一旦认真开始，势头就越来越迅猛，并且在21世纪开始缩小与美国和俄罗斯之间的差距。

"联盟"号MS（7K-MS）型载人飞船

2016年是世界航天史上的一个历史性里程碑：它标志着始于"联盟"号7K-OK型载人飞船的"联盟"号系列太空舱进入第50个年头。事实证明，虽然"联盟"号7K-OK型载人飞船和其后的一系列飞船都称不上圆满成功，但作为一个系列，其设计是基本合理的。谢尔盖·科罗廖夫和他的第一特别设计局，后来称为能源火箭航天集团为两代工程师提供了对这个航天器家族不断改进、使之现代化和保持其服役状态的机会。从外观看，"联盟"号TM型载人飞船和"联盟"号TMA型载人飞船大致相同，但TMA型载人飞船内部反映了NASA所要求的改动。作为一个经常依靠"联盟"号载人飞船运送宇航员进出国际空间站的客户，NASA要求进行一些实用性改进，例如可调节的沙发，以容纳更高、更重的宇航员。能源火箭航天集团还增加了改进型降落伞系统，并首次使用玻璃驾驶舱，也就是在液晶显示器上显示电子飞行仪表，而不是安装在一次性太空飞行器上的模拟仪表。

航天飞机在2011年退役后，在可预见的未来，运送美国和俄罗斯宇航员往返于国际空间站和地球的全部重担

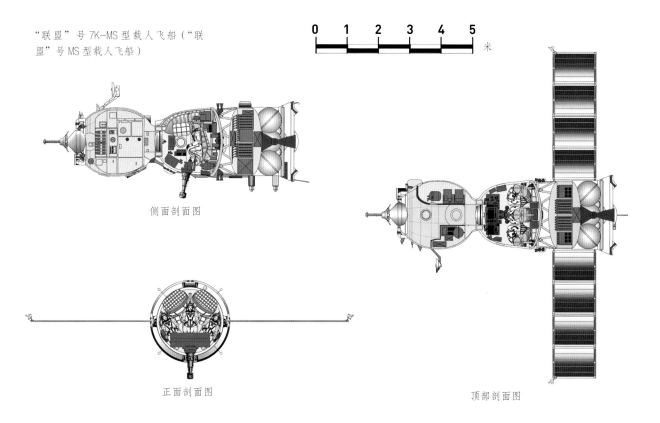

"联盟"号7K-MS型载人飞船（"联盟"号MS型载人飞船）

侧面剖面图

正面剖面图

顶部剖面图

就落在"联盟"号载人飞船的肩上了。因此，能源火箭航天集团对"联盟"号TMA型载人飞船进行了现代化改造，并将其重新命名为"联盟"号TMA-M型载人飞船。这需要对老式设备进行全面翻新，特别是用新的数字计算机替换老旧沉重的氩计算机，包括数字航电设备和显示器。TMA-M型载人飞船从2010年到2016年执行了20次任务。

能源火箭航天集团于2016年7月推出一款新型载人飞船——MS型（意为"现代化系统"，也称为"联盟"号7K-MS型载人飞船），旨在庆祝"联盟"号系列飞船诞生50周年。虽然它看起来和"联盟"号TMA-M型载人飞船或其他先前型号的载人飞船相差无几，但"联盟"号MS型载人飞船预示着飞船内部做出了重要修改，涉及电子、宇航员安全和飞行控制装置。也许最值得注意的是安装了一套卫星导航系统，而不再依靠六个地面基站进行入轨观测。此外，可靠的"航向"（Kurs）交会系统在30年内经历了首次重大改进，改称为Kurs-NA对接系统，其计算机精度更高、尺寸更小、重量更轻和功耗更低。为了补充因增加更先进的电子设备带来的电力需求，MS型飞船的设计人员在太阳能电池阵列上设置了更多电池，并在航天器已有4个蓄电池的基础上额外增加了1个蓄电池。除了这些改进之外，新通信系统中连接的3颗卫星能使宇航员在80%以上的时间内与莫斯科的任务控制中心保持联络。最后，为回应NASA的关切，能源火箭航天集团对覆盖在"联盟"号MS型载人飞船居住舱的薄铝外壳进行加固，以保护3名宇航员免受越来越多的太空垃圾或天然碎片的撞击。

2016年7月7日，"联盟"号MS型载人飞船第一次升空并开始为期两天的试航。9日，宇航员与国际空间站对接并一直停留到10月30日。从那时起，俄罗斯航天局计划在2017年底之前再向国际空间站发射6次"联盟"号MS型载人飞船，搭载14名宇航员。预计到2019年3月，"联盟"号MS型载人飞船将执行第12次飞行任务，并可以选择将飞行任务延长至2020年中期。届时，俄罗斯航天局计划推出下一代俄罗斯载人航天器。

空天飞机
"太空船一号"和"太空船二号"空天飞机

"太空船一号"（Space Ship One）空天飞机与大多数其他先进航空航天飞行器的不同之处在于它不是源于政府研究中心、大学或航空航天公司，而是来自偏远的莫哈韦机场，这是加利福尼亚州高地沙漠中一个安静的简易机场。在58号公路上经过莫哈韦沙漠的汽车经常看到喷气式飞机紧紧地挤在沙漠上，这是航空业务衰退的副产品。虽然莫哈韦沙漠远离主要的工业基础设施，但它从附近的设施获得灵感。从58号公路向东行驶不到1小时，爱德华兹空军基地出口就映入眼帘。在那里的NASA阿姆斯特朗飞行研究中心外面的一根杆子上，展示了著名的X-15试验机的全尺寸复制品。在1959年到1968年期间，这款飞机曾经在爱德华兹空军基地完成199次试飞。NASA和美国空军在20世纪60年代利用X-15试验机完成大量任务，大约40年后的今天，莫哈韦沙漠再次见证了这种飞行试验。然而，这一次是一家私营公司而非政府机构设计、制造并发射了自己的亚轨道火箭飞机，其最终目标是将付费乘客送往太空。

伯特·鲁坦（1943— ）是一位工程师和企业家，他设想了一种更新的私人X-15飞机。他的职业生涯始于爱德华兹空军基地。1965年到1972年，他担任飞行试验项目工程师。他离职后，创建了一家为本土市场制造小型飞机（如Vari-Eze和Long-EZ）的公司，但鲁坦很快扩大了他的视野。众所周知，他对政府资助的航空航天研究的谨慎步伐极不耐烦，1982年，他在莫哈韦机场开设了一家名为比例复合材料公司（Scaled Composites）的新公司。鲁坦的公司专门从事公务机、研究飞机和无人机相关的研发工作。比例复合材料公司最初于1986年成名，当时鲁坦设计的"旅行者"飞机可在不加油、不落地的情况下环游世界一周。

大约在1994年，私人资助的亚轨道空天飞机概念开始在比例复合材料公司成形。6年后，鲁坦在午餐时遇到了微软联合创始人兼航天爱好者保罗·艾伦，在那里鲁坦在餐巾纸上勾勒出他的商业航天飞行概念。2001年，艾伦承诺提供200万到2500万美元来支持研发工作。由此产生的实体——莫哈韦航空航天公司（Mojave Aerospace Ventures）就将艾伦的钱袋与鲁坦的比例复合材料公司结合在一起了。

鲁坦和他的团队开始项目的第一阶段，即第一层级，制造了一艘名为"太空船一号"的航天器、一架名为"白色骑士"的发射平台飞机、一个混合式固体火箭发动机和一套航空电子设备。

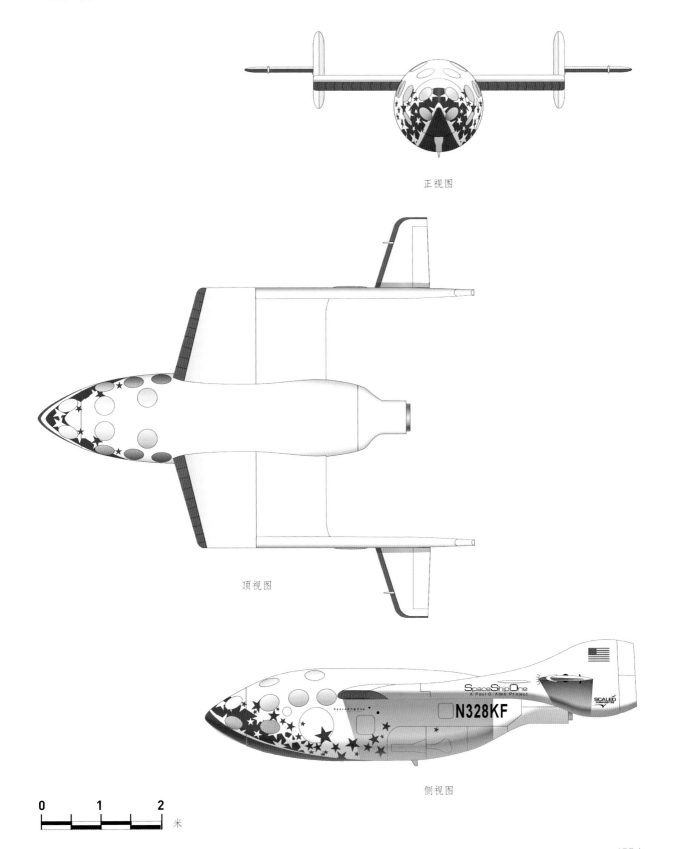

正视图

顶视图

侧视图

0　　　1　　　2
米

比例复合材料公司"太空船二号"空天飞机339模型
维珍银河太空船"团结"号（VSS Unity）

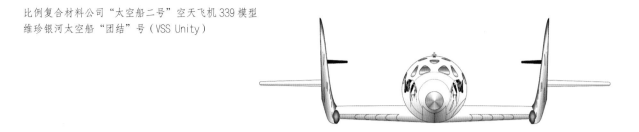

正视图

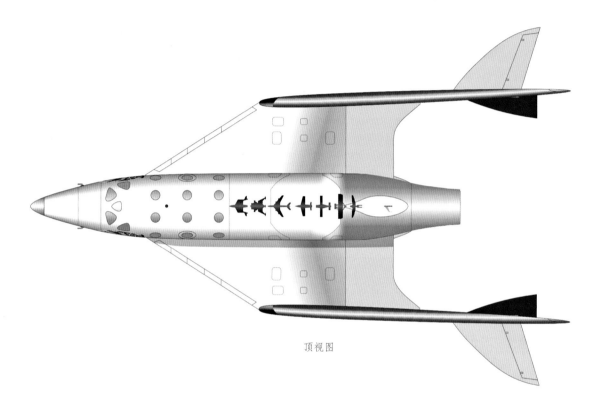

顶视图

侧视图

0　1　2　3　4　5
米

这个大胆项目的飞行架构与 X-15 试验机的飞行架构非常一致：一个带机翼的航天器悬挂在一架更大的母机下方，两者一起从一条机场跑道起飞执行亚轨道飞行任务。在鲁坦的设计版本中，两者爬升至 46000 英尺（15 千米）的高空，此时"白色骑士"的飞行员释放"太空船一号"空天飞机，后者在短暂滑行后进行火箭点火，以 65° 角爬升。在燃料燃烧结束时，这个航天器以几倍于声速的速度继续向太空飞行。一旦达到理想的高度，"太空船一号"空天飞机就会下降，大约用 20 分钟降落。几分钟后，"白色骑士"就会在地面着陆。

"白色骑士"由两台 J-85 涡轮喷气发动机提供动力。它乍一看就像是一组吊装装置制成的细长桁架结构。进一步仔细检查，会注意到其整个平台的特点如下：长而薄的机翼形成 W 形轮廓、双尾翼、飞行员座舱和 4 个机轮。一旦升空，飞行高度可达 52000 英尺（16000 米），并携带两名乘员。

比例复合材料公司采用轻质石墨—环氧复合材料制造"太空船一号"空天飞机的雪茄形机身。它们还采用了带有大型垂直尾翼的短而宽的机翼，水平安定面从其中突出。飞行员使用反应推进器在太空中控制飞机。推力的主要来源是由固态羟基聚丁二烯和液态氧化亚氮氧化剂的混合物作为燃料的混合式火箭发动机。唯一的飞行员坐在飞机前面，尾部有两名乘客。"白色骑士"和"太空船一号"空天飞机具有相同的前机身设计和航空电子系统。

"太空船一号"空天飞机重（载人）约 7920 磅（约 3600 千克），长 28 英尺（8.53 米），宽 5 英尺（1.52 米），翼展 16 英尺 5 英寸（8.05 米）。最高时速为每小时 2170 英里（每小时 3518 千米），最大爬升高度可达 367360 英尺（112000 米）。"白色骑士"飞机的翼展很长，宽 82 英尺（25 米），最大有效载荷 8000 磅（3629 千克）。起飞时，这架飞机重达 18960 磅（8600 千克）。

在飞行研究阶段，"白色骑士"飞机于 2002 年 8 月至 2003 年 5 月进行了 23 次单独试验，之后于 2003 年 5 月 20 日与"太空船一号"空天飞机进行了第一次专项测试。经过一年多的飞行准备，2004 年 6 月 21 日，最终由南非飞行员迈克尔·梅尔维尔驾驶"太空船一号"空天飞机飞到海拔高度为 328084 英尺（100 千米）的地方——这是国际公认的太空边界。三个多月后的 2004 年 9 月 29 日，梅尔维尔在航天器进入太空出现横滚现象时，无视地面中止飞行任务的建议，将飞机飞到了 338000 英尺（103 千米）的高度。最后，2004 年 10 月 4 日，飞行员布莱恩·宾尼驾驶"太空船一号"空天飞机飞行到 367454 英尺（112 千米）的高度，突破了 1963 年 8 月 NASA 根据 X-15 试验机的飞行高度记录设定的 35200 英尺（108 千米）极限值。

此外，安萨里 X 奖是伊朗裔美国人阿努什和阿米尔·安萨里创立的一项全球挑战赛，艾伦–鲁坦团队在之前的两次飞行中都满足了获奖条件。安萨里一家提议向首个私人团队支付 1000 万美元，因为他们在两周内相继成功完成两次驾驶飞船进行亚轨道飞行，载重相当于两名乘客的重量。莫哈韦航空航天公司在全球媒体的广泛关注下，宣布项目成功并领取了奖金。

但这一传奇并没有就此结束。这一消息引起了维珍航空公司创始人、声名远扬的商业集团——维珍集团所有者理查德·布兰森爵士的注意。2005 年年中，布兰森和伯特·鲁坦签署一项合同，维珍集团与比例复合材料公司分别以 70% 和 30% 的股份占比合并，更名为太空飞船公司。按照规定，2012 年布兰森的维珍银河公司在收购比例复合材料公司的股份后成为太空飞船公司的唯一所有者。

五年后的 2010 年，太空飞船公司开始在莫哈韦建造一个占地 68000 平方英尺的工厂，2011 年 9 月，这支不断壮大的团队开始制造五架"太空船二号"空天飞机和三架"白色骑士"二号飞机。每架大约都是"太空船一号"和"白色骑士"飞机的两倍，但他们的设计与之前的型号设计相差不大。"太空船二号"空天飞机长 60 英尺（18 米），翼展 27 英尺（8.2 米）；驾驶舱可容纳两名飞行员，全长 12 英尺（3.7 米），直径 7.5 英尺（2.3 米）。这架空天飞机可搭载六名乘客。

为了实现未来能够享受亚轨道飞行的乐趣，维珍银河从四百多个人手中集资约 5000 万美元；约 65000 人申请了前一百个座位。最初，他们以每人 200000 美元的成本报名参加这次探险活动；后来这一成本增加到 250000 美元。"太空船二号"空天飞机也可能与 NASA 和其他实体机构签订合同开展科学研究。

尽管销量很可观，但是维珍银河的计划已经陷入了研发泥潭。2007 年 7 月 26 日，在氧化剂流体测试期间发生了地面爆炸，航天器公司的三名员工死亡，三人受伤——

全部为爆炸碎屑所伤。2014年10月31日，悲剧再次袭来，第一艘"太空船二号"空天飞机由于过早启动下降系统而在飞行中解体，飞机坠毁，两名飞行员本想跳伞确保安全，但仍有一名飞行员死亡，另一名受伤。火箭发动机也出现问题。2014年5月，维珍银河对制造"太空船一号"空天飞机动力装置的承包商美国内华达山脉公司（Sierra Nevada）十分不满，因此自己接管了二号火箭发动机的研究和测试工作。维珍公司把美国内华达山脉公司的橡胶原料推进剂更换为固体燃料推进剂，结果，在2015年又换回了最初的推进剂。

与此同时，飞行器继续在莫哈韦进行飞行试验，新墨西哥州出资建造了一个名为美国太空港的现代化航站楼，该航站楼有一条长12000英尺的跑道。维珍银河签署了一份为期20年的租赁合同，成为这个太空港的主要租户。美国太空港位于新墨西哥州特鲁斯康西昆西斯镇外，为"太空船二号"空天飞机的发射和客户做准备。

X-37B 轨道试验飞行器

NASA领导人考虑到航天飞机飞行20年后即将永久性退役，他们在1998年8月决定征求关于空天飞机验证机建议方案，以探索降低未来太空运输费用的工程和科学。NASA迈出这一步，意识到除非出现新的运输方式，否则未来十几年内，老旧且昂贵的航天飞机仍然需要为1998年新建的国际空间站继续提供物资、配套服务及往返运送宇航员的问题。

1998年12月，波音公司凭借X-37轨道试验飞行器赢得了验证机的竞争，波音公司和NASA于1999年7月签署了一项为期4年的协议，其条款规定由双方分摊费用：政府承担1.25亿美元（其中1600万美元用于空军自身的技术实验），波音公司承担6700万美元。2002年11月的第二份合同赋予波音公司制造两个航天器的权利：一个进场着陆试验飞行器（ALTV）和一个无人驾驶X-37轨道飞行器。在这一阶段制造商可以额外赚取3.01亿美元。

2003年2月，"哥伦比亚"号航天飞机失事。这起事件以无人能预见的方式终结了计划中的X-37轨道试验飞行器项目。乔治·布什总统的政府决定在2010年前终止使用航天飞机，取而代之的是一种新型但技术上较保守的太空舱（使人联想到"阿波罗"号载人飞船）以及一种类

似于"土星"5号运载火箭的重型发射系统。与此同时，NASA不再需要X-37轨道试验飞行器，并于2004年9月将其移交给美国国防高级研究计划局（DARPA）。美国国防高级研究计划局拥有这种进场着陆试验飞行器后，对其进行了一系列载机试飞和自由飞行试验。直至2006年9月，空军宣布他们打算以X-37B轨道试验飞行器（OTV）的名义继续实施该计划。

空军按照NASA的做法对X-37轨道试验飞行器项目进行了局部改造，旨在将其打造成为未来航天飞机所需的技术试验平台，包括探索先进制导、导航和控制以及高温结构等领域。相比之下，美国空军还将X-37B轨道试验飞行器视为一种机密、可重复使用的实验性飞行器，能够将有效载荷送入轨道并将其返回地球。

波音公司向美国空军交付了两个轨道试验飞行器，每台飞行器长29英尺3英寸（8.9米），高9英尺6英寸（2.9米），翼展达14英尺11英寸（4.5米）。最初计划将其从航天飞机的货舱中发射，但在双级"半人马座"运载火箭的助推下，重达11000磅（4990千克）的X-37B轨道试验飞行器实际上进入了"宇宙神"V型（501版本）火箭的轨道。X-37轨道试验飞行器的机身形状和三角翼的设计灵感是从航天飞机轨道器的空气动力学中汲取的，并且它们具有相似的升阻比。

2010—2017年，共有5个轨道试验飞行器相继发射，尽管每次发射的确切目的仍然是保密的。封锁消息这一举措引发了人们的各种猜想，有人声称X-37B轨道试验飞行器是用于侦察其他航天器、测试太空武器以及开展间谍传感器实验。而空军对外界所披露的信息则主要涉及升空、着陆和每次飞行的持续时间。

无论它们究竟取得了哪些成就，有一个事实就是轨道试验飞行器在轨停留了很长时间。1～4号飞行器从佛罗里达州的卡纳维拉尔角空军基地进入太空，除了4号轨道试验飞行器之外的其他飞行器都在加利福尼亚州的范登堡空军基地着陆。1号轨道试验飞行器于2010年4月22日起飞，行程达224天，并让美国首次在跑道上实现自主轨道着陆。2号轨道试验飞行器于2011年3月起飞，在高空飞行超过488天后返航。随后，3号轨道试验飞行器于2012年12月（因"宇宙神"V型火箭的发动机问题而推迟升空）开始其行程，在太空中停留了将近675天，并于

2014 年 10 月返回地球。

4 号轨道试验飞行器于 2015 年 5 月入轨并在太空停留了约 718 天，结束任务后于 2017 年 5 月 7 日降落在肯尼迪航天中心。对于这次飞行，空军确定了两个公开目标：一是为 NASA 对暴露在空间环境中的大约一百种不同的材料进行实验，二是为洛克达因公司测试应用于先进超高频（AEHF）通信卫星的霍尔效应推进器（离子发动机）。最后，5 号轨道试验飞行器打破了早期的发射模式，于 2017 年 9 月搭乘美国太空探索技术公司的商用"猎鹰"9 号运载火箭进入太空。

在设计和操作方面，X-37B 轨道试验飞行器仅仅代表了一架无人航天飞机；但是，根据空军从其飞行记录中获得的数据显示，它可能满足了 X-37B 轨道试验飞行器的使用初衷，那就是充当未来全尺寸空天飞机的入门级飞行器。

空间站
国际空间站

1952 年至 1954 年间，正是《科利尔杂志》上发表的一系列有影响力的文章孕育了环绕地球飞行的大型空间站的概念，同时也推动人类进入即将到来的太空时代。文章以艺术家切斯利·博内斯特尔所描绘的轨道航天器的宏伟图片为重点，并辅以火箭先驱沃纳尔·冯·布劳恩和其他人提供的相关叙述。在博内斯特尔展示的图片中，他所描绘的朴实而又美丽的、巨大的轮状空间站令人感到兴奋而惊奇。

此后，空间站一直停留在构想阶段，直至 1958 年 NASA 成立以后，才将空间站纳入其探测计划的一部分。然而，一系列政治领导人和航天局负责人意识到，没有

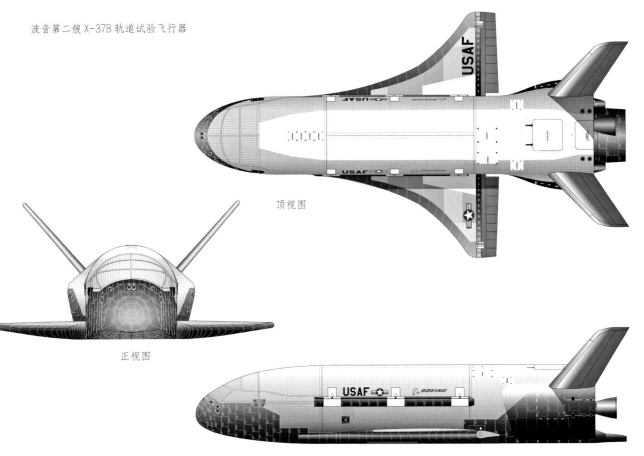

波音第二艘 X-37B 轨道试验飞行器

顶视图

正视图

侧视图

0　　1　　2
米

任何一个国家——甚至包括美国本身——能够获得足够的资源单独实施该计划。考虑到它所消耗巨大成本和技术的复杂性，空间站项目需要多国的共同努力。因此，早在1984年1月罗纳德·里根总统在国情咨文中宣布支持建立庞大的太空居住地之前，白宫就已指示NASA领导人联系六个国家政府——英国、加拿大、德国、日本、意大利和法国——来征求他们的合作意向。NASA局长詹姆斯·贝格斯为里根总统的声明大肆宣传，因为空间站计划也为他所在的机构提供了一个难得的机会：帮他们摆脱自"阿波罗"号载人飞船辉煌时代以来的持续低迷状态。

美国总统极其重视国际合作，随后他派贝格斯访问了六座城市——伦敦、渥太华、波恩、东京、罗马和巴黎——与各国航天局的同行会面，并确认他们的兴趣程度。尤其在德国、意大利和日本，贝格斯受到了热情的鼓舞，后来他便告知各个东道国，美国总统打算呈报一份80亿美元的预算申请用于建造美国空间站，计划于20世纪90年代初竣工。他还重申了里根总统希望通过建立全球伙伴关系来扩大和改进该项目的愿望。

但是，早期的各项举措并未使人预料到未来即将发生的一系列遭受重创的事件，从而使该项目的完成时间延长了27年——几乎是里根总统所预计的酝酿期的4倍。成本也不是原计划的80亿美元，而是其10倍以上。

然而，就在里根总统刚刚宣布这项计划之后，这个大型空间站就遭到了质疑，并且直至21世纪仍然问题不断。部分阻碍来源于政治因素，美国国会针对该项目是否真正明智地利用了有限的国家资源开展了严肃的争论。在詹姆斯·贝格斯公布了NASA的空间站候选设计，即"空间站自由"号（Space Station Freedom）之后，1985年，反对派迅速集结起来。这个庞然大物长500英尺（152.4米），高360英尺（110米），载有8名宇航员。尽管日本、欧洲和加拿大的航天局承诺愿意参与该项目，许多美国立法者仍然反对这项价值80亿美元的提案。NASA不得不向压力屈服。至1986年，为"空间站自由"号设想的所有卫星制造设施都从计划中抹去，只剩下一个实验舱。1986年发生的"挑战者"号航天飞机事故和随后的航天飞机发射中断的情况甚至削弱了各国对空间探测的积极性，因此，

国际空间站（2017年中期布局）

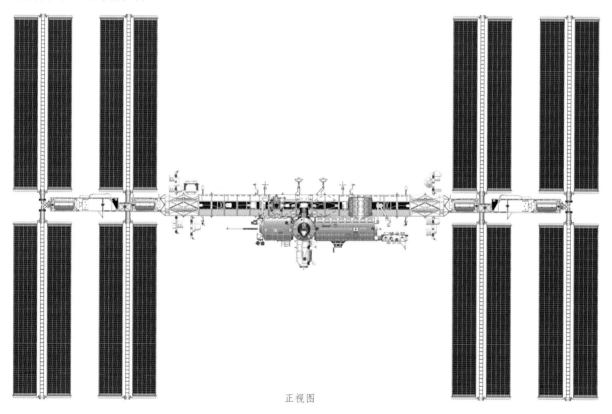

正视图

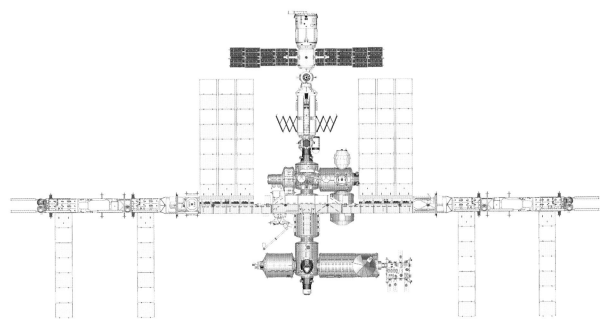

顶视图

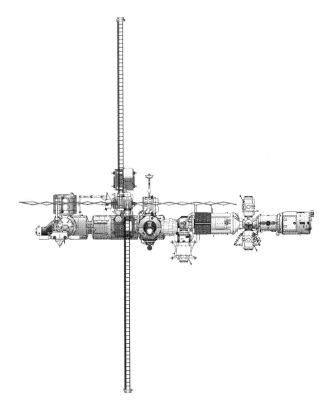

侧视图

0   5 米

NASA 进一步将"空间站自由"号的规模缩小到只能容纳 4 名宇航员，并且仅限于开展微重力和生命科学实验。

比尔·克林顿在执政早期持续削减该计划的规模，并且这届政府将空间站更名为"阿尔法"号。但在 1993 年，NASA 局长丹尼尔·戈尔丁采取了积极主动的措施。他联系了俄罗斯航天局的同行并说服他们将其空间站计划与美国的空间站计划结合起来。有了俄罗斯的贡献，美国的努力不再呈螺旋式下跌。同样重要的是，在政治方面，俄罗斯的参与也吸引了那些希望这两个曾经的对手之间能够缓和关系的美国官员。

然而，其他美国政客却认为，俄罗斯是一个近期对美国机构和安全构成威胁的代表性国家，因此反对与其合作。同时，不断攀升的空间站预算（估计到 20 世纪 90 年代初约为 174 亿美元）也给反对派带来了第二次更具说服力的进攻点。直到 1993 年，美国众议院以支持票多一票的优势挽救了这个项目。仅仅两年之后，随着冷战记忆的消退，与俄罗斯建立伙伴关系似乎是大势所趋，随后国会批准了每年 21 亿美元的空间站预算。

然而争议并未就此结束。1997 年和 1998 年间，很明显 NASA 超出了年度支出限额，并且在基准 17.4 亿美元之上需要额外增加 73 亿美元。令人不安的是，独立审计人员经过确认发现该项目关键部件的交付期延迟了 10 ~ 36 个月，这使得预计中的 2004 年完工日期变得毫无意义。作为回应，美国及其国际合作伙伴初步将竣工日期定在 2006 年；但 2003 年 2 月发生的"哥伦比亚"号航天飞机事故使得航天飞机活动暂停，随之而来的是新模块的交付和组装也遭到搁置。考虑到这些情况，空间站建设的合作伙伴们选择将 2010 年作为更现实的竣工日期。

随着 15 个国家政府（美国、俄罗斯、日本、加拿大及欧洲航天局的 11 个成员国）共同签署了"空间站政府间协定"，国际空间站于 1998 年 1 月正式开始启动建设。其中，美国和俄罗斯之间的首要合作是国际空间站在不断演变过程中最不可或缺的组成部分。美国可能是第一个（也是唯一一个）将人类送上月球的大国，但俄罗斯在空间站的项目经验上远远超过了美国。俄罗斯航天局不仅在 1971 年至 1986 年间发射了七个"礼炮"号空间站，而且随后在 1986 年发射了"和平"号空间站，这是一个蜻蜓形状的重达 20 万磅的航天器，是当时轨道上存在的最大物体。偶然的是，当丹尼尔·戈尔丁在 1993 年联系俄罗斯同行试图与之建立合作关系时，俄罗斯航天局已经向"和平"2 号空间站迈进了一大步，但由于冷战后俄罗斯的经济一片混乱，其获取资金的可能性很渺茫。实际上，国际空间站是"和平"2 号空间站和"阿尔法"（Alpha）空间站的组合。为了实现这种组合，俄罗斯的工程师和计划人员直接与他们在美国的同行开展合作，并且俄罗斯航天局还承诺为美国构建的整体结构增加两个新模块，加大宇航员居住舱的尺寸、延长空间站的中央走廊以及增大发电量。

除了技术上的全面合作以外，在人员方面，美国宇航员和苏联宇航员都受益于早期的互惠经历：1995 年至 1998 年期间，7 名美国人登上"和平"号空间站参与飞行，期间他们学习到了延长空间飞行的技术（长达 6 个月）；而 7 名俄罗斯宇航员在同一时期也执行了 7 次航天飞机的飞行任务，使他们对多年以来建造和供应国际空间站的

"太空卡车"有了更多的了解。

国际空间站在轨装配的最初阶段发生在 1998 年 12 月至 2003 年 1 月，涉及"团结"号节点舱、"曙光"号功能舱、"星辰"号服务舱、"命运"号实验舱和多用途后勤舱的集成。第二阶段突破性进展发生在"哥伦比亚"号航天飞机失事后，"发现"号航天飞机重新开始飞行之时。在此阶段，国际空间站于 2007 年 10 月获得了欧洲航天局的"和谐"2 号节点舱，并于 2008 年 2 月获得了"哥伦布"号实验舱；于 2008 年 3 月、5 月以及 2009 年 7 月获得日本航天局的"希望"号实验舱的部件；于 2010 年 2 月获得意大利航天局的"宁静"3 号节点舱和七窗口穹顶观测舱；最终，在 2011 年 2 月，改进后的"莱昂纳多"号多用途后勤舱作为永久性多用途舱返回国际空间站。

1998—2011 年，国际空间站的主体建设持续了将近 13 年时间，大型空间站逐渐成形，或许这也是一种对人类耐力与智慧的致敬。这期间空间站完成了 43 次组装飞行，在 2001 年甚至达到 7 次飞行的高峰。完工的国际空

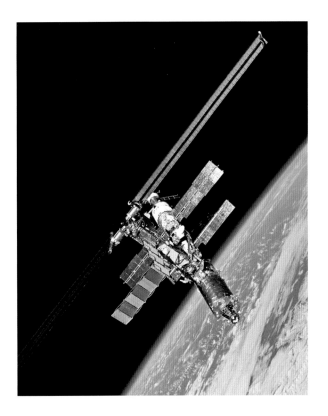

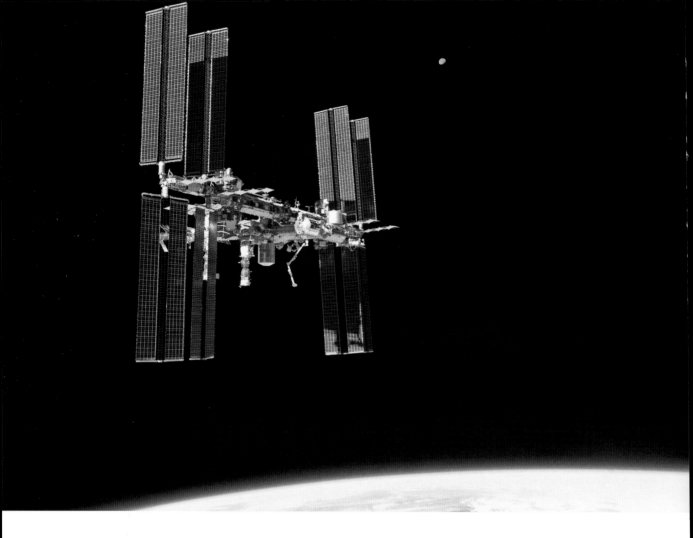

间站重约 882000 磅（400068 千克），长 356 英尺（108.5 米），宽 240 英尺（73 米）。这一尺寸大大超出了一个美式橄榄球场的规模。截至 2017 年夏，国际空间站共接待了 227 名个人和 52 名不同的宇航员（或探险队）。建造国际空间站的全部成本超过 1000 亿美元，并且为了保持空间站的持续运营，美国每年还要投入 30 亿美元。

原定在 2010 年关闭并解散空间站，然而巴拉克·奥巴马政府于 2014 年宣布将其服务年限至少延长至 2024 年。

"团结"号节点舱

虽然并非令人兴奋或特别具有创意，但美国对世界上第一个跨国太空居住地最初的贡献起到了不可或缺的作用。"团结"号节点舱（也称为 1 号节点舱）作为中心枢纽装载于"奋进"号航天飞机的有效载荷舱中，早期空间站的大部分组件都连接在该中心枢纽上。这种桶状"团

结"号节点舱诞生于 NASA 在亚拉巴马州马歇尔太空飞行中心的波音公司工厂，由铝制成，拥有六个泊位。它重达 25600 磅（11612 千克），长 17.9 英尺（5.47 米），直径为 15 英尺（4.57 米）。除了"团结"号节点舱之外，"奋进"号航天飞机还携带了四名美国宇航员和一名苏联宇航员，他们训练有素，致力于让新的空间站焕发生机。要做到这一点，"奋进"号航天飞机需要先与"团结"号节点舱的对接舱——两周前发射的俄罗斯航天器"曙光"号功能舱（俄语为"黎明"的意思）会合。

1998 年 12 月 6 日，当"奋进"号航天飞机和"曙光"号功能舱相互靠近时，指挥官罗伯特·卡巴纳对"奋进"号航天飞机进行了手动控制，并将其定位在距"曙光"号功能舱 10 英尺范围内。此时，美国宇航员南希·柯里伸出了航天飞机的加拿大机械臂，抓住"曙光"号功能舱，并把它拉到了"团结"号节点舱的位置上（垂直固定在航天飞机的货舱中）。然后，她使用机械臂将两个航天器

上的 24 个引脚和匹配的孔对齐，经过一系列精妙的操纵后，将机构锁定到位。接下来进行了三次太空行走，总计持续了 21 个小时，期间宇航员完成了"团结"号节点舱和"曙光"号功能舱的电气及其他重要系统的集成。完成这项任务后，卡巴纳于 12 月 11 日带领他的宇航员们进入"团结"号节点舱并安装了灯光和通信系统，然后将工具和衣服携带进入"曙光"号功能舱。

美苏两国宇航员联合起来完成了国际空间站第一批部件的部分组装工作，接下来宇航员返回"奋进"号航天飞机，并于 12 月 13 日（星期日）离开了焕然一新但却空无一人的国际空间站，最后返回地球。

"曙光"号功能舱

俄罗斯航天局长期以来一直以增量的方式来改进航天器和完善旧设计，其对国际空间站的第一次贡献源于俄罗斯的运输补给飞船，最初它充当了往返"金刚石"军

用空间站的运输舱。"曙光"号（Zarya）功能舱之所以被命名为"曙光"（意指"黎明"或"日出"），因为它既暗示了两个曾经的竞争对手开始了一段新型的伙伴关系，也表明太空中启动了一个庞大的新项目。它也被称为功能货舱（或 FGB，按其俄文字面拼写），具有多种用途。首先，它的三个端口构成了国际空间站中俄罗斯和美国航空器之间的通道，一端是俄罗斯对接点，另一端是美国对接点，第三个端口则作为"进步"号飞船的物资补给和"联盟"号载人飞船的运输泊位。从功能上讲，"曙光"号功能舱是国际空间站最初的基础设施中心。其宽大的太阳能电池阵列和 6 个蓄电池能够产生 3000 瓦的电力；它的 16 个外储箱装载了超过 13200 磅（6000 千克）的推进剂；它配备有 2 台大型发动机、12 台小型发动机和 24 台转向喷气机（用于轨道机动）；它还拥有一个较大的密封空间，既有存储功能，还为美国宇航员和苏联宇航员提供了一个带窗的宇航员舱。"曙光"号

"团结"1 号节点舱 +2 个加压对接适配器（PMA）

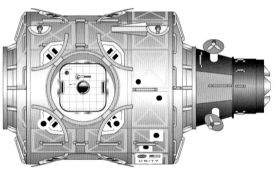

顶视图

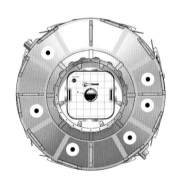

正视图

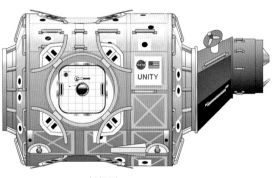

侧视图

0　1　2　3　4　5

米

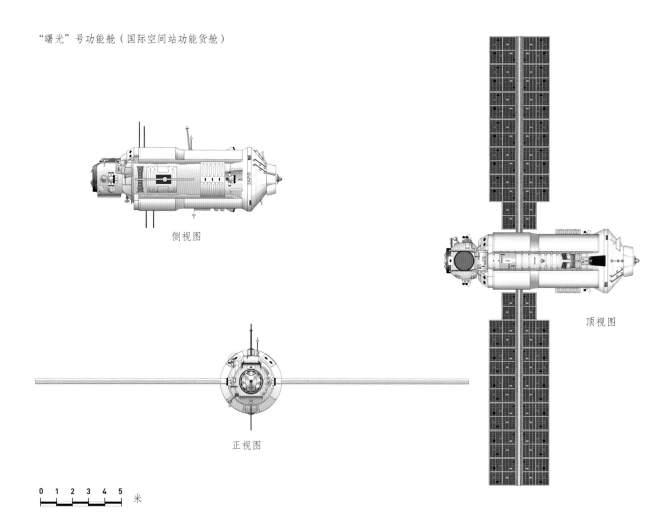

侧视图

顶视图

正视图

0 1 2 3 4 5 米

功能舱是一个狭长且沉重的望远镜形物体，重 42600 磅（19323 千克），长 41.2 英尺（12.5 米），直径 13.5 英尺（4.1 米）。

1998 年 11 月 20 日，"曙光"号功能舱从哈萨克斯坦的拜科努尔航天发射场起飞，由一枚"质子"号三级重型运载火箭将其送上太空。它在 240 英里处的一个圆形轨道上等待着美国为国际空间站贡献的第一个舱室，即"团结"号节点舱。16 天后，货舱中携带"团结"号节点舱的"奋进"号航天飞机抵达"曙光"号功能舱的位置。"奋进"号航天飞机的操纵臂抓住了"曙光"号功能舱，经过精密的对接过程后，这对模块成功入轨。

经历了预料之外长达 20 个月的漫长等待后，在 2000 年 7 月 25 日，"曙光"号功能舱与俄罗斯为国际空间站提供的第二个舱室"星辰"号服务舱完成对接，该舱的到来让国际空间站更适合人类居住。

"星辰"号服务舱

随着第一对模块，即"曙光"号功能舱和"团结"号节点舱完成对接后，国际空间站于 1998 年 12 月开始成型。空间站的规划者希望随着另一个被称为"星辰"号服务舱的俄罗斯舱室的到来，空间站能够快速扩张。但是几个月以来，"星辰"号（Zvezda）服务舱都未能如期而至。在等待期间，"发现"号航天飞机于 1999 年 5 月访问了国际空间站，不仅带来后勤补给物资，还在空间站外协助安装了一架俄罗斯货物起重机；除了在"团结"号节点舱外部安装扶手外，2000 年 5 月，"亚特兰蒂斯"号航天飞机及其宇航员还移动了空间站的轨道位置来迎接"星辰"号服务舱的到来。

最终，位于莫斯科的赫鲁尼切夫国家研究和生产中心完成了"星辰"号服务舱的建造。赫鲁尼切夫的工程师根据"和平"号空间站的核心部件制造了一部航天器，而

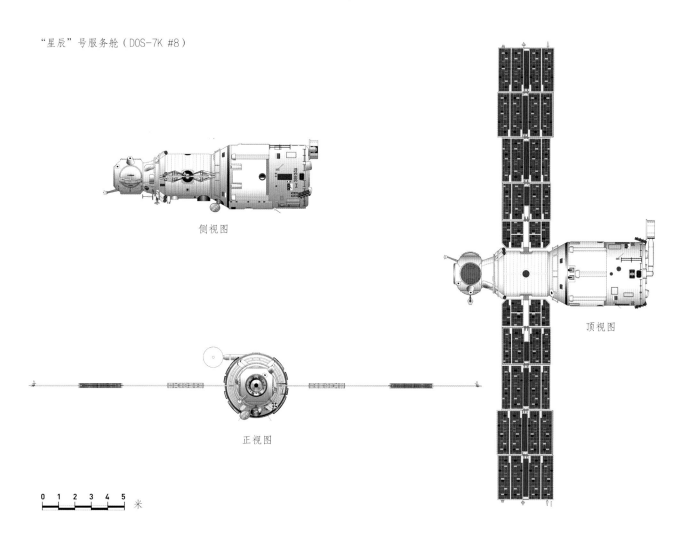

侧视图

顶视图

正视图

0 1 2 3 4 5 米

"和平"号空间站则是由早期的"礼炮"号和"金刚石"号空间站衍变而来的。2000年7月12日，39796磅（18051千克）重、43英尺（13.1米）长的"星辰"号服务舱搭乘"质子"号运载火箭从哈萨克斯坦的拜科努尔航天发射场起飞。俄罗斯人决定通过远程操控来连接国际空间站和"星辰"号服务舱，因此需要涉及一些错综复杂的演练。首先，由航天器上的自动计算机发出指令，激活机载设备并开启全长97英尺（29.7米）的太阳能电池板。然后，地面控制器将"星辰"号服务舱朝向太阳以积蓄电力，之后两次发动其两台主发动机将其升至国际空间站的高度。接下来，"曙光"号功能舱－"团结"号节点舱组合体于7月25日靠近"星辰"号服务舱并与其会合，之后，经过25分钟的顺序操作，"星辰"号服务舱的前端口被锁定在"曙光"号功能舱上。

至此，国际空间站的神经中枢逐渐从"曙光"号功能舱过渡到"星辰"号服务舱。"星辰"号服务舱配备了13个观测窗，满足了国际空间站早期的基础设施需求，包括配电（来自太阳能电池阵）功能、数据处理设施（使用欧洲航天局计算机）、推进系统（维持轨道）、通信系统（与地面控制中心通过数据、语音和视频进行交流）、生命维持（回收废水作为氧气）以及接收和处理飞行控制信息。同时，它还满足了居住者的人体需求。它拥有三个增压密封舱，前部是一个带气闸的球形转移舱；中间是一个圆柱形工作舱；尾部是一个球形转移舱——提供睡眠区、个人卫生设施、带餐桌的厨房以及放置跑步机和固定自行车的空间。

经过这些模块的转移，"曙光"号功能舱的主要功能逐渐减少，后来只用于存储外储箱和其他材料。国际空间站现在只等待首批三人乘员，又称"远征1号"（Expedition 1）的到来，从而开始人类长期居住计划。

"命运"号实验舱

继国际空间站中"团结"号节点舱和"曙光"号功能舱部件就位以来，2000年7月，俄罗斯"星辰"号服务舱模块的加入标志着世界上第一个跨国太空居住地的筹备期已结束。它开创了人类在轨居住的一个崭新的、更具包容性的时代。

首批宇航员于2000年11月2日抵达，当时的任务指挥官威廉·谢菲尔德、"联盟"号载人飞船的指挥官尤里·吉德森科和飞行工程师谢尔盖·克里卡廖夫共同登上"星辰"号服务舱，并正式开始了国际空间站"远征"1号的太空任务。经过一段时间的适应和调整，在他们旅程的第100天（2001年2月7日），他们等待的"亚特兰蒂斯"号航天飞机到来，其货舱中携带着空间站的一个关键部件。两天后，"亚特兰蒂斯"号航天飞机它与国际空间站对接，其上的三名男宇航员和一名女宇航员与国际空间站的三名宇航员一起工作了一周时间，将新成员对接到"团结"号节点舱的前部。他们展开了三次太空行走，之后"亚特兰蒂斯"号航天飞机离开，此时空间站的规模比现存的任何空间站都要庞大：长171英尺（52米），高90英尺（27米），宽240英尺（73米）。即使在早期阶段，它的重量已达到约224000磅（101600千克）。

新增的美国"命运"号（Desting）实验舱虽然造价高昂，但它是国际空间站科学任务中必不可少的组成部分。它由波音公司花费14亿美元在NASA的马歇尔太空飞行中心建造而成。它的外观看似平庸：一个大型的银色圆柱体，大小与两端均设有舱口的公务机相同。但它简单的外表下却蕴含着复杂性。闪闪发光的白色长方形内部，被划分为四段，每段包含6个机架，或者说总计容纳24个机架。每个单元的高度为73英寸（185厘米），宽度为42英寸（106厘米）。在24个单元中，13个用于科学实验；其余的11个单元为国际空间站的基础设施提供服务，如产生电力和冷却水、净化冷却水、调节温度和湿度并净化空气。

"命运"号实验舱的科学有效载荷因机架而异。来自世界各地的研究人员依靠诸如电气和流体连接器、传感器、摄像机、运动阻尼器等设备通过远程控制来进行实验。大多数工作都是为了一个共同的目标：评估零重力对物埋和生物过程的长期影响，特别是对人类及其环境的影响。为了获得这些知识，生态学、地球科学、化学、生物学、物理学和生物医学等学科都非常重视"命运"号实验舱中的实验。

"命运"号实验舱还为地球气象学家和地质学家提供了一个光学观测窗，通过这个窗口，宇航员能够拍摄关于地球地形和天气系统的壮观图像，以及一些自然现象如火灾、洪水和雪崩等图像。

多用途后勤舱

如果说"命运"号实验舱在国际空间站开启了科学研究的新篇章，那么多用途后勤舱的到来则预示着国际空间站的运行效率提升到了一个新阶段。由泰雷兹阿莱尼亚宇航公司为意大利航天局设计并建造的三个多用途后勤舱（MPLM）从意大利都灵陆续出厂。它们的命名均来自意大利文艺复兴时期著名艺术家的名字："莱昂纳多"号（Leonardo）是为了纪念博学的画家、雕塑家和建筑学家莱昂纳多·达·芬奇（1452—1519年）；"拉斐尔"号（Raffaello）是为了向建筑学家兼艺术家拉斐尔·桑西（1483—1520年）致敬；"唐纳泰罗"号（Donato）是为了表彰雕塑家唐纳泰罗（1386—1466年）。三个多用途后勤舱分别于1998年8月、1999年8月和2001年2月搭乘空客"白鲸"运输机抵达肯尼迪航天中心。

2001年3月至2011年7月，多用途后勤舱共计12次搭载航天飞机入轨，由于"哥伦比亚"号航天飞机发生事故，2003年至2005年期间停止了发射活动。"莱昂纳多"号多用途后勤舱8次入轨，时间分别是2001年3月和8月、2002年6月、2006年7月、2008年11月、2009年8月、2010年4月，最后一次是2011年2月，"莱昂纳多"号多用途后勤舱一直搭乘"发现"号航天飞机或"奋进"号航天飞机进入太空。为了完成最后一次任务，"莱昂纳多"号多用途后勤舱在肯尼迪航天中心经历了大规模的改装，包括安装一些从"唐纳泰罗"号多用途后勤舱（从未进入过太空）拆借过来的配件（特别是多层绝缘毯）。当"莱昂纳多"号多用途后勤舱于2011年2月返回空间站时，它作为国际空间站的固定部分（重新被命名为永久性多功能舱）永久留在了那里。而"拉斐尔"号多用途后勤舱则搭载"发现"号航天飞机、"奋进"号航天飞机和"亚特兰蒂斯"号航天飞机于2001年4月和12月、2005年7月和2011年7月四次前往空间站。

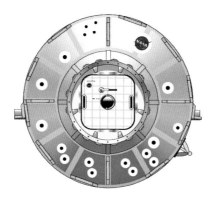

正视图

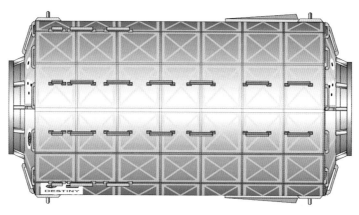

顶视图

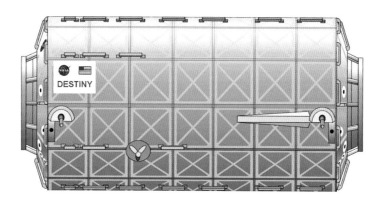

侧视图

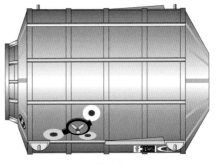

顶视图

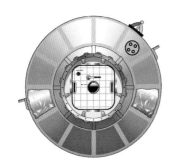

正视图

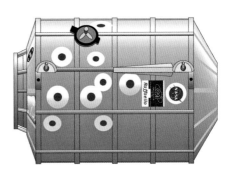

侧视图

有些人甚至轻蔑地将多用途后勤舱称为太空货车或太空卡车,但其实这些表述都低估了它们的价值。这些圆柱体长 21 英尺(6.4 米),宽 15 英尺(4.6 米),重 9000 磅(4100 千克),可携带 20000 磅的有效载荷,它们被安装在 16 个机架系统上。当一个多用途后勤舱抵达国际空间站后,苏联宇航员和美国宇航员从上面卸下补给物资、备件、设备和新实验设施。在它们返回地球之前(进入其中一个航天飞机轨道器),宇航员将研究项目成果及废弃物再次将它们装满。

但除了后勤功能之外,"莱昂纳多"号和"拉斐尔"号多用途后勤舱在与空间站对接期间还充当了功能齐全的国际空间站组件的角色,提供了为人类居住者创造宜居环境所需的生命补给、灭火系统、配电功能和计算能力。此外,多用途后勤舱还被用作另外两个主要国际空间站模块的基本模式。由意大利泰雷兹阿莱尼亚宇航公司(Thales Alenia Space)为 NASA 建造的"和谐"号节点舱于 2007年 10 月抵达国际空间站,它不仅作为第二个国际空间站的节点(继"团结"1 号节点舱之后)同时也是美国宇航

员的新居住舱。于 2008 年 2 月发射的欧洲航天局"哥伦布"实验室也借鉴了多用途后勤舱的大量设计思路。

天宫一号

与大量借鉴俄罗斯航天局和"联盟"号载人飞船设计思路的神舟飞船不同,大型模块化空间站的开发让中国国家航天局有机会展示其独立性和复杂性。中国国家航天局开始执行这项任务不仅是因为其具备这样的能力(主要是技术能力),也是出于其对被排除在国际空间站之外的疑虑,以及对与 NASA 合作的限制性(美国国会于 2011 年通过法案强制执行)。面对极为有限的选项,或许中国国家航天局的领导人将其视为继续前进的信号,继续实施他们自己的计划。

在中国,尽管早在 1992 年便开展了关于空间站的探索性讨论,但直到 1999 年才获得正式授权,也许并非巧合,这正是国际空间站的前两部分("团结"号节点舱和"曙光"号功能舱模块)在太空完成对接后的第二年。中国当局决定建造三个小型试验平台,旨在实现一个雄心勃

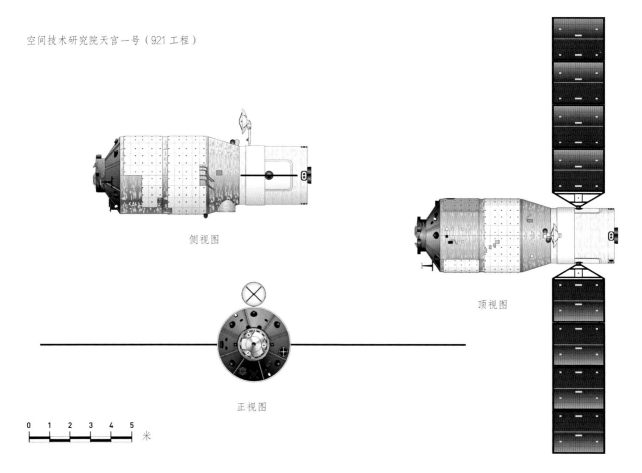

侧视图

顶视图

正视图

0 1 2 3 4 5
米

勃的目标：一个由两个小型研究模块和一个货运飞船支撑的 20 吨级核心模块的超大型空间站。中国国家航天局计划在 2020—2023 年之间完成这个空间站，而这个时间表与国际空间站的退役时间一致。

在 2011 年和 2016 年期间，中国国家航天局将两个早期的空间站送入轨道。第一个称为天宫一号，它具有双重目的：一是作为科学实验舱，二是作为神舟飞船的载人以及自动对接的目标载体。尽管天宫一号是迈向未来全尺寸空间站的第一步，但它长 34.1 英尺（10.4 米），直径 11 英尺（3.35 米），重 18753 磅（8506 千克），这就使得它本身就是一项历史性成就。天宫一号于 2011 年 9 月 29 日发射，由两个圆柱形部分组成：前端是一个具有 530 立方英尺（15 立方米）内部空间的更宽敞、可居住的实验舱；尾端是一个较窄的资源舱，工程师可在上面安装电气系统、环境控制装置、两个太阳能电池板（跨度约为 75.5 英尺或 23 米），以及这个空间站的推进装置。其中，实验舱为中国航天员（英文称为 taikonauts，由"太空"的拼音和"astronant"（航天员）合成）提供了两张床和运动器材。

在每次任务期间，载有航天员并保持原位的神舟飞船将为实验舱提供第三张床、烹饪设施和厕所。天宫一号在其结构两端都设计有泊位，但只有实验舱上的一个泊位适用于自动对接。

天宫一号在其服务年限延长两年后，于 2016 年 3 月结束服务。在此之前，它承接了两次载人（神舟九号和神舟十号飞船）飞行任务以及一次无人（神舟八号飞船）飞行任务。随后，在 2016 年 9 月，中国国家航天局宣布失去对航天器的控制，并预计这个航天器将在 2017 年 10 月至 2018 年 4 月间再入大气层。尽管如此，这项计划仍在继续：天宫二号于 2016 年 9 月 15 日入轨，但是，随后的天宫三号并没有按计划飞行，中国领导人决定将它与天宫二号的任务合并在一起。

尽管中国国家航天局是空间探测领域的一个相对较新的参与者，但是表现出了强大的后劲，如果中国国家航天局在即将建造的空间站上获得成功，那么他们势必会取得一项历史性成就，还能大大缩小与 NASA、俄罗斯航天局以及欧洲航天局之间的差距。

火箭
太空发射系统

当小布什总统 2010 年决定停飞航天飞机时，对于如何将宇航员送上太空这一问题，NASA 并没有充足的把握。布什总统在 2004 年提出了一项解决方案，即最终被称为"星座"（Constellation）的庞大计划。"星座"计划依赖两枚火箭和一个太空舱："战神"一号（Ares I）运载火箭将一枚类似于"阿波罗"号航天器的新型航天器（称为"猎户座"多功能载人飞船）送入轨道；在其前往月球和火星之前，更大型的"战神"五号（Ares V）运载火箭将补给品和设备送至"猎户座"多功能载人飞船。尽管"星座"计划看起来似乎是合理的，因为它大量借鉴了"阿波罗"载人飞船和航天飞机的技术，但 2010 年 4 月，奥巴马总统在肯尼迪航天中心的一次演讲中宣布取消"星座"计划（"猎户座"多功能载人飞船除外）。取而代之的是，他承诺将 NASA 的预算增加 60 亿美元，并指示 NASA 开发一个庞大的发射系统。这一系统应当着眼于未来，而不是过去，以获得其技术灵感。

尽管它与"星座"运载火箭有所不同，但无论总统的意愿如何，NASA 根据奥巴马政府指示开发的大型运载火箭并不代表与传统运载工具的彻底决裂。即使有了更多的资金，NASA 仍然缺乏资源来重新定义化学火箭的基本承租人。因此，经过大约一年半的设计工作，2011 年 9 月，NASA 公布了一种名为太空发射系统的新型不可重复使用助推器的架构。

太空发射系统并非如"星座"计划那样制造两枚单独的运载火箭，而是只制造一枚火箭，但它基于先进的设计理念，扩大了火箭的运力。按照 NASA 的计划，初期阶段，太空发射系统应将 154000 磅（70 吨）载荷送入轨道，最终其有效载荷将增加近一倍，达到 286000 磅（130 吨）。奥巴马总统在肯尼迪航天中心的演讲中可能要求采用富有想象力的新设计和新技术，但 NASA 副局长洛瑞·加夫阐述了 NASA 面临的预算现实，她说 NASA 寻求实现奥巴马的目标，同时也需要考虑成本。

实际上，这意味着要采用与"星座"计划一样做法：尽可能使用现有组件，并根据新项目的需要对它们进行修改。太空发射系统模块 1 长度为 322 英尺（98.1 米），直径为 28 英尺（8.4 米）——"土星"5 号运载火箭长度为

363 英尺（111 米），直径为 33 英尺（10 米）——由四个主要部分组成。最大部分是一个类似于航天飞机外燃料储箱的 200 英尺长芯级，它可以容纳 730000 加仑的液氢和液氧。液氢和液氧是四台改进版 RS-25 航天飞机主发动机的推进剂，这些发动机安装在机身的底部，能够提供超过 200 万磅的推力。两台源自航天飞机技术的固体火箭助推器固定在芯级两侧，每台通过其 QM-1 发动机提供 360 万磅推力。最后，临时低温推进级——更多地被称为"德尔塔"Ⅳ导弹的第二级——包括一台由液氢和液氧燃料驱动的 RL-10 发动机，该发动机源自历史悠久的"半人马座"运载火箭。它产生 24750 磅的推力。

NASA 根据一系列里程碑目标推进太空发射系统的工作。2011 年 12 月（NASA 公布技术目标 3 个月后），NASA 与波音和其他公司签署了合同，将尽可能多的"战神"项目技术转移到太空发射系统。一年后，波音公司的核心级提案通过了初步设计评审。最终，NASA 和波音在 2014 年 7 月达成了一份价值 28 亿美元的主要合同，合同期限延长到 2021 年。最后，太空发射系统在 2015 年 10 月通过了关键设计评审，这是一件转折性事件，NASA 内部专家和外部专家共同宣布，该计划做好了进行制造、集成和测试的准备工作。

在路易斯安那州新奥尔良附近的 NASA 米丘德装配厂，波音公司对芯级部件进行了整合。技术人员于 2016 年 9 月完成了芯级液体燃料储箱的焊接工作。2017 年 1 月，位于亚拉巴马州亨茨维尔的 NASA 马歇尔太空飞行中心完成了一项为期两年的、包括两座巨大塔楼的建设项目。这一项目起到了结构试验台的作用，NASA 人员计划在这个试验台上评估太空发射系统芯级燃料储箱的完整性。这些步骤完成后，NASA 安排了一艘驳船，将芯级从米丘德运往密西西比州汉考克县的 NASA 斯坦尼斯太空飞行中心，对其进行防热防火测试。

最初，根据 NASA 的太空发射系统时间表，应当在 2017 年进行第一次无人飞行（绕月航行），后来推迟到 2018 年 11 月。NASA 预计将在 2021 年 8 月安排四名宇航员进行月球环游。

尽管太空发射系统的设计者借鉴了"阿波罗"载人飞船和航天飞机时代的技术，对火箭和太空舱进行了改造，但美国自"土星"5 号运载火箭以来的第一个深空探索计

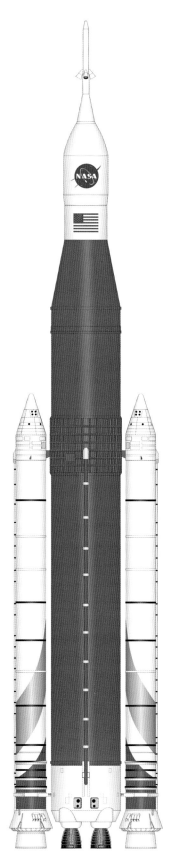
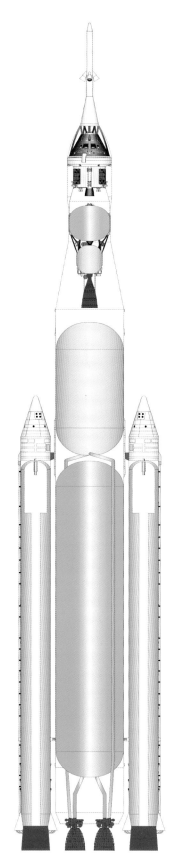

0 ⌊ ⌊ ⌊ ⌊ 5 米

太空探索技术公司"猎鹰"9号运载火箭全推力型号

0 ————————— 5 米

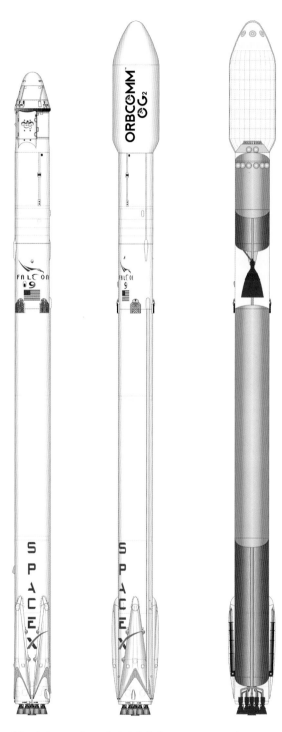

"天龙"号（Dragon）　商业有效载荷　　剖视图
飞船 CRS 有效载荷

划仍耗资超过了 77.5 亿美元，而且这仅仅是 2011—2015 年间的费用。

"猎鹰"9号运载火箭

当巴拉克·奥巴马总统于 2010 年 4 月在肯尼迪航天中心宣布轨道太空飞行商业化时，他不仅推动了新型航天器的建造，还刺激了新型火箭的开发。

位于加利福尼亚州霍桑的太空探索技术公司在总统发表演讲前八年就开始运营了，它在行业竞争对手中起步较早。它用自己的资源资助了其第一个助推器——"猎鹰"（Falcon）1 号的开发，并从 2006 年到 2009 年进行了五次飞行。与此同时，在 2006 年，该公司获得了 NASA 商业轨道运输服务项目的种子资金，用于当时正在建造的更大火箭"猎鹰"9 号运载火箭的三次初步发射。两年后，NASA 购买了 12 个"猎鹰"9 号运载火箭承担的国际空间站再补给任务服务，但仍需等待成功的飞行演示。"猎鹰"9 号运载火箭于 2010 年 6 月首次发射，恰好就在奥巴马总统在肯尼迪航天中心演讲中发起商业发射项目的一个月之后。

就像"天龙"号载人飞船太空舱一样，两级"猎鹰"9 号运载火箭也强调操作的可靠性。在设计第 1 级与第 2 级分离时，太空探索技术公司的设计者并未使用大多数运载火箭常用的燃料，而是使用更安全、低冲击的气动系统。工程团队在第 1 级增加了冗余：在发射时启动了 9 台梅林发动机，实际上只需要 7 台发动机就可以将火箭送入轨道。第一级燃料储箱——由高强度铝锂合金建造——提供液氧和煤油混合物，为发动机提供动力。第二级由相同的材料制成，包含一台负责将有效载荷送入轨道的梅林发动机；或者依靠发动机的重复启动能力，将许多有效载荷送入不同的轨道。

总体而言，这两级在海平面上产生了 170 万磅的推力。机身的实测总长度是 230 英尺（70 米），直径是 12 英尺（3.7 米）。它重达 1208000 磅（549000 千克），有效载荷高达 50265 磅（22800 千克）。

在投入运营的前七年（2010—2017 年），"猎鹰"9 号运载火箭开展了一系列发射任务，截至 2017 年 6 月，总共成功发射了 37 次。它进行了一次测试发射，用"天龙"号载人飞船进行了 12 次飞行，并为客户发射了 25 颗卫星。这些客户分布范围很广，从美国空军到 NASA（Jason-3

卫星），从泰国的 Thiacom 公共公司到意大利的泰雷兹阿莱尼亚航天公司。在 37 次发射任务中，发生了两次较小的（但值得高度重视的）故障：在发射货物后，两枚"猎鹰"9 号运载火箭在 2015 年 1 月和 4 月试图降落在大西洋的驳船上时迷失了方向，而准确回收是可重复使用技术的一项关键指标。随后，2015 年 6 月和 2016 年 9 月发生了两次重大故障，"猎鹰"9 号运载火箭在发射台附近或发射台上爆炸。在这两场灾难之间，2015 年 12 月 22 日，太空探索技术公司实现了一个早先被否认的里程碑：在将一颗 Orbcomm 卫星送入轨道后，"猎鹰"9 号运载火箭飞回地球，垂直降落在一艘航行在大西洋上的驳船上。

2016 年 9 月的爆炸发生后，该公司暂时停止了发射操作，并进行了技术评估。当它于 2017 年 1 月 14 日重返天空时，太空探索技术公司再次成为新闻头条："猎鹰"9 号运载火箭助推器在发射铱 1 卫星后再次成功降落在平台上，这次是降落在太平洋海面的平台上。

太空探索技术公司在一定程度上得到了 NASA 国际空间站再补给和载人飞行合同的资助，在很短的时间内取得了巨大成就，这也证实了奥巴马政府从私营部门获得轨道空间服务的决定的可行性。但太空探索技术公司也将目光投向了下一代火箭——"猎鹰"重型火箭（Falcon Heavy），它可能是自"阿波罗""土星"5 号运载火箭以

太空探索技术公司"猎鹰"9 号运载火箭全推力型号

0   5
└┴┴┴┴┘ 米

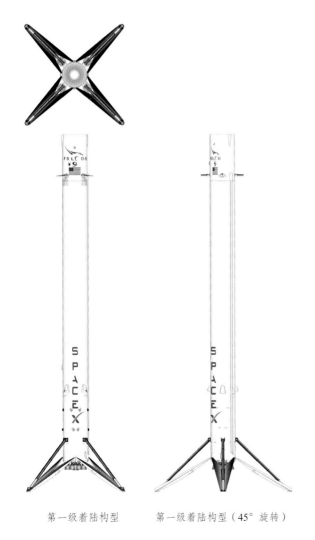

第一级着陆构型   第一级着陆构型（45°旋转）

太空探索技术公司"猎鹰"重型火箭

0   5
└┴┴┴┴┘ 米

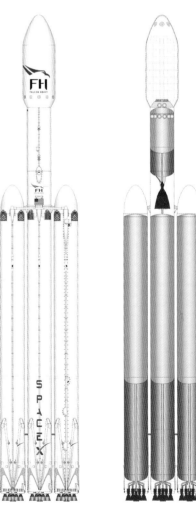

太空探索技术公司"猎鹰"家族

0 1 2 3 4 5 米

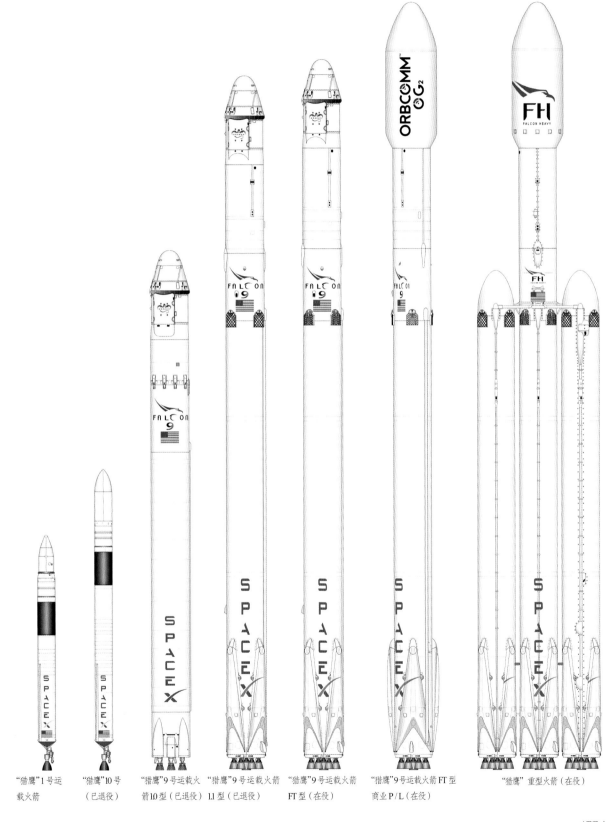

"猎鹰"1号运
载火箭

"猎鹰"10号
（已退役）

"猎鹰"9号运载火
箭1.0型（已退役）

"猎鹰"9号运载火箭
1.1型（已退役）

"猎鹰"9号运载火箭
FT型（在役）

"猎鹰"9号运载火箭FT型
商业P/L（在役）

"猎鹰"重型火箭（在役）

来最强大的美国火箭。按照设想，"猎鹰"重型运载火箭由一个"猎鹰"9号运载火箭芯级和两个捆绑式助推器组成，能够运载12万磅（54431千克）的载荷——是"猎鹰"9号运载火箭有效载荷的两倍多。

太空探索技术公司预计在2017年11月首次发射"猎鹰"重型火箭，后来推迟到2018年1月。但在为这一历史性事件做准备的时候，它再次陷入了一场灾难，尽管可能不是它自己造成的。2018年1月7日，周日，一枚"猎鹰"9号运载火箭从卡纳维拉尔角起飞，携带一颗名为"祖玛"（Zuma）的绝密卫星，据说这部航天器价值数十亿美元。当火箭的第二级和有效载荷进入轨道时，飞行似乎正常进行。但很快，传闻说这次任务出了差错。1月9日，《华尔街日报》援引业界和政府官员的话说，"祖玛"卫星未能与"猎鹰"9号运载火箭的第二级分离，双双坠入大气层，造成了彻底的损失。

太空探索技术公司总裁格温·肖特韦尔发表了一份简短的声明，称他们的火箭"正确地执行每项工作"，对发射数据的审查表明"不需要任何设计、操作或其他改变"。她补充说，"发布的与本声明相反的信息是绝对虚假的。"诺斯罗普·格鲁曼公司制造了"祖玛"卫星，或许还制造了"猎鹰"运载火箭第二级的适配器，由于该项目的机密性质，该公司没有提供任何解释。在《华尔街日报》发表这篇文章时，参众两院的议员已经听取了这一事件的简报。

太空探索技术公司明确否认自己的责任，并期望该公司的现有发射安排按计划进行，从而确保了其客户数量的增长。

"安塔瑞斯"号运载火箭

在竞争NASA商业发射服务合同的小公司中，最为成功的是轨道ATK公司。1982年在弗吉尼亚州杜勒斯成立的这家公司（当时被称为轨道科学公司，2014年与阿连特技术系统公司或ATK合并）以其小型卫星助推器服务而闻名。轨道科学公司改装了一架L-1011客机，并将其用作三级"飞马座"固体燃料火箭的平台，这是第一枚私人制造的太空运载火箭。"飞马座"固体燃料火箭价格低廉且高度可靠，将许多最敏感的NASA卫星送入轨道。2013年，轨道科学公司根据与NASA签订的19亿美元商业轨道运输服务合同，参加了国际空间站再补给竞赛。它承诺通过"天鹅座"飞船向空间站进行8次补给飞行，并

轨道 ATK 公司
"安塔瑞斯"号运载火箭 –200 型

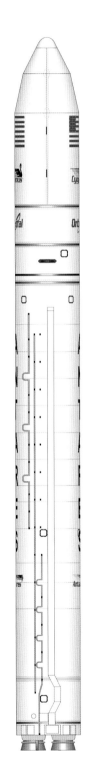

0 1 2 3 4 5　米

由"安塔瑞斯"号运载火箭承担发射任务。"安塔瑞斯"号（其名称来源于天蝎座中的红巨星）是轨道科学公司整合东西方设计元素后，制造的一款创新产品：液体推进剂（液氧/煤油）驱动的第一级由乌克兰 KB Yuzhnoye/Yuzhmash 公司制造；第一级的两台 RD-181 发动机由俄罗斯能源火箭公司的子公司 NPO Energomash 制造；固体推进剂（端羟基聚丁二烯）驱动的第二级由轨道科学公司自己生产。"安塔瑞斯"号长 133 英尺（40.5 米），直径近 13 英尺（3.9 米），发射质量介于 621704 ~ 652568 磅（282 ~ 296 吨）之间。该火箭近 13 英尺（3.9 米）长的整流罩可以容纳大量的有效载荷。

与"安塔瑞斯"号类似，"天鹅座"（银河系平面上的一个北方星座）也是一款多国合作的产物。它的桶状结构长 16.7 英尺（5.1 米），直径 10.1 英尺（3 米）（标准版）；或者长 20.7 英尺（6.3 米），直径 10.1 英尺（3 米）（增强版）。意大利都灵的泰雷兹阿莱尼亚公司制造了它的加压货物舱；轨道科学公司制造了它的服务舱。

到目前为止，所有的"安塔瑞斯"号运载火箭都是从NASA 位于弗吉尼亚州的沃洛普斯飞行设施发射的。最初的两次发射（2013 年 4 月和 9 月）证明了"安塔瑞斯"号/"天鹅座"组合的飞行价值，第一次发射携带了模拟"天鹅座"的有效载荷，第二次发射证明了运送 NASA 商用现货的能力。随后，"安塔瑞斯"号开始向国际空间站进行自动再补给飞行，2014 年 1 月首次执行任务，同年 7 月又执行了一次补给飞行。但 2014 年 10 月 28 日发生了一场灾难。在这次飞行中，和之前一样，第一级发动机并不是轨道科学公司后来选择的 RD-181，而是较老的俄罗斯 NK-33 动力装置，航空喷气火箭动力公司将这套动力装置改装为 AJ-26。NASA 对这起事件（发射后不久发生剧烈爆炸）的调查发现，点火后约 15 秒，由于旋转和静止部件接触，AJ-26 中的一个液氧涡轮泵发生爆炸。在中断了一年多之后，轨道 ATK 公司在 2015 年 12 月发射了另一枚"天鹅座"载人飞船，但这一次与联合发射联盟签订了"宇宙神"5 号火箭的合同，该火箭向国际空间站运送了 7700 磅（3500 千克）货物。2016 年 3 月，它又向空间站输送了近 7500 磅（3400 千克）货物。2016 年 10 月 17 日，"安塔瑞斯"号的升级版升空，在一次补给任务中将"天鹅座"成功送上太空。NASA 预计 2017 年将进行另一次

"安塔瑞斯"号飞行任务，但不是在同年 4 月第三次"宇宙神"5 号飞行任务之前。

轨道 ATK 公司证明自己也能够像太空探索技术公司一样为国际空间站输送物资和装备；到目前为止，相比于更成熟的公司或 NASA，这些较小的公司对挫折和灾难的承受力似乎并不差。

"新谢泼德"号运载火箭

奥巴马总统于 2010 年发起商业太空业务后，在竞争这一业务份额的公司中，由亚马逊创始人杰夫·贝佐斯（Jeff Bezos）创办的蓝色起源公司以起步相对较晚，但拥有最雄心勃勃的项目而闻名。而且，蓝色起源公司加入这场竞赛的立足点也略微有别于其竞争对手。蓝色起源公司没有争夺国际空间站补给和宇航员运输业务的合同，而是在 2016 年与 NASA 结成联盟，成为参与 NASA "飞行机遇"（Flight Opportunities）项目的六家公司之一，该项目致力于开展亚轨道任务。这一倡议使 NASA 鼓励各种供应商为政府、学术界和工业界开发的有前途的技术提供发射服务。蓝色起源公司将"新谢泼德"号运载火箭作为其亚轨道发射任务的候选火箭。该公司在得克萨斯州范霍恩制造了航天器，并在这个地点附近开展发射和降落活动。在其发展的早期，蓝色起源公司的收入来源主要包括 NASA、愿意支付太空旅行费用的研究人员，以及准备参加未来宇航员体验活动的个人。

和"猎鹰"9 号运载火箭一样，"新谢泼德"号代表了可重复使用助推器的一种尝试，与"猎鹰"9 号运载火箭的不同之处在于，它降落在坚固的地面上，而不是在海上。蓝色起源公司的再利用程序是在"新谢泼德"号运载火箭发射后 2.5 分钟启动的，此时（按事件顺序），其发动机关闭，助推器落到地球上，阻力刹车激活，火箭点火，而且起落架张开，准备迎接火箭垂直着陆。在"新谢泼德"号运载火箭开始下降之前，蓝色起源公司的乘客舱与火箭分离并滑行进入太空，然后依靠降落伞返回地球。

蓝色起源公司在华盛顿州总部设计、制造和测试其发动机。开始阶段，它采用小推力煤油推进剂的蓝色发动机 BE-1，能够在海平面提供 2200 磅的推力。然后，它制造了以煤油和过氧化氢为燃料的 BE-2，可以提供 3.1 万磅（14.06 吨）的推力。它还开发了 BE-3（"新谢泼德"号运

载火箭发动机），这是一种液氢/液氧混合燃料推进发动机，能够提供11万磅（49.89吨）的推力。此外，该公司计划推出BE-4，由液化天然气/液氧燃料驱动，设计推力为55万磅（249.47吨）。蓝色起源公司预计最终将"新谢泼德"号运载火箭扩大为两级和三级重型助推器，分别长270英尺（82.3米）和313英尺（95.4米），配备7台BE-4发动机，并以"新格伦"的名称将其用于轨道飞行

任务。"新格伦"太空舱将在530立方英尺的空间中容纳6名宇航员。

2015年和2016年，"新谢泼德"号运载火箭进行了5次完整试飞。第一次是在2015年4月，将一个不载人的太空舱送入307000英尺（93574米）高空，但是由于液压系统的压力损失，助推器未能按计划回收。11月的下一次飞行取得了更大的成功，将太空舱送到了近330000英尺

蓝色起源公司的"新谢泼德"号运载火箭

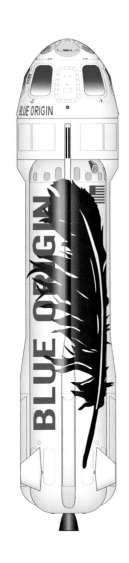

側视图   着陆图   侧面图

0 1 2 3 4 5

米

0 1 2 3 4 5 米

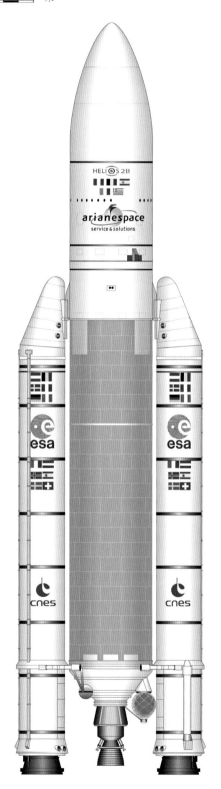
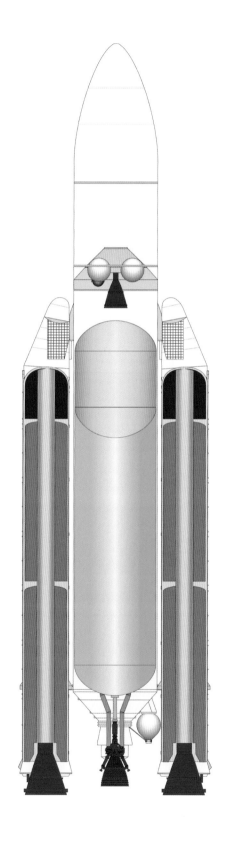

（100584 米）的高空，正如世界各地媒体报道的那样，最终"新谢泼德"号运载火箭在西得克萨斯州的地面垂直着陆——这是世界范围内的一次创举。"新谢泼德"号运载火箭在 2016 年 4 月再次起飞，测试了一套新的反应控制系统，进行了两次微重力试验，并再次回收助推器。2016 年 6 月的第 4 次飞行成功地测试了辅助太空舱着陆的双人版降落伞，而不是标准的三人版降落伞，并再次展示了"新谢泼德"号运载火箭的安全着陆能力。最后，2016 年 10 月，该火箭的机组人员中止系统在 16000 英尺（4877 米）的高度进行了测试。太空舱按计划分离，出乎任务规划者意料的是，"新谢泼德"号运载火箭再次成功垂直着陆——连续第 4 次。相同的、经过翻新的航天器在每一次任务中都能成功着陆，这对于可重复使用系统的未来意义重大。

尽管蓝色起源公司尚不是利润丰厚的国际空间站再补给业务的竞争者，但它在其选定的新兴商业空间发射市场领域显示出了创新能力。该公司预计将在 2018 年进行第一次载人飞行。

"阿里安" 5 号运载火箭

在不到十年的时间里（1979—1988 年），尽管欧洲航天局的发射能力取得了惊人进步，但其最大的飞跃开始于这段时期的中期。欧洲航天局于 1985 年 1 月批准了法国制造的"阿里安" 5 号（Ariane 5）运载火箭的开发，并随之启动了一项计划，使欧洲拥有了与世界上任何一个航天大国竞争的能力。与之前的"阿里安" 4 号运载火箭相比，它的性能显著提升，推力增加了一倍，有效载荷也增加了一倍多。

此外，欧洲航天局的火箭从一个与其竞争对手相匹敌的航天发射场发射升空。1964 年，法国政府在其海外属地之一——法属圭亚那库鲁——选择了一个地点作为发射场。当欧洲航天局在 1975 年成立时，法国当局提议与这一新机构共享这一综合设施。从那时起，欧洲航天局支付了库鲁发射场年度预算的三分之二，另外还支付了设施建设的费用。不仅是欧洲国家，美国、印度、加拿大、巴西和日本的政府和商业公司都依靠这个航天发射场进行轨道发射活动。

事实证明，在法属圭亚那建造太空中心是一个明智的选择。它位于赤道以北仅 311 英里（500 千米）处，其地

理位置使发射的地球静止轨道卫星几乎不改变轨道，并产生了弹弓效应，使火箭的速度提高了大约 0.25 英里 / 秒（460 米 / 秒）。它还为安全运营提供了有利条件：当地人口较少，不太可能侵占设施；周围地形几乎完全被赤道森林覆盖；地震或龙卷风很少会造成破坏。但有一个很大的障碍确实存在：欧洲的制造工厂和发射台之间距离遥远。折中的解决方案是：将巨大的货物分批运过大西洋，唯一的缺点是运输时间（运输、拆箱和起飞前的设置需要 9 周）和相关费用。

"阿里安" 5 号运载火箭于 1996 年 6 月从库鲁进行了首次飞行。它的法国设计师和他们的俄罗斯同行一样，更喜欢修改而不是废弃旧的航天器，并让它们长期服役。因此，欧洲人在 20 年内生产了 5 种"阿里安" 5 号运载火箭的改款产品（G、G+、GS、ECA 和 ES 型运载火箭），并与阿里安航天公司签署合同，将"阿里安" 5 号运载火箭的发射延长到 2023 年。阿里安航天公司是一个负责库鲁发射场商业活动的跨国联盟。

虽然它有一个像早期"阿里安"一样的不可回收系统，但"阿里安" 5 号运载火箭作为重型运载火箭的角色使它有别于这个家族的其他成员。"阿里安" 5 号运载火箭的高度（取决于不同型号）从 151 ～ 171 英尺（46 ～ 52 米）不等，直径约 18 英尺（5.4 米），起飞重量约为 1713000 磅（777 吨）。ECA 型运载火箭携带 23100 磅（10.5 吨）的有效载荷进入地球同步轨道，而 ES 型运载火箭携带 44000 磅（16 吨）的有效载荷进入低地球轨道。

"阿里安" 5 号 ECA 型运载火箭的运载能力源于其三个主要组成部分。它的低温主级包括位于底座的 Vulcain 2 发动机，由 100 英尺（30.5 米）长的燃料储箱泵送的推进剂提供燃料，燃料储箱分为单独的液氧舱和液氢舱。该主级产生约 30 万磅的推力。连接在主级两侧的两个固体火箭助推器的燃料包括高氯酸铵、铝燃料和聚丁二烯，总共提供了 260 万磅（1179.34 吨）的推力。第二级被称为低温上面级，依靠一台由液氧和液氢驱动的 HM7B 发动机，在火箭总共超过 290 万磅（1315.41 吨）的推力基础上增加了 1.4 万磅（6.35 吨）的推力。

"阿里安" 5 号运载火箭保持了令人羡慕的发射纪录。从 1996 年 6 月的第一次发射到 21 年后的 2017 年 6 月，一共发射了 94 次，只有两次完全失败（1996 年和 2002

年）和两次部分失败（1997年和2001年）。在其漫长的使用寿命中，它携带了各种各样的航天器，如欧洲航天局的自动转移飞行器（国际空间站货运飞船、XMM—牛顿天文台、"罗塞塔"彗星探测器和"赫歇尔—普朗克"空间观测站）、欧盟的"伽利略"全球卫星导航系统以及DirecTV和国际通信商业卫星。它还打算把著名的"詹姆斯·韦伯"太空望远镜送上太空，计划2018年10月发射升空。

尽管欧洲航天局理事会22个成员国在达成共识和合作方面一直都存在困难，但"阿里安"系列火箭（一个跨越近40年发射历史的火箭）的非凡记录证明，发展航天事业不仅仅依靠国家竞争和民族自豪感。

"织女星"号运载火箭

与欧洲航天局"阿里安"系列火箭分步式、不断调整的发展思路相比，"织女星"号运载火箭似乎完全是在毫无准备的条件下仓促上马的。该项目于1988年成为关注焦点，同年"阿里安"4号运载火箭首次升空。那一年，美国退役了一个Scout发射器，该发射器曾经从肯尼亚海岸外的浮动平台为意大利小型卫星提供服务。为了填补这一空白，一家意大利公司（BPD Difesa Spazio）向新成立的意大利航天局提议使用为"阿里安"计划开发的Zefiro发动机来制造一种小型的国产火箭。在20世纪90年代早期，几个意大利航空工业实体建议将他们为"阿里安"4号运载火箭和"阿里安"5号运载火箭开发的固体助推器技术用于Zefiro发动机。他们将这个项目命名为"先进下一代欧洲运载火箭"，意大利语首字母缩写VEGA。并非巧合的是，它也是天琴座中最亮的恒星名字。截至1998年4月，欧洲航天局的管理委员会启动了"织女星"号（VEGA）运载火箭的前期开发工作。其基础结构使"织女星"的第一阶段成为改进型"阿里安"5号运载火箭的两倍。

"织女星"号运载火箭在2000年11月获得了欧空局的批准。在接下来的一个月里，意大利、法国、瑞士、瑞典、西班牙、荷兰和比利时同意为该项目提供资金。这些出资人和欧空局对"织女星"号运载火箭项目有一个非常明确的目标：制造一种低成本、可靠性高的轻量级飞行器，主要用于极地轨道和太阳同步轨道上的科学和地球观测卫星。意大利在这个国际联盟中处于领先地位，意大利航天局和菲亚特Avio公司的联盟是项目主承包商。阿里安航天公司

承担了它的传统角色，负责欧洲航天局在法属圭亚那库鲁飞行设施的"织女星"号运载火箭任务管理和发射服务。

"织女星"号运载火箭经历了漫长的开发和多次推迟。它原本计划在2006年首次发射，但项目经理将发射推迟到了2007年。随后，发射日期被再次延后到2009年，原因是法属圭亚库鲁发射场正在建造将ELA-1发射工位（用于"阿里安"1号）转换为适合发射"织女星"号运载火箭的发射工位。直到2011年，新的火箭才抵达法属圭亚那，执行最初的发射任务。在2012年2月13日，"织女星"号运载火箭发射了它的第一个有效载荷：为意大利航天局发射860磅（390千克）激光相对论卫星。

与此同时，它还将重达27.5磅（12.5千克）的Alma Mater卫星（AlmaSat-1）——一个博洛尼亚大学制造的技术演示器，以及一个由7个小型航天器组成的星座（名为立方星（CubeSat））送入轨道。立方星系列只有4英寸（10厘米）宽，每个航天器重量不超过2.2磅（1千克）。对于学习卫星开发和操作的工程专业学生而言，它起到了培训师的作用。

"织女星"号运载火箭使"以小博大"获得了实质内容。它只有98英尺（30米）高，直径9.8英尺（3米），重量只有302000磅（137吨）——甚至比"阿里安"1号运载火箭的尺寸还要小（高164英尺（50米），直径12.4英尺（3.8米），质量456700磅（207.2吨））。但"织女星"号运载火箭证明了其价值。它一次能将几颗小卫星送入轨道，从而降低了阿里安航天公司客户的发射成本。而且，尽管它的尺寸较小，但"织女星"号运载火箭实际上携带了与更大和更重的"阿里安"1号运载火箭几乎一样多的有效载荷。"织女星"号运载火箭的前三级（第一级由P80发动机驱动，第二级由Zefiro 23发动机驱动，第三级由Zefiro 9发动机驱动）使用固体推进剂飞行。只有第四级RD-843动力装置使用液体推进剂（偏二甲肼和四氧化二氮）。

在前五年的飞行中，"织女星"号运载火箭创造了完美的纪录，成功发射了九次。其中六项任务涉及地球观测卫星，同时它还将欧洲航天局的"激光干涉仪空间天线探路者"探测器送入轨道（参见本书其他章节关于"激光干涉仪空间天线探路者"探测器的简介），并执行侦察和亚轨道任务，满足了秘鲁、土耳其、越南等不同政府客户的需求。2020年前，还有6次发射任务等待执行。

Avio "织女星" 号运载火箭发射器

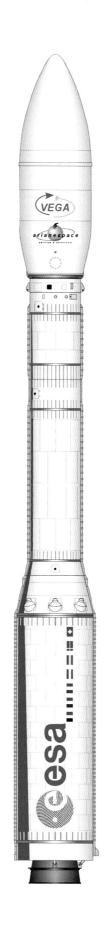
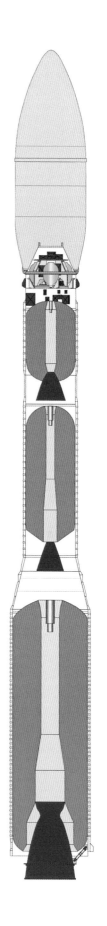

米

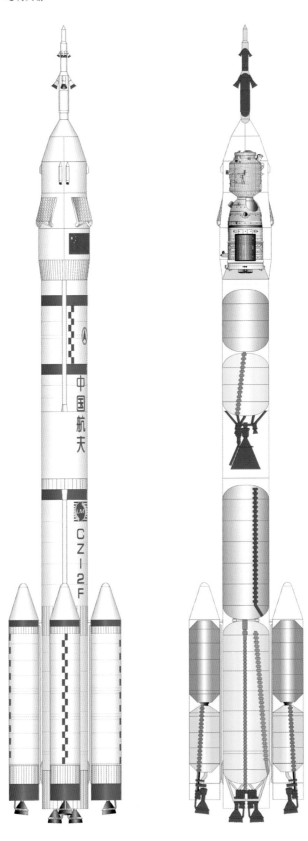

0 1 2 3 4 5 米

欧洲航天局和阿里安航天公司认识到，作为对更大的"阿里安"火箭的补充，他们需要开发以多个有效载荷、更小规模为特征的商业发射利基市场。为此，他们巧妙地用"织女星"号运载火箭填补了这个市场。

长征 2F 运载火箭

1936年，著名的匈牙利裔美国航空教授西奥多·冯·卡门（1881—1963年）在美国加州理工学院欢迎一位名叫钱学森（1914—1997年）的中国学生攻读博士学位。钱学森和一小批其他学生希望学习火箭技术，卡门对加州理工学院的研究项目进行了人员扩编，以便容纳这些学生，部分原因是卡门认为钱学森是他最聪明的学生之一。钱学森、弗兰克·马利纳和其他人最终在靠近阿罗约·塞科峡谷的地点建立了试验台，该地点在20世纪40年代成为喷气推进实验室的所在地。后来，卡门将钱学森视为值得信赖的同事，称他为天才，甚至邀请他加入第二次世界大战结束时派往欧洲的官方代表团，为美国陆军航空兵考察尖端航空技术。

钱学森于1947年毕业，在麻省理工学院短暂任教，并于1949年回到加州理工学院——这对他和美国来说都是动荡的一年。在美国，对共产主义影响的恐惧还蔓延到个人身上——无论他们是否有罪，都被怀疑是共产主义的同情者。钱学森拒绝在一名涉嫌与共产主义有关系的同事的伪证案件中出庭作证，导致他本人受到了怀疑。联邦调查局之所以留意他，部分原因是钱学森的国籍，还有一部分原因是他多年来一直从事机密的火箭研究工作。

对钱学森来说，情况只会变得更糟。官员撤销了他的安全许可，他威胁说，如果他们不恢复安全许可，他将返回中国。那时，他曾被拘留长达两个星期。尽管美国政府没有指控钱学森有罪的证据，但他发现自己被移民局禁止五年内离开美国。1955年，钱学森带着妻子和孩子，终于回到了中国。

回到中国后，中国政府邀请钱学森负责实施中国的弹道导弹计划。第二年，他承担了更广泛和更正式的角色，担任国防部第五研究院院长，负责弹道导弹和原子弹的开发。随后，在1965年，钱学森领导的组织开始研究一项新的计划——长征1号火箭，这是中国第一个卫星运载火箭。它的两个下面级来自东风3号中程弹道导弹，第三级

来自新设计的固体火箭发动机。1969年11月16日，长征1号火箭进行了第一次飞行，但失败了。但在1970年4月24日，当长征1号将一颗导航卫星送上太空时，中国加入了具有轨道发射能力的小型国家俱乐部。

与此同时，钱学森和他的副手们把目光投向了一个更高的目标。20世纪70年代，他们开始在中国东风5号洲际弹道导弹的基础上开发更强大的长征2号火箭。这一系列火箭的开篇之作是长征2A，一枚长约105英尺（32米）、起飞重量为38万磅（172365千克）的两级飞行器。到了20世纪90年代，更强大的长征2F运载火箭出现在中国主要火箭制造商——中国运载火箭技术研究院（CALT）的工作台上。它是长征-A运载火箭旁边的巨人，高203英尺（62米），直径11英尺（3.35米），质量达到1023000磅（464吨）。它包括一个由4台YF-20B发动机驱动的第一级，一个带有1台YF-24B发动机的第二级，以及四个YF-20B加挂式助推器。

该火箭的研发目的到了1999年11月才被世人知晓。11月19日，长征2F运载火箭将新型的无人驾驶神舟1号飞船送入近地轨道。随后长征2F运载火箭又进行了三次以上的测试，其中，它发射了神舟2号至4号飞船（其中2艘携带活体动物）。然后，在2003年10月15日，中国加入了美国和俄罗斯的太空项目俱乐部，成为仅有的几个有能力将人类（在这个案例中是中国航天员杨利伟）送上太空的国家之一。

从那时起，长征2F运载火箭取得了一系列成功，从2005年10月到2016年10月，神舟6号至11号相继进入轨道。

无人宇航器
"机遇"号与"好奇"号火星

NASA送给美国的200周年礼物——1976年6月和8月"海盗"1号和2号探测器在火星上的两次着陆——代表着行星探测向前迈出了决定性的一步。但令人惊讶的是，"海盗"号探测器成功着陆后，美国在火星探测方面沉寂了一段时间，直到1997年7月4日才重启，当时喷气推进实验室的员工观看了另一个具有突破性意义的飞行器抵达这个红色星球的视频画面。"火星探路者"号探测器于1996年12月4日发射升空，它将登陆火星的着陆

火星探测车（MER A/B-"勇气"号/"机遇"号）
火星科学实验室（MSL-"好奇"号）

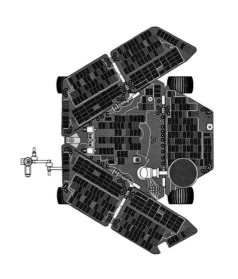

顶视图

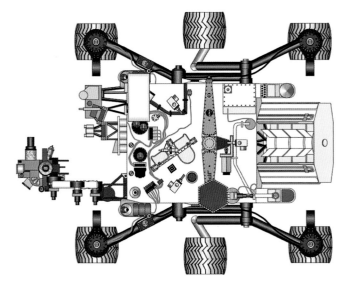

顶视图

器与设计用于在火星表面上自主驾驶的移动车辆结合在一起。实际上，这辆只有一个小行李箱大小的、重达23磅的六轮式"索休纳"号（Sojourner）火星探测车（以美国著名废奴主义者索休纳·特鲁斯命名）携带了三个摄像头，以及一个阿尔法粒子X射线光谱仪（APXS）。当"索休纳"号火星漫游车开始在其登陆的火星洪水区自由穿梭后，它立即向地球发送了550张图片以及15条岩石和土壤的化学分析结果。在12周的旅程中，它总共行驶了不超过328英尺（100米），从未离着陆器超过39英尺（12米）。

喷气推进实验室团队分析了"火星探路者"号探测器任务几年来的数据，随后在2000年，他们建议制造两台更大、更复杂、能力更强的火星探测车。大自然赋予了强有力的动机和明确的时间表。工程师和科学家抓住了2003年8月行星运行机遇窗口，当时地球和火星比几千年来任何时候都更接近。为了加快准备工作，他们大量借用了"索休纳"号火星探测车的技术：同样的车辆设计，带有摇臂—转向架悬架和六个轮子，一个用来缓冲着陆冲击的安全气囊茧状物，以及一个太阳能电池板/电池电源组。新旧设计在尺寸上有很大的差异。"索休纳"号火星探测车只有7英寸（0.18米）高和26英寸（0.66米）长；而下一代火星漫游车高4英尺11英寸（1.5米），长度为5英尺2英寸（1.6米）——大约是一辆高尔夫球车的大小。

每辆重384磅（175千克），大约是"索休纳"的17倍。

"索休纳"号火星探测车任务结束后大约六年，新的探测车前往火星：第一辆于2003年6月10日发射，第二辆于2003年7月8日发射，每辆车都搭载于"德尔塔"Ⅱ型火箭上。它们如火如荼般登陆火星，被正式命名为"火星探测漫游者"。它们被包裹在航空外壳胶囊中，快速穿过火星大气层，此时离着陆只有不到两分钟。这时，降落伞打开，安全气囊充气，制动火箭点火，"火星探测漫游者"撞击火星表面，反复弹跳（一个是28次，另一个是26次），直到完全停下来。第一次着陆发生在2004年1月4日，第二次在2004年1月25日。NASA决定通过在大约一万名学生中举行全国比赛来命名这对双胞胎。最终定名为"勇气"号（Spirit）和"机遇"号（Opportunity）。

根据喷气推进实验室的设计，这两个探测器将执行不同且独立的任务。"勇气"号降落在古谢夫陨石坑——一个与康涅狄格州大小相似的洼地，那里可能曾经是一个湖。"机遇"号探测器在火星的另一边开展工作，该区域称为子午线平原，这是一个和俄克拉何马州一样大的平原，拥有赤铁矿储备——一种与液态水有关的矿物。为了评估探测车的行驶情况，喷气推进实验室团队为探测器配备了五台仪器：一台安装在五英尺桅杆上的全景摄像机，能够拍摄高分辨率的全彩立体图像；一台显微成像仪，用

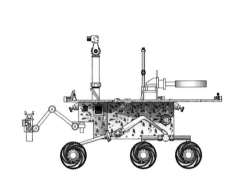

侧视图

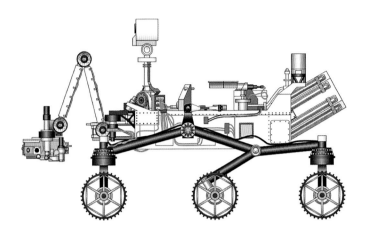

侧视图

于对土壤和岩石进行特写；一台微型热发射光谱仪，用于扫描地貌并识别矿藏；一台用于测量某些矿物（特别是那些在其形成过程中与水相连的矿物）中的铁含量的莫斯鲍尔光谱仪；一台阿尔法粒子 X 射线光谱仪，用于测定岩石和土壤中存在的主要元素。

在第一阶段探测行动中，"勇气"号探测器将一组七个土丘的图像传回地球，这些土丘位于被称为哥伦比亚山（以最近失事的"哥伦比亚"号航天飞机命名）的地形上。它们分别以失事的"哥伦比亚"号宇航员的名字命名：安德森、布朗、查瓦拉、克拉克、赫斯本德、麦库尔和罗蒙。最初 7 个月里，"勇气"号探测器登上了这些土丘，爬上了一个叫作本垒板（Home Plate）的高原，越过了一个山脊，然后又回到了本垒板。到 2007 年，它行驶了 4.5 英里（7.24 千米），发现水确实影响了一些土壤和岩石的矿物组成。与此同时，"机遇"号探测器向地球发送了关于火星陨石坑的数据。它还穿越了老鹰陨石坑、耐力陨石坑和巨大的维多利亚陨石坑，到 2007 年年中时总共行驶了 6.5 英里（10.46 千米）。根据岩石和矿物的纹理证据，它的调查工作证实，在遥远的过去，水曾经流过，甚至于浸泡过这个星球的众多地区。

从一开始，喷气推进实验室的任务控制中心就一直在努力让这对双胞胎探测车保持移动状态："勇气"号探测

器上的计算机反复重启，而"机遇"号探测器一度陷入泥土中长达 4 周之久。尽管它们的设计寿命是 3 个月，但它们却工作了数年。最终，"勇气"号探测器首先被放弃了，它在 2009 年陷入了软沙中，并在 2010 年中止了向地球传输数据。"机遇"号探测器继续工作，自 2011 年以来，穿越过奋进陨石坑及马拉松山谷，试图寻找黏土矿藏。到 2017 年，它转移到了坚毅山谷（也位于奋进陨石坑）。与此同时，喷气推进实验室的控制员学会了如何应对火星的严冬，第一次度过严冬时，他们让"机遇"号探测器休眠了数月。为了最大限度地减少问题，他们将探测器放置在阳光充足的地区，以使其在长达数月的黑暗岁月中保持运转，而且他们还将其定位在有利于迎接盛行风的地点，借助这些微风将其太阳能电池板上的灰尘吹走。尽管遇到了这样或那样的突发情况，"机遇"号探测器在部署 13 年后仍然向地球传回数据，截至 2017 年，它已经行驶超过 28 英里（45 千米）。

自从 NASA 开始近距离探测火星以来——包括 20 世纪 60 年代中期的"水手"号、20 世纪 70 年代中期的"海盗"号着陆器、20 世纪 90 年代中期的"探路者"号着陆器，以及 21 世纪初的"火星探测漫游者"，科学家们一直在寻找有水的迹象。事实上，他们有意识地在"随水而动"的原则指导下进行研究，假设这个不可或缺的成分在所有生命形式出现之前存在。这些任务完成后，他们得出

的结论是，地质记录不可避免地指向了这颗红色星球，那里曾经出现过流水。根据研究成果，他们推测远古时代的火星（38 亿到 35 亿年前）更像今天的地球，比现在的火星环境潮湿和温暖得多。因为地球上的第一批微生物是在相同时间框架和类似条件下产生的，他们想知道火星上是否也发生了类似的演变。这些洞察力转化为纲领性的术语，促使科学家们将他们的工作重点从"追随水"转移到新的活动："寻找生命的迹象"。

这一重新评估催生了火星科学实验室及其"好奇"号（Curiostty）探测器。"好奇"号探测器的项目经理希望"好奇"号相对于早前航天器的技术进步，能够有利于发现有机化合物存在的证据，有机化合物是必不可少的生命构成元素。

就像许多其他的美国行星探测器和机器人一样——尤其是"勇气"号探测器和"机遇"号探测器——喷气推进实验室的工程师和科学家设计并制造了火星科学实验室。与之前几代火星任务相比，"好奇"号探测器在规模和复杂性上都有巨大提高。如果"索休纳"号探测车可以装进行李箱，"火星漫游者"号探测器看起来就像高尔夫球车，那么"好奇"号探测器的尺寸似乎适合作为汽车展示厅：将近 10 英尺（3 米）长，9 英尺（2.7 米）宽，7 英尺（2.2 米）高，重量约 1982 磅（899 千克）。此外，它还配备了一个 7 英尺（2.2 米）长的桅杆，用于拍照和抓取岩石和土壤样品。"宇宙神"5 号火箭于 2011 年 11 月 26 日将"好奇"号探测器送上太空，后者于 2012 年 8 月 5 日降落在盖尔陨石坑。在飞往火星途中，它被嵌入一个重达 8583 磅（3.893 千克）的飞行器中，看起来像馅饼盘子上的翻盖。由于太重而无法模仿"火星漫游者"号探测器的着陆方法，"好奇"号探测器以一种新的下降形式开始了它的任务。"好奇"号探测器并未配备可以控制下落速度的减速伞，直到接近着陆区前，它的保护性航天器才确定其着陆轨迹。就在这时，它的降落伞和制动火箭先后激活。"好奇"号探测器在一根系绳（类似于空中起重式直升机的绳索）的帮助下下降，最终准确降落在目标区域。

尽管它的基本部件——六轮驱动、摇杆—摇臂悬挂，以及安装在桅杆上的摄像头——来源于早期的探测车，但它的科学有效载荷实际上起到了现场科学研讨会的作用。它的样品分析实验室测试了地质材料和大气元素；它的 X 射线衍射仪和阿尔法粒子 X 射线光谱仪区分了岩石和土壤中的矿物质并确定了它们的比例；它的桅杆上有一个可以拍摄极端特写的手持镜头成像仪，以及一个可以拍摄高分辨率、立体声和彩色静止图像和视频的相机。它的化学照相机瞄准激光使薄薄的土壤或岩石层发生汽化，其辐射评估探测器测量火星表面的辐射程度。它的火星降落成像仪拍摄了航天器着陆点的高清视频，而中子动态反照率测量仪探测到了地表以下 3 英尺（1 米）的氢（以及潜在的水）。

进入盖尔陨石坑后，"好奇"号探测器就立即开始工作了。经过大约 6 年的探测和 11 英里（17.7 千米）的旅行，它报告了许多重大发现。"好奇"号探测器发现了火星上曾经有流水的明确迹象，例如它发现了一条约 4 英尺（1.21 米）深、至少几英里长的远古干枯河床。它的仪器探测结果还进一步揭示，由于氩、氢和碳同位素的存在，这颗行星曾经含有较厚的大气层和大量的水。此外，研究还发现了大气中的甲烷，其浓度在短短 2 个月内实际上增加了 10 倍——这很诱人，因为生物会排出甲烷（就像岩石和水之间的一些化学作用一样）。

"好奇"号探测器还在粉末状的岩石样品中发现了有机分子——这本身并不表明这颗星球上现在或过去存在生命，而是暗示有机体所需的营养素混合物可能曾经存在过。由于火星科学实验室确定了生命的四大支柱——碳、氢、氧和硫，科学家们认为，这颗红色星球可能有过持续的微生物活动。

另外，对于那些希望将人类送入火星的人来说，存在一个危险信号："好奇"号探测器发现的辐射水平超过了 NASA 设定的宇航员安全威胁水平。

"钱德拉"太空望远镜

在 NASA 的大型太空望远镜（也包括"哈勃""康普顿"和"斯皮策"太空望远镜）中，"钱德拉"X 射线望远镜的完工时间最长。它的起源可以追溯到 1976 年，离 1999 年 7 月发射整整过去了 23 年。它始于多个学术机构向 NASA 提出的一条建议，随后在 1977 年，NASA 马歇尔太空飞行中心和哈佛大学史密森尼天体物理天文台对这一项目给予了联合赞助。他们以出生于印度的芝加哥大学天体物理学教授、诺贝尔奖获得者苏布拉马尼扬·钱德拉塞卡的名字（1910—1995 年）将其命名为"钱德拉"太空望

"钱德拉" X 射线太空望远镜（CXO）

正视图

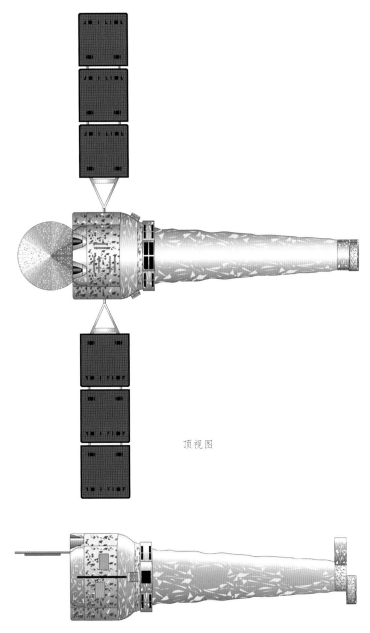

顶视图

侧视图

0 1 2 3 4 5

米

正视图

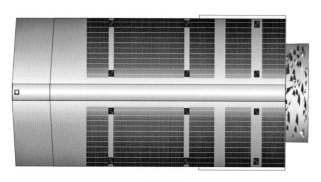

顶视图

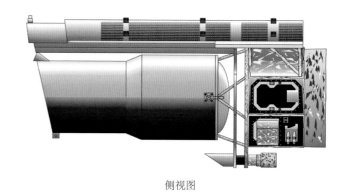

侧视图

米

远镜。他的研究工作集中在超新星、中子星和黑洞。

正如最初设想的那样，"钱德拉"太空望远镜与"哈勃"太空望远镜类似：一艘从航天飞机偶尔执行的维修任务中受益的航天器。该仪器的研究在 20 世纪 80 年代取得了进展，尤其是它的镜面和其他技术，之后它的主承包商汤普森·拉莫·伍尔德里奇有限公司开始制造"钱德拉"太空望远镜。但是 NASA 局长丹尼尔·戈尔丁在克林顿政府的压力下，提倡建造"更快、更好、更便宜"的太空系统，于是决定缩小"钱德拉"太空望远镜项目的规模。该望远镜由最初的 12 个镜面减为 8 个，其搭载的科学仪器数量也从原来的 6 台减为 4 台。此外，任务规划者决定将"钱德拉"太空望远镜发射到大椭圆轨道，而不是近地轨道，大约是到达月球最远点的距离（8.7 万英里 /14 万千米）的三分之一。航天飞机只在近地轨道飞行，所以无法

抵达该望远镜。重新设计后的"钱德拉"太空望远镜的建造工作一直持续到 1998 年 3 月，由 TRW 完成其整体组装。

随着航天器的诞生，一个复杂的机构关系网应运而生。马歇尔太空飞行中心在 NASA 科学任务理事会的监督下承担了全部的项目管理工作。但是，具体任务安排则由史密森尼天体物理天文台与全球科学界协商落实。"钱德拉"X 射线中心由史密森尼学会、麻省理工学院和 TRW 组成的联盟，通过其位于马萨诸塞州剑桥市的工作点，对该望远镜的运行进行管理。"钱德拉"太空望远镜的通信依赖于喷气推进实验室的深空网络。

"钱德拉"太空望远镜装载到了 1999 年 7 月 23 日（太空运输系统 -93 期间）发射的"哥伦比亚"号航天飞机的载货舱中，是太空运输系统有史以来运载的最重货物：自重 12930 磅（5865 千克），加上重达 32500 磅（14740 千

克）的惯性上面级——一个由两部分组成的固体燃料助推器，将"钱德拉"太空望远镜推入 NASA 确定的更遥远的地方。在配备辅助设备的情况下，有效载荷重达 52162 磅（22753 千克）。"钱德拉"太空望远镜不仅突破了质量极限，也突破了尺寸极限。它填满了航天飞机的洞穴状舱室；在惯性上面级和 45 英尺（13.71 米）长的望远镜之间是紧凑的望远镜机身，它长 57 英尺（17.4 米），仅比航天飞机 60 英尺（18.3 米）的货舱短 3 英尺（0.91 米）。

在"钱德拉"太空望远镜的锥形圆柱体外部结构之下，是三个截然不同的组成部分。第一部分包括计算机和通信系统，能够建立第一部分与地面站之间的联系——本质上是一个指挥控制中心。第一部分还携带了自定位相机、操作太阳能电池板的机械，以及控制推进火箭。第二部分——仪器——与过去的 X 射线观测站不同的是，它的 8 个管状反射镜的大小和光洁度都有所不同。最大的一面反射镜长 3 英尺（0.9 米），直径 4 英尺（1.2 米），它们的总重量约为 2000 磅（907 千克）。此外，为了保证温度恒定，以利于更精确的观测，"钱德拉"太空望远镜的设计师将内部加热单元集成在航天器外部的反射护套中。与过去的 X 射线望远镜相比，这些创新使观察的分辨率提高了 8 倍，灵敏度提高了 20～50 倍。第三部分携带了科学仪器，这些仪器记录了望远镜所看到的图像，特别是高分辨率相机，它捕捉到了高能事件的照片，例如恒星的灭亡。

"钱德拉"太空望远镜最初计划在 2004 年停止工作，但经过延寿后，它在发射超过 18 年后仍继续执行任务。它观测到被爆炸震动的遥远星系，其中一些星系的中心含有巨大的黑洞。科学家们还利用"钱德拉"太空望远镜来加深他们对暗物质的认识。暗物质是一种定义不清的物质，它将星系之间发射 X 射线的炽热气体聚集在一起。最后，"钱德拉"太空望远镜在其生命周期内观察到了许多史无前例的事件：第一次观测到双星黑洞，第一次从银河系的黑洞中探测到声波，以及迄今探测到的最遥远的 X 射线星系团。2016 年 8 月，"钱德拉"太空望远镜和欧洲航天局的 X 射线 XMM- 牛顿天文台发现了距离地球约 111 亿光年的 CLJ1001 星系团，它由 11 个巨大的星系组成，这些星系从松散的融合演变成连贯的星系团——天文学家以前从未见过这种转变。CLJ1001 星系团每年产生大约三千个太阳，为科学家提供了关于这些巨大星系团形成的

线索，这些星系团是受到引力束缚的宇宙中最大的结构。

"斯皮策"太空望远镜

NASA 的四大太空望远镜中的前三个——"哈勃"太空望远镜、"康普顿"太空望远镜和"钱德拉"太空望远镜，在 20 世纪 90 年代进入轨道后，现在只剩下一个："斯皮策"（Spitzer）太空望远镜。和其他人一样，NASA 的规划者让"斯皮策"太空望远镜执行一项特殊的任务，那就是负责观测光谱图。"斯皮策"太空望远镜的特长，即红外观测，需要一段时间才能建立起来。早在 20 世纪 60 年代，天文学家就将安装在巨大气球上的红外望远镜送入大气层的上层。20 世纪 80 年代，英国、荷兰和美国资助了红外线天文卫星——这是同类卫星中的第一颗。1985 年，NASA 尝试了一种基于航天飞机的红外望远镜，但轨道飞行器本身产生的热量和小粒子注定了该项目的失败。红外线天文学的突破发生在 1989 年，当时美国国家研究委员会发表了一份报告，将其列为 20 世纪 90 年代的最高优先事项。

NASA 兴致勃勃地采纳了这一建议，提出建造一台耗资约 22 亿美元的仪器。然而，克林顿政府和 NASA 局长丹尼尔·戈尔丁提出了节约型航天飞行的口号，将最初的预算削减至约 5 亿美元。喷气推进实验室获得了该项目的总体控制权，加州理工学院负责其科学运营管理。洛克希德·马丁公司和鲍尔宇航公司制造了这艘航天器。

由于采用铍结构，这艘航天器相对较轻，只有 2095 磅（950 千克）。在 2003 年 8 月 25 日搭乘"德尔塔"Ⅱ型火箭飞入太空时，它被简单地命名为空间红外望远镜设备。但到了年底，在 NASA 举行的公开比赛中，诞生了更令人振奋的名字："斯皮策"太空望远镜，该望远镜意在向普林斯顿大学的天体物理学家莱曼·J·斯皮策（1914—1997 年）致敬。斯皮策赢得了这场比赛，部分原因是他长期忠于太空望远镜事业：早在 20 世纪 40 年代，他就提出了一种基于太空的望远镜构想，并在 20 世纪 70 年代的国会听证会上支持建造"哈勃"太空望远镜。

由于红外天文学涉及探测热辐射，"斯皮策"太空望远镜的主要问题在于如何控制仪器本身产生的热量，因为这会对敏感数据的读取造成干扰。工程师们找到了一种富有想象力的解决方法，将望远镜冷却到所需的 -450 华氏度（-268 摄氏度）。为了实现这一目的，它的设计者并非

让望远镜携带足够的制冷剂，而是在发射时将仪器室浸泡在制冷剂中。此后的5周内，在望远镜开始工作之前，整个系统都会暴露在寒冷的空间中。这个计划节省了重量和成本，并通过保存飞行中携带的制冷剂实现了更长的任务周期。

但是，"斯皮策"太空望远镜需要抵御另一个干扰源（即地球本身）的红外干扰。为此，它避开了标准的圆形轨道，而是在绕太阳运行过程中，紧跟在地球后面。在这个安全距离内，它的33英寸（84厘米）望远镜，再加上三台装有大型红外探测器阵列的科学仪器，保持高效工作状态。在其漫长的使用寿命过程中（最初是2.5年，后来增加到5年，现在延长到14年以上），"斯皮策"太空望远镜对近距离和遥远的天文现象进行了观测。在离地球更近的地方，它搜索邻近恒星周围的尘埃盘（可能是行星形成的迹象），并透过宇宙尘埃的屏障（新恒星通常在屏障后部形成）进行观察。该望远镜观察更遥远的过去，除了见证早期和遥远星系的诞生之外，还发现了孕育超亮红外星系的黑洞和星系碰撞。根据这些观测结果，研究人员发现，虽然发生了超新星爆炸，但认为是生命基本成分之一的多环芳烃却在这场大灾难中幸存下来。

最近，NASA将"斯皮策"太空望远镜与"哈勃"太空望远镜、"钱德拉"太空望远镜集成在一起，共同瞄准大约130亿光年之外的、目前所能见到的最大、最遥远的星系团中的六个。这个名为"前沿领域"（Frontier Fields）的项目于2016年结束了观测任务。之后，研究人员开始分析数据，这将使天文学家们能够在现有技术允许的情况下，尽可能回溯时空。接下来的一年里，"斯皮策"太空望远镜又有了另一项发现：褐矮星（被归类为比太阳小但比木星大的物体）的不均匀发光是由强风吹过这些遥远天体的表面形成的斑驳云层造成的。

NASA将继续为"斯皮策"太空望远镜提供资金，直到2019年初。在那之后，航天局表示有兴趣将控制权移交给一所大学或一家私人公司。

"朱诺"号木星轨道探测器

"伽利略"木星轨道探测器历时8年终于抵达木星。为了获得更多关于木星的信息，喷气推进实验室的研究人员针对这颗巨行星，设计了第二项重大探测任务。他们以罗马女神朱诺（Juno）的名字命名这项新任务。朱诺的丈夫主神朱庇特，为隐瞒他的不忠而竖起了一层云幕，但却被朱诺一眼识破了。NASA希望"朱诺"号木星轨道探测器也能做到同样的事情，尽管这次任务的背景有所不同：穿透雾霾，揭示这个星球真正的科学本质。

尽管目标相同，但"朱诺"号木星轨道探测器和"伽利略"木星轨道探测器采取了截然不同的程序和技术路径。喷气推进实验室负责管理这两个项目，但不是扮演制造商角色，就像在"伽利略"木星轨道探测器中一样。在"朱诺"号木星轨道探测器项目中，喷气推进实验室与洛克希德·马丁公司签订了设计和制造合同。它还依靠外部发起者来领导科学调查工作。来自总部设在得克萨斯州圣安东尼奥的西南研究所的斯科特·博尔顿担任首席调查员，与59名共同调查员合作开展调查工作。这次任务的目标也与"伽利略"木星轨道探测器不同。"朱诺"号木星轨道探测器团队只专注于木星，而不包括其卫星。"伽利略"木星轨道探测器在8年内绕木星飞行了35圈，与"伽利略"木星轨道探测器不同的是，"朱诺"号木星轨道探测器项目的任务规划者预计"朱诺"号木星轨道探测器会在大约一年半的时间里绕木星转37圈。任务规划者让"朱诺"号木星轨道探测器位于近极地轨道上，绕木星飞行一圈仅需要14天，这使得科学家们能够扫描整个木星，而不会让"朱诺"号木星轨道探测器上的电子设备受到木星赤道辐射带的损坏。"朱诺"号木星轨道探测器低空飞行时，还有利于其重力和磁场的精确测量，并使它能够穿透云层进行观察。

"朱诺"号木星轨道探测器是一艘矮小的六面体航天器，携带有三块巨大的太阳能电池板（这是第一次在距离太阳这么远的地方使用太阳能电池板）。"朱诺"号木星轨道探测器机身高11.5英尺（3.5米），直径11.5英尺。它的发射重量是7992磅（3625千克）。这些太阳能电池阵列长29.5英尺（9米），宽8.7英尺（2.65米）——从一端到另一端大约66英尺（20.11米），比旅行长途汽车还长，这也是迄今为止最大的深空探测器。

历时5年多后，"朱诺"号木星轨道探测器终于抵达木星。它于2011年8月5日搭乘"宇宙神"5号火箭（带有5个固体火箭助推器和"半人马座"运载火箭上面级），从佛罗里达州卡纳维拉尔角升空。

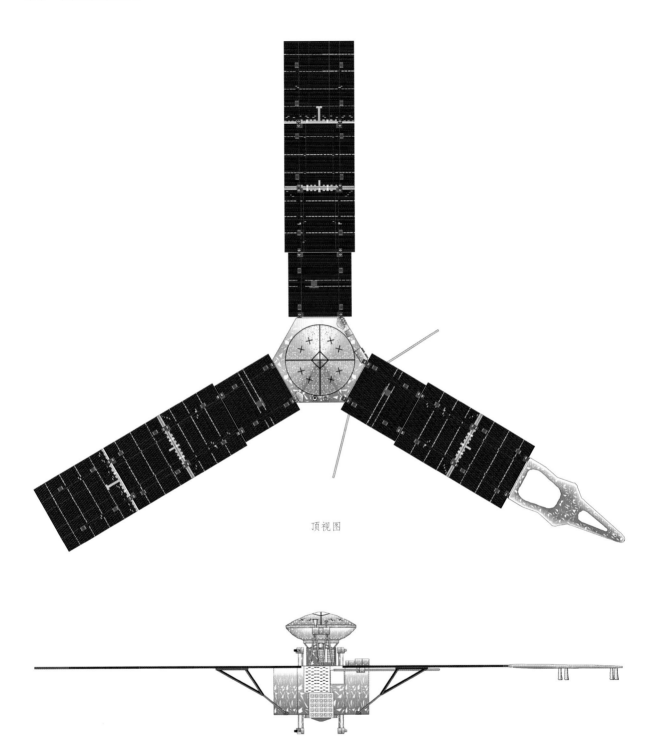

顶视图

侧视图

顶视图

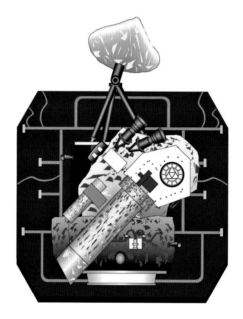

正视图

米

2012年8月和9月开展深空机动后，为了获得引力助推，"朱诺"号木星轨道探测器于2013年10月飞越地球，并于2016年7月4日抵达这颗巨大的行星。NASA预计这次任务在19个月后结束，到2018年2月，"朱诺"号木星轨道探测器脱离轨道进入木星。

"朱诺"号木星轨道探测器承载着人类极高的希望。科学家们相信，了解这颗巨大行星的起源和进化，可能有助于人类了解促成太阳系本身形成的过程。此外，他们希望调查其行星核心，绘制其磁场图，测量其内部大气中水的比例，并评估其极光。

这套仪器收集了关于木星奥秘的数据，每台仪器都可以扫描这个星球。技术人员将重力科学仪器和磁力计放置在航天器上，以了解木星的内部结构及其重力和磁场。微波磁力仪用于评估木星内部大气并确定其中有多少水（和氧气）。用于采样粒子、等离子体波和电场的设备旨在使人类了解磁场、大气和极光之间的关系。红外和紫外线相机用于拍摄其大气层和极光的照片。还有另一台昵称为"朱诺相机"（JunoCam）的照相机用于获取特写彩色图像。

NASA之前管理过类似"朱诺"号木星轨道探测器的"新地平线"号探测器项目——"新前沿"（New Frontiers）计划，该项目专门用于执行成本高达10亿美元的中型任务。

"深度撞击"号探测器

提供给规划空间科学任务研究人员的飞行选项十分有限。第一种经典的方法是发送探测器飞越目标；第二种方法是绕目标轨道飞行；第三种方法（更复杂且容易失败）用于软着陆；第四种方法是在星球表面行驶。

第五种技术——故意坠毁着陆——经常发生在20世纪50年代末和60年代苏联和美国的无人航天器任务期间。这一技术在21世纪初重现，当时一场由科学家发起的国际运动加深了人类对太阳系起源的理解。为了实现这一目标，欧洲航天局在2004年发射了一颗名为"罗塞塔"的彗星探测器。"罗塞塔"彗星探测器没有与任何东西相撞，而是用轨道飞行器和软着陆器收集数据。

作为回应，美国发射了"深度撞击"号（Deep Impact）探测器，它可以追溯到早期太空时代的"徘徊者"号月球探测器——所有这些探测器都以撞击月球表面来结束它们的飞行。但是"深度撞击"号团队提出了一个

独一无二的硬着陆方案。喷气推进实验室的工程师和科学家与马里兰大学的同行合作，构思了一项大胆的任务，控制人员将航天器对准附近的"坦普尔"1号彗星，使两者进入碰撞路线。他们希望"坦普尔"1号的体量——45平方英里（117平方千米）——能够在不解体的情况下吸收撞击力。他们还希望，当"深度撞击"号探测器撞击这颗彗星时，它会产生足够的力量穿透彗星的表面，并获得揭示其起源的数据——行星的起源也是通过这种方法了解的。

喷气推进实验室—马里兰大学合作团队在1999年至2001年期间构思了这项任务，之后他们与鲍尔宇航公司签订了制造航天器的合同。实际上，鲍尔宇航公司将两台独立但相连的机器合二为一：一个更大的飞越器和一个更小的撞击器。主航天器的大小和一辆普通的运动型多功能车差不多，质量为1430磅（650千克）。它通过一组联氨燃料的推进器向目标机动。它只携带了两组设备来记录巨大的碰撞：一台高分辨率的仪器（一部直径达30厘米的望远镜，一台红外光谱仪和聚焦于接触点的一部多光谱相机）；以及一台中等分辨率的仪器（直径为12厘米的望远镜，用于对从碰撞现场向外喷射的物质进行广角透视）。撞击器本身只有39×39平方英寸（99×99平方厘米），但重量却惊人地高达850磅（372千克）。其中，一台天基撞击弹重249磅（113千克），由加工成半球形盾牌的铜板组成。撞击器携带了一台望远镜，这台望远镜类似于飞越器上配备的小型望远镜。强大的"斯皮策"太空望远镜对这些现场仪器起到了补充作用，可以从远处俯瞰彗星的爆炸。

"深度撞击"号探测器于2005年1月12日搭乘"德尔塔"Ⅱ型火箭离开佛罗里达州卡纳维拉尔角，在5个月内飞行了约8300万英里（134千米）后，终于飞抵至足够靠近"坦普尔"1号彗星的地点，并开始拍摄一系列照片。7月，任务控制人员重新调整了飞船的方向，以便为撞击器的发射做准备，他们于7月3日启动了行动。第二天，在电池动力的推动下，撞击器进行了三次瞄准机动，然后以23000英里/小时（37000千米/小时）的速度冲向"坦普尔"1号彗星。7月4日的撞击产生了相当于9600磅（4350千克）TNT的爆炸力。它创造了一大奇观——一个巨大的陨石坑，用肉眼可以从地球上看到巨大的羽流（虽然微弱）。随着粒子云的升起，"深度撞击"号探测器的大型飞越望远镜以及"斯皮策"太空望远镜开始紧盯这一巨

大的陨石坑，从中发现了一些所期盼的物质，如冰和硅酸盐。他们还发现了意想不到的东西：碳氢化合物、碳酸盐、含铁化合物和黏土。尽管在原爆点出现了巨大的闪光，但进一步的研究表明，"深度撞击"号探测器并没有以预期的力量撞击彗星；撞击器进入彗星的深度是其自身深度的几倍，只是因为它遇到了多孔物质，而不是预测的固体硬壳。

大爆炸后，NASA 总部批准喷气推进实验室科学家延长任务，飞越继续观察其他几颗彗星："哈特利" 2 号彗星（2010 年）、"杰拉德"彗星（2012 年）以及"伊森"彗星（2013 年）。最终，星载计算机故障迫使 NASA 在 2013 年 9 月放弃了"深度撞击"号探测器。

"新地平线"号探测器

21 世纪初，兴起了探测冥王星的航天热，冥王星是太阳系遥远边缘的一颗鲜为人知的行星。2005 年，"哈勃"太空望远镜发现了环绕冥王星飞行的四颗以前不为人知的小卫星，这进一步加深了冥王星的神秘感，这四颗卫星是冥卫二、冥卫三、冥卫五和冥卫四。美国国家科学院将冥王星和柯伊伯带（海王星以外环绕太阳飞行的、由数千个天体构成的区域）确定为最高优先级的探测项目，进一步增加了探测它们的吸引力。

但是，即使没有这些吸引措施，冥王星仍然是令人兴奋的著名探测对象。1930 年，美国天文学家克莱德·汤博发现了冥王星，它是太阳系中唯一的双行星；也是唯一在太空中穿越其他双行星的行星；唯一既不是由气体（四大外行星的共同成分），也不是由岩石（四小内行星中含量最丰富的部分），而是由冰构成的行星。它还包含一个具有偏心轨道的行星，一个正在逃逸的大气层，一个巨大的卫星——冥卫一，以及一个不再被国际天文学联盟认可的行星（一个"矮行星"）。它的直径只有 1400 英里（2253 千米），而地球的直径是 8000 英里（12874 千米）。

"新地平线"号（New Horizons）探测器大约有一架三角钢琴大小，相对较轻，重 1054 磅（478 千克），于 2006 年 1 月 19 日置于"宇宙神" 5 号运载火箭顶部进入轨道。它未配备太阳能电池板（因为它离遥远的太阳很远），而是依靠核放射性同位素热电源供电，该发电机将其钚-238 核材料的热量转化为电能。行星力学预告了"新地平线"

号探测器的发射窗口：在 2006 年初的三周时间里，太空飞行器抓住有利的窗口期直接飞向木星。在这颗巨大行星的引力助推作用下，它以 9000 英里／小时（14482 千米／小时）的速度加速，并以 41000 英里／小时（65997 千米／小时）的速度巡航——这是当时航天器所能达到的最快速度。这种弹弓效应使"新地平线"号探测器比直接从地球到达目标提前了三年。

"新地平线"号探测器于 2007 年 2 月 28 日抵达距离木星最近的地点。2007 年 6 月，研究人员收到了关于木星相遇事件的 700 个数据集，包括大气、光环和最近的卫星（木卫一、木卫三、木卫二和木卫四）的观测数据。

接下来便是开展一系列任务。2015 年 7 月 14 日，这个航天器首次抵达冥王星。在飞越这颗遥远、谜一般的星球过程中，"新地平线"号探测器到达了距离其最近的地点。这次飞行推翻了许多关于冥王星的常见假设；它的复杂性（以及它的卫星的复杂性）远远超出了科学家们的一般预测。事实上，冥王星带来了巨大惊喜。"新地平线"号探测器促使研究人员相信，在这个星球的表面下存在着大量的水或冰。他们还认为，尽管在遥远的过去，冥卫一地表之下也曾经含有大量的水或冰。此外，这颗行星外表面的某些部分的形成时间，可能比预期的要晚得多。科学家们还发现，冥王星的一些卫星的年龄似乎差不多，这让他们得出结论：冥王星的卫星起源于很久以前，在冥王星与柯伊伯带的另一个物体碰撞之后。最后，大气逃逸率比预测的要低。

越过冥王星之后，NASA 指示"新地平线"号探测器飞过柯伊伯带，执行一项附加任务，目标是 2019 年发现的一个被称为 2014 MU69 的星体。"新地平线"号探测器的此次飞行使人类完成了对太阳系的初步调查。

"詹姆斯·韦伯"太空望远镜

NASA 以詹姆斯·韦伯的名字命名了世界上最大的太空望远镜，这一做法出乎人们的意料之外，就像肯尼迪总统提名他担任 NASA 局长一职（1961 年 2 月至 1968 年 10 月）一样令人意外。作为一名律师，韦伯没有接受过工程师或科学家相关的培训。但因担任过国会助理、财政部副部长、国务院副国务卿和预算局局长，他对政府运作的诀窍了如指掌。在 NASA 工作四个月后，总统宣布了登月

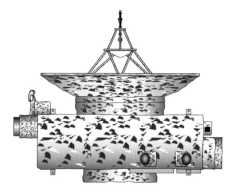

正视图

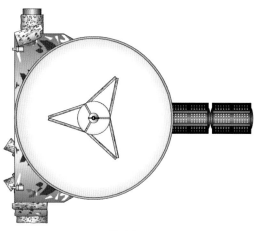

顶视图

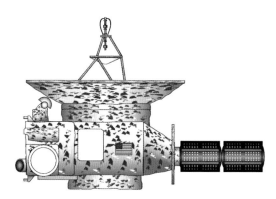

侧视图

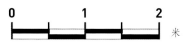

0 1 2

米

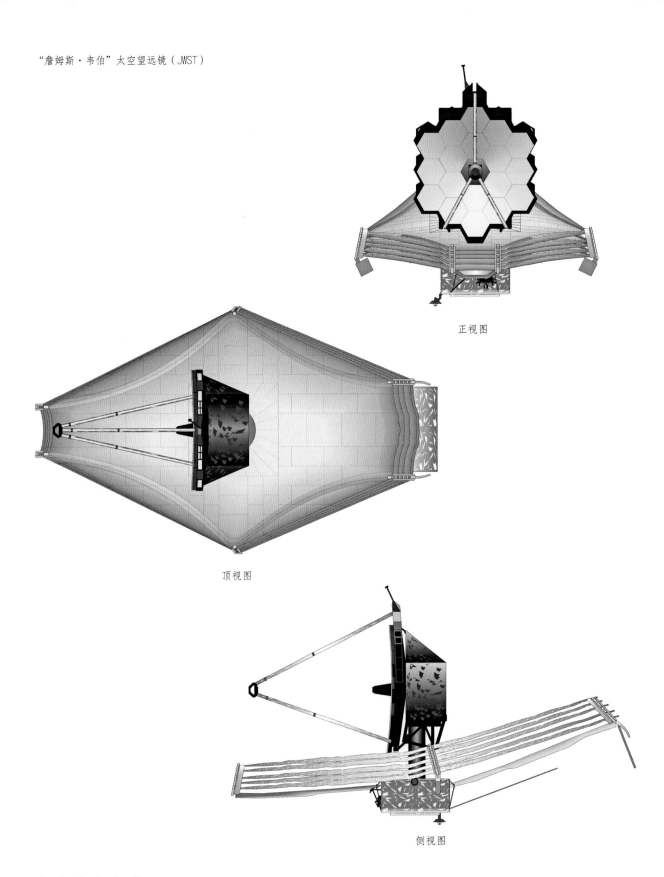

正视图

顶视图

侧视图

0 1 2 3 4 5 米

计划，这个决定给了韦伯一个使他成名的任务。无论是在国会大厅还是在华盛顿特区的其他权力走廊，他都成为了"阿波罗"计划的主要保护者和主角，这最终为他赢得了一项巨大殊荣——伟大的望远镜以他的名字命名。

这台新仪器——通常被称为"哈勃"太空望远镜的后继者，花费了数年时间来开发，事实上"哈勃"太空望远镜也是如此。关于最初被称为下一代太空望远镜（NGST）的讨论早在 1989 年就开始了，但在 1993 年（这一年，宇航员在一系列令人心惊肉跳的太空行走中修复了"哈勃"太空望远镜的光学器件），天文学界开始定义即将到来的望远镜及其目标。他们决定，太空望远镜应该专注于光谱，从长波可见光到中波红外线等一系列光线或光波。截至 1996 年，NASA 戈达德太空飞行中心和三家公司编写了可行性研究报告。

该项目从 1997 年延续到 2001 年，在此期间，天文学家们进一步阐述了所期待的下一代太空望远镜具体特性。与此同时，欧空局和加拿大航天局（CSA）也加入了该项目。2001 年，TRW 公司 / 鲍尔宇航公司战胜洛克希德·马丁公司成为主承包商。最后，NASA 总部让戈达德太空飞行中心负责下一代太空望远镜项目，并在 2002 年 9 月颁发了该项目的启动执照。当时，戈达德太空飞行中心将镜面和航天器工作授予了 TRW 公司。与此同时，NASA 宣布预计发射日期为 2010 年，并将该仪器命名为"詹姆斯·韦伯"太空望远镜（James Webb Space Telescope）。

如此一来，这个雄心勃勃的项目全部落到了 NASA、戈达德太空飞行中心、TRW 公司及其分包商，以及位于马里兰州巴尔的摩的太空望远镜科学研究所（该研究所管理着"詹姆斯·韦伯"太空望远镜的飞行操作和科学提案，这与它为"哈勃"太空望远镜所做的工作一样）肩上。为期四年的详细设计工作始于 2003 年，在此期间，欧洲航天局提供了其强大的"阿里安"5 号运载火箭用于发射望远镜。2005 年，一些不好的消息曝光出来：望远镜太重了，为了解决这一问题，工程团队不得不采用将控制温度的低温（主动）冷却系统切换到通过太空暴露来实现冷却的低温制冷机（被动）方法。但事实上，该计划的管理层不太愿意进行纠偏操作。2002 年收购 TRW 的诺斯罗普·格鲁曼公司的修正数据显示，开发成本从不到 20 亿美元上升到 35 亿美元，而且发射日期也延后了，从最初的 2013 年 6 月延后到 2014 年 6 月。

国会并没有对这一消息掉以轻心，2011 年参众两院开会决定"詹姆斯·韦伯"太空望远镜的命运。NASA 提出了一个令人不安的新基线方案，要求获得 87 亿美元预算，并在 2018 年 10 月发射。众议院拨款小组委员会投票决定彻底终止该项目。但马里兰州（NASA 戈达德太空飞行中心和太空望远镜科学研究所的所在地）参议员芭芭拉·米库尔斯基的有力论证说服美国参议院批准了航天局提出的新目标。到 2014 年初，"詹姆斯·韦伯"太空望远镜项目重新启动。97% 的望远镜设备及其所有四台主要科学仪器均抵达戈达德太空飞行中心进行测试和集成。2016 年，"詹姆斯·韦伯"太空望远镜项目施工结束。

公平地说，对于在国会审查中首当其冲的 NASA 及其合作者而言，"詹姆斯·韦伯"太空望远镜在科学潜力上几乎超过了所有其他航天器，其原始尺寸和预期的图像清晰度凸显了它的卓越地位。它最大的特点是有一个多层隔热罩。该隔热罩几乎和标准网球场一样大，长度超过 72 英尺（22 米），宽度近 33 英尺（10 米）。它看起来像一个由轻质反射材料制成的长长的八角形屏幕，旨在保护望远镜免受太阳和地球产生的光和热的影响。（航天器的冷却非常重要，因为红外望远镜需要极低的温度才能进行准确的读数）。此外，"詹姆斯·韦伯"太空望远镜在距离地球 100 万英里（150 万千米）处的轨道上围绕太阳飞行，这使隔热罩能够始终对准地球和太阳，并阻挡它们的大部分辐射，从而使温度保持在较低水平。

主镜竖立在这一保护表面上，这是一种由铍制成的结构，表面涂有黄金，由 18 个较小的六角形镜子组成，这些镜子的总跨度为 21 英尺（6.5 米）。镜面的焦距为 431 英寸（131.4 米）。"詹姆斯·韦伯"太空望远镜携带了四种主要仪器：近红外 / 可见光广角相机，中红外相机，多目标摄谱仪和广域摄谱仪。

科学家们发现，他们在等待詹姆斯·韦伯太空望远镜的 5～10 年期任务启动时，很难抑制自己的兴奋。他们希望不仅能发现宇宙进化的证据，而且发现宇宙起源的证据。最遥远的星系和恒星——形成于 135 亿年前的大爆炸——现在似乎在天文学家的掌握之中。科学家们希望借助红外线和"詹姆斯·韦伯"太空望远镜的巨大镜面的组合工具，穿透迄今为止仍阻碍人类了解恒星和行星起源的巨大尘埃云。"詹姆斯·韦伯"太空望远镜还燃起了人类找到其他行星的希望，这些星球跟地球类似，承载着生命的要素。

"比皮科伦坡"水星探测器

虽然欧洲航天局成员国通常秉承协作精神开展合作，但有时与其他空间机构的竞争也是一种额外的动力。例如，NASA 成为第一支以水星为目标进行探测的太空力量。1974 年和 1975 年，NASA 将"水手"10 号探测器送上太空，开展飞越式飞行。随后"信使"号（Messenger）水星探测器在 2008 年至 2009 年又进行了三次同样的飞行。从 2011 年一直到它坠毁着陆的 2015 年 4 月，"信使"号一直绕水星飞行。

在思考 NASA 取得的这些成就时，欧空局可能感受到了竞争带来的阵痛。那时，他们还记得，"水手"10 号探测器复杂的轨道路线正是意大利著名数学家朱塞佩·科伦坡教授（绰号"比皮"（Bepi），1920—1984 年）的计算成果。因此，在 1993 年开始的初步评审之后，欧洲航天局管理委员会考虑了一项名为"比皮科伦坡"（Bepi Colombo）的水星探测任务，并于 2000 年 10 月予以批准。欧洲航天局还以另一种方式显示了它的严肃意图。虽然 NASA 将"信使"号水星探测器作为其低成本探测项目的一部分，但最终也花费了约 2.8 亿美元。相比之下，欧洲航天局将水星探测计划列为最优先的基石项目，估计（在完成时）将花费超过 12 亿美元。

像"信使"号水星探测器一样，为了抵达这颗最接近太阳的行星，参与水星探险的欧洲参赛者也选择了一条耗时、迂回的路线。事实上，就像之前 NASA 发射的探测器一样，"比皮科伦坡"水星探测器会发现，由于水星酷热的温度（有时超过 662 华氏度（350 摄氏度）），观察这颗行星是一种巨大的挑战，接近它也十分危险。欧洲人计划通过九次引力助推抵达水星：一次来自地球，两次来自金星，六次来自水星本身。预计于 2018 年 10 月搭乘欧洲航天局"阿里安"5 号运载火箭升空后，欧洲航天局预计该探测器需要 7 年时间才能抵达水星。之后它将执行任务至 2027 年 5 月或 2028 年 5 月（如果延长）。

"比皮科伦坡"水星探测器实际上由三艘航天器合而为一：由欧洲航空防务和航天公司的子公司 Astrium 为欧

洲航天局制造的水星行星轨道器；由欧洲航天局在该项目中的合作伙伴日本航天局制造的水星磁层轨道器；以及水星转移模块，这是一种设计用于将水星行星轨道器和水星磁层轨道器运送到目的地的欧洲航天局航天器。水星转移模块作为三方结构的基础，为巡航阶段提供推力，以及在接近水星时提供制动力。水星行星轨道器形状像一个长方形的盒子，重达 2513 磅（1140 千克），尺寸大约是 8 英尺（2.4 米）×7.2 英尺（2.2 米）×5.5 英尺（1.7 米），不包括太阳能电池板。它总共有十一台仪器——七台光谱仪、一个加速计、一个高度计、一个磁强计和一个无线电科学实验单元，将使我们能够全面地了解这个星球的组成。水星磁层轨道器是一个矮胖的八角形圆柱体，尺寸是 6.2 英尺（1.9 米）×3.6 英尺（1.1 米），重 635 磅（288 千克）。它的五台仪器将分析源于该行星的等离子体和中性粒子、磁层和行星际太阳风；它们还将评估磁场、等离子体波、大气和尘埃。

探测器抵达水星附近后，按照行动计划，水星转移模块将被遗弃，而水星行星轨道器和水星磁层轨道器的组合体将进入极地轨道。此时，水星行星轨道器脱离探测器，通过化学推进的方式飞到较低的高度。

水星的许多方面继续困扰着科学家。"比皮科伦坡"水星探测器的研究人员希望解决其中的一些问题，例如水星的密度远远超过其他岩石行星和月球的原因。他们还希望发现水星核心的性质（固体或液体？）；它上面是否发生过构造活动；为什么它的周围有磁场——不同于金星、火星和月球？以及为什么分光镜无法检测到铁，尽管科学家认为铁是水星的主要元素。

只要"比皮科伦坡"水星探测器实现其目标，它将进一步使欧洲航天局成为世界上最成熟的空间科学参与者之一。

"赫歇尔"和"普朗克"太空望远镜

在民族主义愈演愈烈的时代，对于那些怀疑国际合作的实用性的人而言，欧洲航天局的"赫歇尔"（Herschel）和"普朗克"（Planck）太空望远镜提供了一个成功的研究案例。在执行这个国际合作项目的过程中，22 个主权国家分享了他们的资源，共同设计、制造和运行这两个有史以来最先进的空间工程。

这两个航天器的任务不同，使用了两个人名来分别

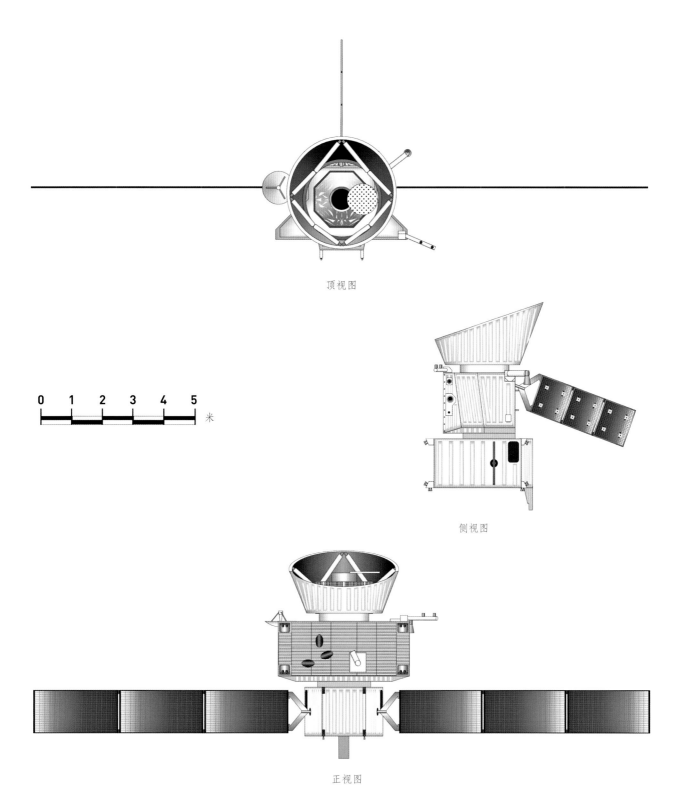

顶视图

0　1　2　3　4　5　米

侧视图

正视图

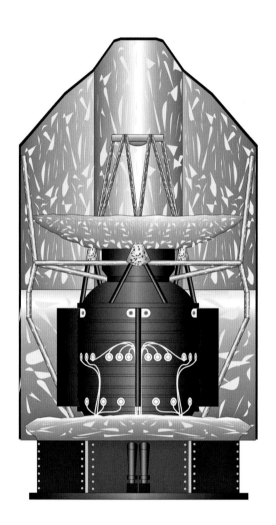

正视图

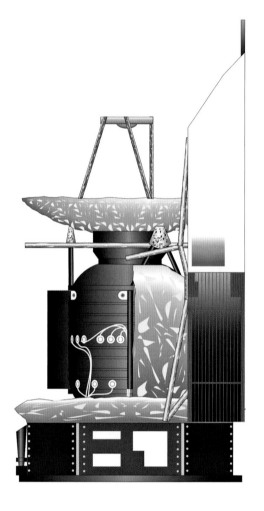

侧视图

米

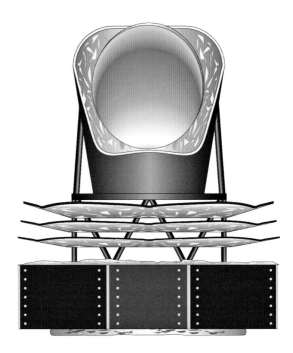

正视图

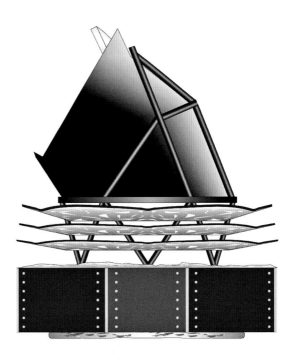

侧视图

命名。威廉·赫歇尔爵士（William Herschel，1738—1822年）在德国汉诺威长大，1757年移居英国，1766年左右对光学产生了兴趣。他自学了研磨镜片，制作了当时最精美的望远镜，并用这些望远镜对夜空进行了测量和编目，最终发现了气体巨星天王星。他专注于寻找星云，对其中的2500个进行了编目。如果说赫歇尔代表了实验主义，那么马克斯·普朗克（Max Planck，1858—1947年）则是典型的理论家。普朗克是一位杰出的德国法律学者的儿子，他生命的头几年生活在基尔，然后和家人搬到了慕尼黑。21岁时，他在慕尼黑大学获得博士学位，主要在柏林大学任教。多年来，他在柏林大学（与其他人）发展了革命性的物理量子理论。

"赫歇尔"太空望远镜和"普朗克"太空望远镜都十分关注起源问题。"赫歇尔"太空望远镜的规划者设计了有史以来最强大的红外望远镜，它覆盖了所有波长——从远红外到亚毫米。他们希望用它探测遥远宇宙中的水，并观察星系、恒星和尘埃云的诞生。与"赫歇尔"太空望远镜形成对比的是，"普朗克"太空望远镜的科学家们训练了一套异常灵敏的仪器，研究宇宙诞生后所辐射的射线，使他们能够识别大爆炸后不久形成的成分，如暗物质和暗能量。"普朗克"太空望远镜的先驱包括NASA的两项任务：1989年发射的宇宙背景探测器和2001年发射的"威尔金森"微波各向异性探测器。

根据欧洲航天局总干事让-雅克·多丹的说法，"赫歇尔"和"普朗克"望远镜是"欧洲有史以来最复杂的科学卫星"。"赫歇尔"太空望远镜看起来就像一个传统的筒状望远镜。另外，"普朗克"太空望远镜就像一个八面平台，顶部是一个高大的蓬帕杜式结构（主镜）。"赫歇尔"太空望远镜的发射总重是7496磅（3400千克），长25英尺（7.5米），直径13英尺（4米）。它的镜管重达694磅（315千克），成为当时部署在太空中最大的光学仪器，主镜132英寸（3.35米），比"哈勃"太空望远镜大一半左右。"普朗克"太空望远镜的发射重量是4300磅（1950千克），有效载荷452磅（205千克），包括一块6×5平方英尺（1.9×1.5平方米）的主镜。它的外部尺寸是13.8×13.8平方英尺（4.2×4.2平方米）。"赫歇尔"和"普朗克"太空望远镜在法意合资的卫星制造商泰雷兹阿莱尼亚宇航公司的工厂中制造。

"赫歇尔"太空望远镜携带了三件主要的科学设备：用于远红外（HiFi）的外差仪（光谱仪）；光电探测器阵列相机和光谱仪；以及光谱和光度成像接收器。"普朗克"太空望远镜收集了来自宇宙微波背景的光，并将其聚焦在两个接收点上：高频和低频仪器。这些机器上的探测器使"普朗克"太空望远镜能够将它收集的微波和无线电光转换成夜空的扫描地图。

2009年5月14日，"阿里安"5号ECA火箭将"赫歇尔"太空望远镜和"普朗克"太空望远镜送上太空。发射大约26分钟后，欧洲航天局在德国达姆施塔特的任务控制中心释放了"赫歇尔"太空望远镜，大约2分钟后释放了"普朗克"太空望远镜。大约2个月后，它们都进入了围绕太阳—地球系统第二拉格朗日点（距地球约9.33亿英里（150万千米））的利萨如轨道，方向与太阳相反。

"赫歇尔"太空望远镜的旅程在4年后，即2013年6月结束。它的低温氦——使航天器仪器保持在接近绝对零度的温度——耗尽了，于是控制人员结束了它的任务。其设计者曾预计其使用寿命为3.5年。"赫歇尔"太空望远镜发现，在新生恒星周围形成行星的气体和尘埃圆盘中有大量的水蒸气。除此之外，该太空望远镜还有其他发现。科学家认为，这些圆盘中所含的水可能造就行星上的海洋，就像地球上的海洋一样。"赫歇尔"太空望远镜还观察到银河系中的尘埃和气丝，这些结构能够形成新恒星的固体核心。"赫歇尔"太空望远镜在其生命周期中进行了3.5万次科学观察，并获得了2.5万小时的科学数据——这是一份组织和保存的档案，用于未来的科学研究。

2013年10月，欧洲航天局的控制人员终止了"普朗克"太空望远镜的运行，当时它的液氦冷却剂减少到了危及航天器效率的程度。但在此之前，它完成了5次全太空勘测——比原计划多了3次。由此得到的数据给出了迄今为止对年轻宇宙（大爆炸后约38万年）的最清晰的描述，并提供了其关键成分的修正比例值。由于"普朗克"太空望远镜的贡献，科学家们估计，如今，暗能量占比68.3%，暗物质占比26.8%，普通物质占比4.9%（之前的数据分别是72.8%、22.7%和4.5%）。

"赫歇尔"太空望远镜和"普朗克"太空望远镜技术先进，结构复杂，成就非凡，是欧洲航天局最成功的科学探测项目。该计划于2015年获得认可，当时美国航空航天研究协会（AIAA）授予"赫歇尔"太空望远镜和"普朗克"太空望远镜团队著名的 AIAA 太空系统奖。

"激光干涉仪空间天线探路者"探测器

欧洲航天局在"赫歇尔"太空望远镜、"普朗克"太空望远镜、"比皮科伦坡"水星探测器等旗舰航天器上赢得了令人羡慕的声誉。它还赞助了规模较小但同样令人印象深刻的项目。其中一个项目于 1998 年首次提出，涉及引力波的测量。它的首字母缩写词是 ELITE（European Laser Interferometer Space Antenna Technology Experiment，欧洲激光干涉仪空间天线技术实验）。2000 年，扩展版的欧洲激光干涉仪空间天线技术实验出现在欧洲航天局的科学计划委员会面前，该委员会为欧洲激光干涉仪空间天线技术实验任务增加了一个单独的飞行器——"达尔文探路者"探测器。科学家和工程师计划利用欧洲激光干涉仪空间天线技术实验将对引力波敏感的测试对象发射到太空，跟随"达尔文探路者"探测器进行编队飞行。委员会批准了该项目，使它成为欧洲航天局新的先进研究技术系列小任务（SMART）中的第二个参与者。欧洲航天局最终决定终止"达尔文"项目（至少在名义上），并将其重新命名为"激光干涉仪空间天线探路者"探测器项目。

虽然"激光干涉仪空间天线探路者"探测器团队的直接目标是分离和检测引力波，但他们也瞄准了一个更具历史意义的目标。阿尔伯特·爱因斯坦预言了太空中这些微小引力波的存在，这些引力波是由诸如超新星或超大质量黑洞的合并等巨大的宇宙力量造成的，而"激光干涉仪空间天线探路者"探测器在爱因斯坦的广义相对论（提出了引力波现象）发表后一百年零一天就进入了太空轨道。"激光干涉仪空间天线探路者"探测器的研究人员不仅想要验证爱因斯坦的理论，而且这样做是为了深化广义相对论的内涵，并更准确地理解灾难性事件对整个宇宙事件的影响。对欧洲航天局来说不幸的是，2015 年，一组美国科学家使用地基激光干涉引力波天文台（Laser Interferometer Gravitational-Wave Observatory，LIGO）首次观测到了引力波，从而证实了爱因斯坦的假设。但是"激光干涉仪空间天线探路者"探测器拥有一个很大的优势：它在太空飞行，而不是在地球上，这使它能够比激光干涉引力波天文台更有效地"看到"宇宙中这些剧烈震动的引力效应。

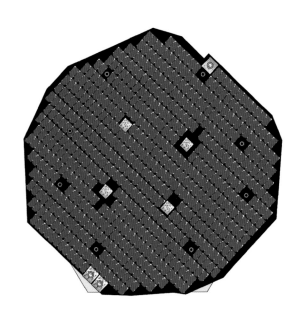

顶视图

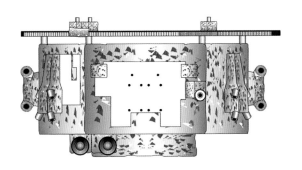

侧视图

0　　　　　1　　　　　2

米

顶视图

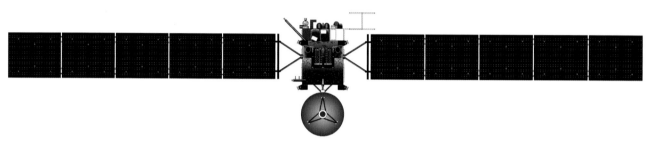

正视图

"激光干涉仪空间天线探路者"探测器的形状像一个八角形的柱子,只有 2.75 英尺(0.85 米)高,直径 6.9 英尺(2.1 米)。就其大小而言,该航天器的发射重量达 4200 磅(1910 千克),其中只有 276 磅(125 千克)的有效载荷。事实上,与大多数其他航天器不同的是,"激光干涉仪空间天线探路者"探测器的货物和飞行器本身之间并不存在真正的区别。它们构成一个单一的单元,例如,科学仪器进行姿态控制。

"激光干涉仪空间天线探路者"探测器携带两个主要组件:LISA 技术包和 NASA 制造的抗干扰系统。"激光干涉仪空间天线探路者"探测器面临的最大挑战是将引力测量与外部影响分离。为此,LISA 技术包将一块黄金和一块白金方块悬挂起来,每块重约 4.4 磅(2 千克),两者相隔近 15 英寸(38 厘米),使它们能够在对重力做出反应时彼此之间自由移动。当航天器飞行时,航天器上的光学干涉仪跟踪它们的相对加速度,并检测到它们之间的距离达到万亿分之一米。同时,抗干扰系统通过使用带有两组胶

体推进器的微推进系统以及控制软件来抑制阻力的影响,从而保护了数据的准确度。

"激光干涉仪空间天线探路者"探测器于 2015 年 12 月 3 日搭乘欧洲航天局最近开发的"织女星"系列火箭之一进入太空,该火箭是一种专为执行多项任务而设计的小型发射器。起初,这颗卫星设想了一条绕地球的椭圆路径,近地点大约 124 英里(200 千米),远地点接近 957 英里(1540 千米)。然后,它自己的推进系统点火,将它的轨道抬高了六次,因此在发射六周后,它到达了太阳—地球拉格朗日点,距离它的起点近 100 万英里(约 160.93 万千米)。"激光干涉仪空间天线探路者"探测器于 2016 年 3 月 1 日开始投入使用。

在预定的一年寿命期间,它的表现超过了欧洲航天局的预期。LISA 技术包记录的方块之间的波动距离比预期值还要精确一百倍。这颗卫星展示的技术让欧洲航天局的科学家们有信心在 2034 年发射 3 颗这样的卫星,它们之间的距离超过 62.1 万英里(100 万千米)。实际上,它们

是一个正常运行的太空引力观测站。欧洲航天局于2017年6月30日停用了"激光干涉仪空间天线探路者"探测器。

"罗塞塔"彗星探测器

欧洲航天局的"罗塞塔"（Rosetta）彗星探测器与美国"深度撞击"号探测器一样，也在追逐彗星。但它们的区别体现在以下两大方面：欧洲航天局的目标更遥远——"丘留莫夫－格拉西门科"彗星，"罗塞塔"彗星探测器试图进行联合轨道任务和着陆，而不是像"深度撞击"号探测器那样的碰撞。而且，尽管两者的发射时间相隔不到10个月（"罗塞塔"彗星探测器于2004年3月2日首先升空），但"深度撞击"号探测器坠毁九年多之后，"罗塞塔"彗星探测器仍在工作。

与"深度撞击"号探测器团队一样，"罗塞塔"彗星探测器的设计者们（其中一些人在20世纪70年代首次提出了这项任务）在开展研究时认为，彗星在行星之前诞生。他们选择了一个反映其项目目标的名称。罗塞塔是指1799年在埃及拉希德（罗塞塔）发现的一块石板，古代雕刻家在上面用古埃及象形文字和希腊文字刻下了相同的内容。正如多语种平板石碑帮助学者破译法老的神秘密码一样，现代研究人员希望通过"罗塞塔"彗星探测器破解太阳系起源的秘密。

"罗塞塔"彗星探测器慢悠悠地抵达了目的地。鉴于距离过远——大约2.91亿英里（4.69亿千米），以及航天器高达6600磅（3000千克）左右的质量，"阿里安"5号运载火箭提供的动力不足以让"罗塞塔"彗星探测器直接飞往"丘留莫夫－格拉西门科"彗星。作为补偿，在2005年、2007年和2009年，"罗塞塔"彗星探测器连续获得了地球的引力助推作用，而且在其2007年飞越火星时又获得了一次引力助推。"罗塞塔"彗星探测器沿着一个大椭圆轨道飞行。当它接近地球和火星时，它离太阳最近，当它飞过木星时，它离太阳最远。在2011年6月到2014年1月之间，由于它离地球最远（此时太阳能减弱），欧洲航天局任务控制中心将航天器置于冬眠状态，除了星载计算机和热控系统外，其他所有功能都关闭了。当探测器返回太阳系内部时，太阳的能量增强，"罗塞塔"彗星探测器在休眠957天后再次激活。

欧洲航天局激活的这个航天器由两个不同的部分组成。在轨道飞行器的外部——一个9×7×7立方英尺（2.7×2.1×2.1立方米）的大铝箱——技术人员在一侧安装了一个大型通信盘，另一侧安装了一个矮胖的六面着陆器（名为"飞来"号（Philae））。"飞来"号着陆器重量仅221磅（100千克），尺寸仅为3.3×3.3×2.6立方英尺（1×1×0.8立方米）。"罗塞塔"彗星探测器上布满了仪器：11台在轨道器上，9台在着陆器上，包括4部不同的光谱仪，1部颗粒撞击分析仪，以及（均在航天器上）彗星核探测系统和成像系统。

激活之后，"罗塞塔"彗星探测器离目标彗星仍有560万英里（900万千米）的距离。2014年5月到8月，经过一系列的制动操作，它抵达了距离目标非常近的位置，使科学家们能够更清晰地看到"丘留莫夫－格拉西门科"彗星奇怪的双瓣形状。该航天器于2014年8月6日抵达目的地，并开始在距离这颗彗星表面6.2～18.6英里（10～30千米）的位置绕其轨道飞行。然后在11月12日，"罗塞塔"彗星探测器释放了"飞来"号着陆器，它在没有动力和引导的情况下一步步落到彗星表面。当它触地时，鱼叉状的探测器刺入彗星表面，但未能抓住地面，导致"飞来"号着陆器反弹并着陆三次，然后才停在彗星上一个意想不到的地方。接着，它完成了计划中的2.5天的科学任务。"飞来"号着陆器将彗星的景观、其表面的高分辨率图像、外部成分和气体的分析以及其内部结构的数据（"飞来"号着陆器通过原子核向绕轨道飞行的"罗塞塔"彗星探测器发送无线电信号时发现了这些数据）发回了地球。就这样，"飞来"号着陆器的电池因为缺乏阳光充电而耗尽电能停止了工作。当照明条件改善时，它恢复了部分功能。

"罗塞塔"彗星探测器的轨道器在"飞来"号着陆器着陆后，继续绕"丘留莫夫－格拉西门科"彗星飞行，采集了近两年的数据。它观测到剧烈活动的地形，让科学家们有机会目睹快速演化的彗星地质。最后，在2016年9月30日，任务控制中心发出信号，使"罗塞塔"彗星探测器与"丘留莫夫－格拉西门科"彗星相撞。该项目的领导者决定，在"罗塞塔"彗星探测器的动力下降之前，最后一次让其在仪器控制下下降，以便测量彗星表面附近的气体、尘埃和等离子体环境，并在撞击前拍摄一些终极版高分辨率图像。

致谢

写作耗费了大量精力。作者当然会尽自己的一份力量，但没有出版社的合作者，任何手稿都不会越过"马奇诺防线"，正是这条界线将一卷纸与一本书区分开来。就《航天器》而言，美国 Quarto 出版集团的四个人做出了不可估量的贡献。首先，出版商埃里克·吉尔格（Erik Gilg）批准并启动了该项目。但在此之前，高级策划编辑丹尼斯·柏鲁曾通过一系列丛书的策划工作为我们提供指导。我们提交文本和插图后，项目经理乔丹·维克兰德编辑了手稿，明智而审慎地对其中 100 份素描图进行了改编和修图，而艺术总监辛迪·劳恩将许多图片编辑成一本精美的书。我们也与他们分享读者对这本书的赞美之词。

朱塞佩·德·吉拉

除了 Quarto 团队外，我还要感谢其他人。首先，我想感谢我的父亲安东尼奥，尽管我遇到了重重困难，但他总是鼓励我去追求我的梦想。此外，我要感谢已故的路易吉·吉诺·帕斯卡尔教授，他是我在那不勒斯大学的导师，一位真正的飞机设计大师。另外，我要感谢弗朗西斯科·萨维里奥·马鲁洛教授，他指导我完成了我的毕业论文。我还要感谢已故的史蒂夫·斯佩斯，是他引导我进入航空航天专业的圣殿。最后，我还要感谢我在美国国家科学院的朋友德韦恩·艾伦·戴。最重要的是，我想感谢我的妻子安娜玛利亚·塔拉蒂，我一生的挚爱，感谢她的耐心（因为我用了为数不多的业余时间来画插图）。我还要感谢我的女儿妮可·德·吉拉，她是我第一个也是最大的支持者。

最后，我要感谢我的朋友迈克尔·戈恩。没有他的基本贡献和技能，这本书是不可能完成的。他精彩的素描为我的艺术作品提供了重要的历史和技术背景。对我而言，迈克尔的仁慈和慷慨让这个项目的价值翻倍。

迈克尔·戈恩

我也想对另外几个人表示感谢。我深深感谢我在南加州大学（University Of Southern California）的导师，已故历史学家约翰·A·舒茨。他让他的学生认识到，有效的叙事史需要优秀的学识和深思熟虑的分析，但最重要的是需要一种引人入胜和流畅的写作风格。我希望自己没有让他失望。通过对我的朋友和同事——历史学家罗伯特·F·菲利普斯的回忆，我认识到，尽管创造历史作品可能具有挑战性，但将观众与历史联系起来也可以是一种愉快的经历。另一方面，当我时不时对这个项目抱怨的时候，我总是可以指望我的朋友托马斯和沙朗·维尔泽的理解和支持。最重要的是，我想感谢我的妻子克里斯蒂娜·M·戈恩，她是我的向导、顾问和灵魂伴侣。在整个写作过程中，她都保持了非凡的耐心。

最后，我必须感谢我的合作人朱塞佩·德·吉拉。他不仅制作了这本书中的精美插图，而且对 100 份素描图进行仔细检查，并提出了许多建设性的意见。此外，尽管他在我参与之前就构思了这本书的概念，但他欢迎我作为一个完全的合作伙伴参与进来。坦率地说，参与航天器项目的最大收获，是有机会与这位能力非凡、慷慨大方和心胸开阔的人一起工作。我真的很感激他的友谊。

贡献

克里斯蒂娜,我深爱的妻子,她有勇气做自己。

——迈克尔·戈恩

感谢我的妻子安娜玛利亚和我的女儿妮可,感谢他们的爱和理解。

——朱塞佩·德·吉拉